BIO INDUSTRY

생물산업

-포스트게놈과 빅데이터 시대의 전문인을 위한-

유 민 지음

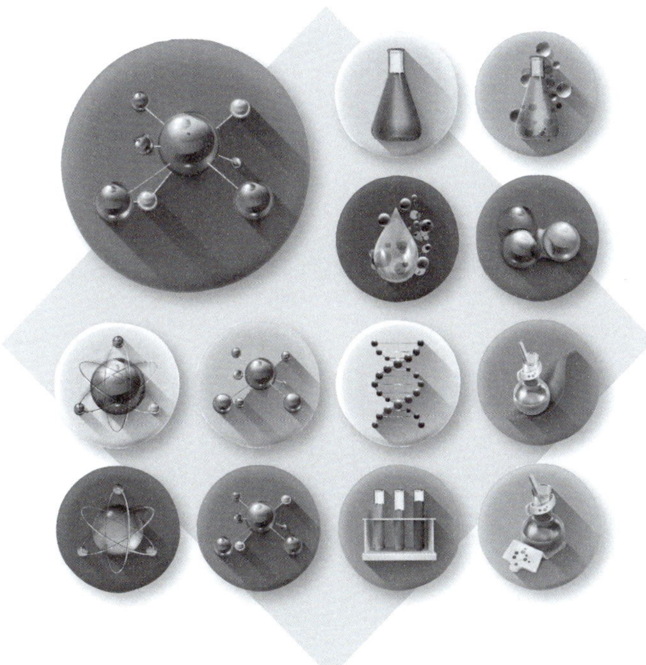

홍릉과학출판사

머리말

반세기전, 슈퍼새앙쥐가 탄생했다는 소식에 매료되어 모든 것을 뒤로하고 미국으로 유학을 떠났던 기억이 생생하다. 낯선 땅에서 매일같이 쏟아지는 논문들에 둘러싸여 밤을 꼬박 새우던 기억들이 지금도 선하다. 손때 묻은 기기들이 아까워서 몇 개는 한국으로 들고 들어왔지만 이제는 실험실 한구석에 보관해두고 가끔 교육용으로만 활용하고 있다. 그만큼 생명과학의 발전 속도가 빨라졌다는 것이다. 그리고 그때마다 느끼는 것은 새 시대의 학생들을 교육하기 위해서는 스스로 뒤처지지 않게 업데이트하고 있어야겠다는 것이다.

인간게놈프로젝트가 완성되기 전에는 특정 유전자에 사활을 건 연구들이 경쟁적으로 이루어졌다. 그러나 post-genome 시대가 열리면서 빅데이터(Big Data)에 대한 연구가 더 중요하게 되었으며 보다 응용적 성격이 짙은 프로테오믹스(proteomics) 시대가 열리게 되었다. 이제 생명과학은 생명공학을 거쳐 자연스럽게 실용성이 짙은 생물산업으로 나아가고 있다. 미생물학, 의학, 공중보건학, 임상병리학, 간호학, 식품과학, 컴퓨터공학, 심지어는 법학에 이르기까지 다양한 전공의 학생들이 생물학적 이론을 필요로 하는 21세기를 위해 새로운 이슈들을 쉽게 소개할 필요가 있다는 생각이 들었다. 부록에는 참고로 정부에서 고시한 생명윤리법을 수록하였다.

처음 계획과 달리 무려 2년여 만에야 최종 원고를 손에 들게 되었다. 그러나 오히려 늦어진 것이 다행이다 싶은 생각이다. 기다리는 동안 유전자 치료 기술이 한 걸음 더 발전하였고, 유전자 가위에 대한 특허가 본격적으로 논의되기 시작하였다. 그럼으로써 일찍 마무리했으면 얄팍해졌을 내용들이 오히려 post-genome 시대에 걸맞는 모습으로 탄생될 수 있었다는 자평이다. 워낙에 문필도 서투르고 또 시간에 쫓기다 보니 부족한 부분과 수정 보완해야 할 부분들이 벌써 눈에 많이 들어온다. 생명체가 함께 어우러져 살아가면서 부족한 부분을 조화해 나가듯이 앞으로 점차 보완해 나갈 것을 약속드린다. 물심양면으로 도와주신 홍릉출판사에 감사를 드린다.

2018년 5월, 늦은 봄날 오후에 성서벌에서

저자 유 민

차 례

제1장 생물산업이란

제2장 생명

제3장 효소

제4장 미생물과 생물산업

제5장 유산균과 생물산업

제6장 유전자 클로닝

차 례

제9장 암 치료를 위한 유전자요법

제10장 신약개발과 맞춤의약

차 례

제11장 인공장기

제12장 생명복제와 줄기세포

제13장 GMO 이야기

제14장 CRISPR와 특허

제15장 생식의학

제16장 미토콘드리아 이브

차 례

제17장 생물산업의 다양한 사례들

제18장 바이오벤처

제19장 생명윤리, 안전성, 제도

제20장 생물자원과 생물산업

부록

제 1 장

생물산업이란

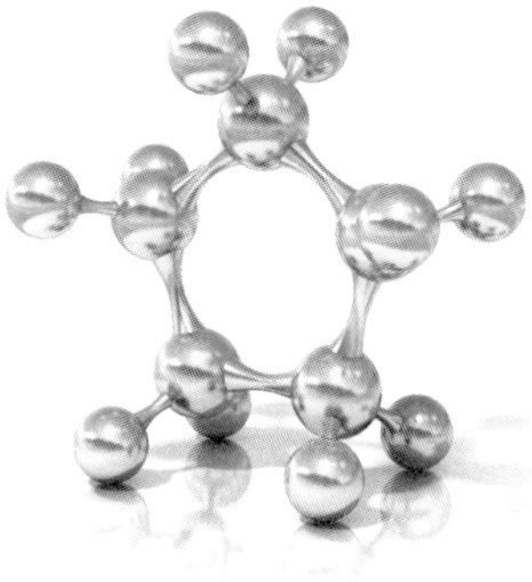

생물산업은 생명과학에 기반을 둔 응용산업이다. 생명현상을 모방하여 제품을 만들어내고, 친환경적인 요소를 중요시하기 때문에 21세기가 추구하는 컨셉에 정확하게 부합되는 산업 기술이다. 생명과학, 생명공학, 유전공학, 바이오테크놀로지 등 다양한 명칭과 개념으로 이루어진 생물산업의 범위와 전망에 대해 알아보자.

생물산업이란?

우리는 이미 20세기를 지나 21세기 초입에 서있다. 흔히 20세기를 최첨단 과학기술의 진보를 이룬 시기라고 일컫는데, 그렇다면 21세기는 이런 기술과 정보가 함께 아우러져 생활에 직접 적용됨으로써 복지와 건강, 수명 연장 등 숙원이었던 문제들을 해결하는 시기라고 할 수 있다. 생물산업이란 어떤 장르일까? 우리 생활에 얼마나 큰 영향을 주길래 이 시대의 주요한 키워드로 자리잡고 있는 것일까?

생물산업은 사전적인 의미로 볼 때 '생명현상의 원리와 기능을 밝히고, 나아가 그 성과를 인류복지에 응용하는 종합과학'이라고 할 수 있다. 즉 생명체, 그 중에서도 인간의 본질을 이해하여 인간과 자연, 환경과의 관계를 규명하는 과학이라고 할 수 있다. 한발자욱 더 나아가서는 생물체의 구조와 기능을 응용하여 산업화하는 작업을 말한다.

생명과학의 발전과 생물산업

1865년 멘델(Mendel)이 유전물질의 개념을 처음 밝혀낸 뒤, 1953년 왓슨(Watson)과 크릭(Crick)이 유전물질인 DNA의 구조를 밝혀냈고, 그 이후 현대생물학은 눈부신 발전을 거듭하게 되었다. 이러한 학문적 발전에 기초를 둔 생물학의 응용, 즉 생물산업은 1970년대 유용 의약품의 대량생산이란 기치 아래 몇몇 선진국에서 대두되기 시작하여 2000년대 인간게놈프로젝트에 이르면서 비약적인 발전을 하기 시작하였다.

생명과학은 지구상의 모든 생명체에 대한 존엄성을 그 바탕에 두고 있다. 궁극적인 목표는 물론 인간의 생명을 연장시키고 삶의 질을 향상시키는 것이다. 또한 단순히 자연과학 영역에 머무르지 않고 다른 학문과의 연계를 통해 새로운 이론을 창출하고, 윤리와 도덕까지도 포함한 사상을 존중하는 과학이다.

즉, 생명과학은 생명현상을 이해하고, 자연환경을 보호하며, 의료기술의 향상을 통해 건강을 증진시키고, 식량문제와 인구문제 등 인류가 직면한 여러 문제점들을 종합적으로 해결하려는 첨단 학문이다. 생명과학이 지닌 가장 큰 매력은 단순 이론에 그치지 않고 직접 현실 속에서 적용되고 활용된다는 점이다. 이론의 응용, 그리고 산업화 - 생물산업의 중요성이 바로 여기에 있는 것이다.

생명과학의 범위

앞에서 보았듯이 생명과학은 인류가 더 나은 삶을 영위하기 위해 그 연구 결과를 실질적으로 응용하는 학문이다. 따라서 생명과학이 여타 다른 학문과 연계되거나, 영향을 미치게 되는 범위는 매우 광범위하다고 할 수 있다. 분자생물학, 유전학, 생화학, 생리학, 미생물학, 발생학 등 기초 학문들에 뿌리를 둔 생명과학은 의학, 보건, 농업, 제약, 식품, 환경 등에 영향을 미칠 뿐만 아니라 그 응용에 있어서도 인공장기와 바이오센서의 개발, 유전자요법 등 이루 헤아릴 수 없을 만큼의 다양성을 보이고 있다. 다음의 표는 생명과학이 얼마나 많은 다른 분야와 연계되어 있는지를 잘 나타내고 있다. 학문적으로뿐만 아니라 경제, 종교, 사회, 법학 등 인문과학 분야에도 생명과학의 영향력은 막강하다 하겠다.

		분자 생물학	유전학	생화학	생리학	미생물학	발생학		
의학	↖	↓	↓	↓	↓	↓	↓	↗	제약
보건	←	생명과학						→	화학 공업
농업	↙	↓	↓	↓	↓	↓	↓	↘	환경
	유전자 요법	바이오 에너지	발효식품	인공장기	바이오 센서	기능성 식품	바이오 자원	해양산업	

이제 생명과학이 다른 분야와 어떠한 연관성을 가지고 있으며, 또 서로 어떻게 영향을 미치는 지에 대해 세부적으로 살펴보자.

① 생명과학과 식품

21세기에는 이제까지의 식품생산 방식에서 벗어나 식품의 원료가 되는 미생물이나 농·축·수산물의 다양한 효능을 밝혀내어 기능성 식품의 개발이 이어질 전망이다.

② 생명과학과 환경

얼핏 과학의 발전은 필연적으로 환경오염이나 생태계 파괴를 수반하는 것으로 생각하기 쉽다. 물론 무분별한 발전과 잘못된 가치관으로 인간의 삶의 터전인 지구환경을 오염시킨 예도 많다. 그러나 오염물질을 제거하는 미생물의 개발 등 생명과학은 단순히 환경을 보호하는 데에서 그치지 않고 오염물질을 직접 제거하거나 환경을 정화시키는 보다 적극적인 방법을 제공할 것이다.

③ 생명과학, 생명공학, 유전공학

생명과학(life science)이란 생명을 가진 모든 개체를 대상으로 하여 그 안에 숨은 구조와 기능 등 생명현상을 밝혀내는 학문적 행위를 넓게 이르는 용어이다. 이렇게 생명과학으로 밝혀낸 생명현상을 바탕으로 생물체를 보다 효율적으로 활용하고자 하는 응용 학문을 생명공학(biotechnology)이라고 한다. 그리고 그 결과 유용한 산물을 제조, 제작하는 학문이 바로 생물산업(bioindustry)이다. 최근에는 유전자를 활용한 산업이 활성화되면서 유전공학(genetic engineering)이 생물산업의 대세를 이루고 있다. 유전공학이란 특정유전자의 분리, 유전자 재조합기술, 핵치환 및 외래 유전자의 도입 등에 의해 새로운 형질을 획득한 개체 생산기법 등을 통칭하는 학문이다.

④ 생명과학과 의료

인류의 역사는 질병과의 전쟁으로 이어진 역사라 해도 과언이 아닐 것이다. 그만큼 인류는 수많은 질병들의 도전을 받았으며 위기 때마다 그것을 잘 이겨내어 왔다. 결핵이라든지 페스트 등이 인류를 위협했던 기록이 바로 대표적인 예이다. 그러나 아직까지도 인류가 해결하지 못한 질병들이 남아있으며, 하나를 정복하면 오히려 새로운 질병들이 속속들이 계속 등장하고 있다. 유전자 차원의 치료와 진일보된 신약개발을 통해 생명과학은 미처 해결하지 못한 질병들로부터 인류를 구해낼 수 있을 것으로 기대된다.

⑤ 생명과학과 제약

20세기의 생명과학은 제약부문에 있어서 유전자재조합을 이용한 경우가 많았다.

구하기 힘들거나 가격이 비쌌던 약품들을 보다 쉽고 싸게 만들 수 있었던 것도 바로 생명과학의 발전 덕분이었다. 인슐린(insulin) 같은 당뇨병 치료제나 인터루킨(interleukin) 같은 고가의 항암제들도 이제는 생명과학의 도움을 받아 손쉽게 구할 수 있는 것이 되었다. 그러나 21세기의 생명과학은 생물산업과 손을 잡고 이러한 방법에서 진일보하여 제약 부문에 비약적인 발전을 가져 올 전망이다. 인간게놈프로젝트(HGP, Human Genome Project)를 통해 개인의 유전정보를 속속들이 밝힌 다음, 각 개인에게 맞는 맞춤의약품과 치료방법들이 개발될 것으로 기대된다. 한편 형질전환동물과 동물복제를 통해서 면역거부반응으로 인해 구하기 힘들었던 의약품들과 이식용 장기들을 보다 빠르게 구할 수 있게 될 전망이다.

⑥ 생명과학과 범죄수사

유전자의 본체는 바로 DNA이며, 사람의 DNA는 서로 얼굴이 틀리듯이 개인마다 조금씩 차이가 있다. 이러한 점을 이용하여 범죄현장에서 발견한 머리카락이나 혈흔 등의 세포에서 DNA를 추출해 용의자들로부터 범인을 가려내기도 한다. 이외에도 육안으로는 신원을 확인하기 힘든 사체로부터 DNA를 추출하여 신원 파악을 하는 등 생명과학은 범죄수사에 많은 도움을 주고 있다. 어마어마한 액수가 걸린 친자확인 소송이나 억울한 희생자들에게 공평한 판정을 내리는 데에도 유전자 검사가 한몫하고 있다.

⑦ 생명과학과 농업

생명과학을 통해 농업의 향상도 꾀할 수 있다. 한 가지 예로 세균으로부터 질소를 고정할 수 있는 유전자를 분리하여 식물체에 넣으면 형질전환된 식물을 얻을 수 있다. 질소비료를 사용하지 않아도 되는 형질전환된 식물로서 소득의 확대와 동시에 친환경적 이점을 가지게 되는 것이다. 이렇게 형질전환된 식물뿐만 아니라 각종 병충해나 환경호르몬, 화학 농약으로부터 안전한 농산물의 생산에도 생명과학이 큰 도움을 줄 것으로 생각되고 있다.

⑧ 생명과학과 산업

생명과학은 이제 학문적 차원에서 벗어나 산업에도 막대한 영향을 미치고 있다. 생명과학으로 탄생한 생산물들과 기술들은 바이오벤처라는 이름으로 산업화되고 있다. 복제양 돌리(Dolly)를 만들어 낸 영국의 로슬린(Roslin Institute) 연구소나 인간게놈프로젝트를 통해 유명해진 셀레라 제노믹스(Celera Genomics)는 이제 바이오벤처의 대명사로 자리잡고 있다. 우리나라에서도 바이오벤처가 생명과학의 영향을 받아 많이 탄생하게 되었고, 바이오벤처의 끊임없는 연구로 생명과학이 발전하는 상호관계를 맺고 있다.

⑨ 생명과학과 경제

생명과학이 산업계에 영향을 미치면서 막대한 경제적 효과도 불러일으키고 있다. 형질전환동물을 통한 값비싼 의약품의 생산이라든지 인공장기의 수급 등은 경제적으로도 가치를 인정받고 있다. 이러한 이유로 우리나라를 포함한 여러 선진국에서는 "21세기 고부가가치산업"으로 생명과학을 육성하고 있으며, 국민복지와 건강증진뿐만 아니라 국가 경쟁력 증대라는 목표로 생명과학 부문에 막대한 투자를 하면서 소리 없는 경제 전쟁을 치르고 있는 중이다.

⑩ 생물산업과 유전자 편집

우리나라에서는 전면 금지되어 있지만 인간의 수정란에 원하는 유전자를 마음대로 집어넣거나 또는 원치 않는 유전자를 마음대로 잘라내면서 편집하는 실험이 영국에서 승인되었다. 목적은 어떤 유전자가 불임과 유산의 원인이 되는지를 알아내기 위한 것이다. 한때 낙태된 태아나 버려진 인간 수정란으로 유전자 편집 실험을 진행하였다는 비공식 소문은 있었지만 국가 차원에서 공식적으로 승인하고 실험이 진행되는 것은 이번이 처음이다.

유전자가위, 즉 크리스퍼(CRISPR)라는 이 기술은 마음대로 유전자를 자르고 붙일 수 있는 기술로써 21세기 바이오테크놀로지의 최첨단 기술이다. 워낙 정교하기 때문에 자궁에 착상되기 전 수정란을 마음대로 변형시킬 수 있다는 점에서 맞춤아기(perfect baby)를 만들 수 있는 기술로 인식되어져 있다. 물론 이 때문에 치열한 윤리 논쟁도 앞으로 벌어질 전망이다. 영국에서는 이 실험을 최장 14일까지 진행하는 조건으로 허용하였다. 인간이 조작한 수정란이 개체로까지 자라나는 것을 막기 위한 최소한의 장치이다. 그럼에도 불구하고 유전자가위를 이용하면 치명적인 유전병을 막을 수 있다는 장점과 함께 인간이 태어날 또 다른 인간을 마음대로 조작한다는 단점이 있어 향후 논쟁이 치열할 것으로 보인다.

⑪ 생물산업과 불임치료

최근에 결혼 연령이 점점 늦어지고 있다. 출산 연령 또한 미루어지면서 생물학적으로 불임 또는 난임의 가능성이 점점 높아지고 있다. 영국에서 1978년, 시험관 아기 시술(test tube baby)이 처음 성공한 이래 생명을 체외에서 조작 수정시킨다는 윤리적, 종교적 문제 때문에 한동안 조심스럽기는 했지만 우리나라에서도 시험관 아기가 태어난지 벌써 30년 이상의 세월이 흘렀다. 우리나라에서는 1985년 서울대학교 병원에서 쌍둥이 남매를 탄생시킨 것이 한국 최초의 시험관아기 기록이다. 시험관 아기는 점차 임신이 어려운 부부에게 일반적인 시술로 인식되고 있으며, 최근 결혼 연령이 늦어지면서 불임을 치료하기 위한 최선의 선택으로 자리매김하고 있다. 우리나라의 경우 2006년에 약 1만 9천 건 시술, 2010년에는 2만 5천 건 시술, 지금은 총 4만 건 이상으로 확대되고 있다

⑫ 생물산업과 제약산업, 인공지능

지금까지의 제약산업이 약물의 효능 검증과 마케팅에 집중되었다면 앞으로는 신

약개발에 대한 더 많은 투자로 이어져야 할 것이다. 21세기의 주력 산업을 말하라면 자동차 산업과 반도체 사업, 그리고 생물산업에 기반을 둔 제약산업을 반드시 꼽기 마련이다. 생물산업 중에서도 신약개발 사업은 으뜸 주력 사업이다. 신약개발은 장기간에 걸친 투자와 노력이 있어야 가능한 사업이다. 현재 국내의 제약회사는 크고 작은 회사를 통틀어 200여개 정도나 되지만 순수한 국내 노력으로 신약이 선보인 것은 1999년에 이르러서야 비로서 가능하였다.

신약을 개발하기 위해서는 후보물질들을 선정하고 가능한 많은 천연 물질들을 테스트해야 하는 부담이 뒤따른다. 그리고 여기에서 얻어지는 다양한 데이터를 저장 보관하는 것도 문제이다. 너무 많은 데이터가 난립할 경우 이들의 상호 과학적 연관성을 연결하고 그럼으로써 어떤 물질들이 화학적으로 안정한지, 또 부작용없이 혼합하여 사용 가능한지를 알아내는 것이 쉽지 않기 때문이다. 인공지능(AI, Artificial Intelligence)을 적극 이용하려는 이유가 여기에 있다. 많은 종류의 빅데이터를 빠른 시간 내에 검색하고 유의성 있는 자료를 도출하려면 그만큼 빠르고 대용량의 컴퓨터 시스템이 요구되기 때문이다. 최근에 AI를 제약 분야에 도입하기 시작한 것은 이런 의미에서 매우 고무적이라 하겠다.

한편 그동안의 제약산업이 합성의약품에 주력하였던 반면 앞으로의 패러다임은 바이오의약품이라는데 의견이 모아지고 있다. 특별히 그동안의 바이오의약품 특허들이 하나씩 만료되면서 세계 시장이 열리게 되었고, 기간이 만료된 특허 기술을 활용해 동일 약효를 보이도록 제조된 바이오시밀러(Biosimilar)는 우리나라 제약산업이 도약할 수 있는 새로운 기회를 제공해 주고 있다.

이처럼 천연물 의약품은 합성 의약품에 비해 비교적 역사가 짧다. 1978년 이후 유전자재조합 기술을 이용해 인슐린 유전자를 대장균에 넣는 것이 가능해졌고, 그럼으로써 필요한 호르몬이나 단백질 의약품을 대량 생산하는 기술이 가능해졌다.

바이오의약품의 장점은 효과가 높으면서도 생체 유래이기 때문에 부작용이 적다는 것이다. 반면 단점이라면 생물체를 생산 탱크로 사용하기 때문에 생산 속도와 과정을 마음대로 제어하기가 어렵고, 복잡하며, 오염 빈도가 높다는 것이다. 세포내 불순물 관리가 필수적이라는 점도 쉽지 않은 문제이며, 그 결과 가격이 비싸다는 것도 단점이다. 그럼에도 불구하고 난치성 질병에 대해 화학 약품으로는 접근하기 어려운 놀라운 효과를 나타내며 표적치료제 개발이 가능하다는 것이 또 하나의 중요한 장점이다.

다양한 백신이나 유전자재조합에 의해 만들어진 단백질 바이오의약품들, 세포배양으로 생산된 면역항체들, 그리고 유전자 치료제 등이 바이오의약품의 대표적인 것들이다. 최근에는 여기에 유전자가위까지 가세하면서 바이오제약 시장은 점점 확대되고 있다. 벌써 바이오의약품이 전체 의약품 시장에서 차지하는 비율이 20%를 훨씬 넘었으며, 향후 빠른 시일 내에 50%를 넘어갈 것으로 전망되고 있다.

우리나라는 2007년부터 WHO 가이드라인 개정 작업에 참여하였고, 2009년에 식품의약품안전처에서 우리나라의 가이드라인을 독자적으로 제정하였다 그리고 바이오시밀러 제품에 대한 허가도 하나씩 승인해나가고 있다. 아직 우리나라에서 생산되는 바이오의약품은 백신이나 혈액제재 같은 전통적인 바이오의약품들에 국한되어 있지만, 정부가 지난 수년간 바이오시밀러 개발을 적극적으로 지원하고 있으며 조만간 자동차 산업의 시장 규모를 초월할 것으로 그 중요성을 인식하고 있다. 아직은 바이오시밀러가 안전성 검증이 다소 부족한 상태이다. 따라서 의사들이 이를 실제 처방하는데 다소 부담감을 가지고 있지만, 필요한 데이터가 더 많이 축적되고, 빅데이터가 인공지능에 의해 적극적으로 활용되기 시작하면 바이오시밀러 의약품에 대한 인식이 확연히 달라질 것이다. 정부는 의료비를 총체적으로 절감할 수도 있고 처방과 진단에 대한 가격 인하 경쟁으로 환자의 부담 역시 명백하게 줄어들 것으로 보고 있다 또한 대형 제약회사가 아닌 다소 규모가 작았던 소규모 제약사들도 각 회사마다 특징적인 바이오시밀러 제품에 대해 전문성을 확보할 수 있으므로 그만큼 약품에 대한 신뢰도 더 높아질 것으로 생각된다. 바이오의약품산업은 생물산업 중에서도 21세기 한국시장에 주도적인 산업이 될 수 있을 것으로 전망된다.

⑬ 생물산업과 생식의학

정자보다 난자는 불안정한 세포로 인식이 된다. 왜냐하면 배란될 때 2차 감수분열이 완성되지 않은 상태이기 때문이다. 한때 중국에서 체세포를 이용해 생식세포인 정자를 만들어 내는데 성공한 적이 있다. 이 때만해도 "앞으로 생식을 위해서는 남자가 필요치 않다"라는 우려가 있었다. 그런데 이번에는 일본에서 체세포를 이용해 난자를 만드는데 성공하였다. 이렇게 만든 완전한 난자는 줄기세포를 생산하거나 복제 동물을 만들어 장기 이식용으로 활용하는 것이 가능할 것이기 때문에 21세기 새로운 기술로 기대되고 있다. 그동안은 체세포의 염색체를 절반으로 줄이는 것이 어려운 기술이었지만 이번 연구를 통해 생식의학의 완전히 새로운 장이 열릴 것으로 기대된다. 그럼에도 불구하고 자유자재로 생식세포를 창출해내는 기술은 자칫하면 파멸을 불러올 수도 있으므로 대단히 조심스럽게 접근해야 할 것이다.

함께 생각해 볼 문제

1. 생물산업이란 어떤 학문적 분야인지 자신의 말과 표현으로 말해보시오.

2. 생명과학과 생물산업의 연관성을 말해보시오.

3. 생명과학, 생명공학, 바이오테크놀러지를 자신의 표현으로 구별해보시오.

4. 의료산업에 있어서 생명과학의 중요성을 말해보시오.

5. 제약산업에 있어서 생명과학의 중요성을 말해보시오.

6. 21세기의 제약산업이 이전의 제약산업과 어떻게 다른지 설명하시오.

7. 바이오벤처는 어떤 특성을 가지고 있으며, 사회적 중요성은 무엇일까?

8. 맞춤아기는 인류의 숙원처럼 보이지만, 어떤 윤리적 문제점을 가지고 있을까?

9. 생물산업과 인공지능이 결합되어 얻을 수 있는 시너지효과를 말해보시오.

10. 바이오시밀러(biosimilar)는 어떤 것인지 조사해보시오.

제2장

생명

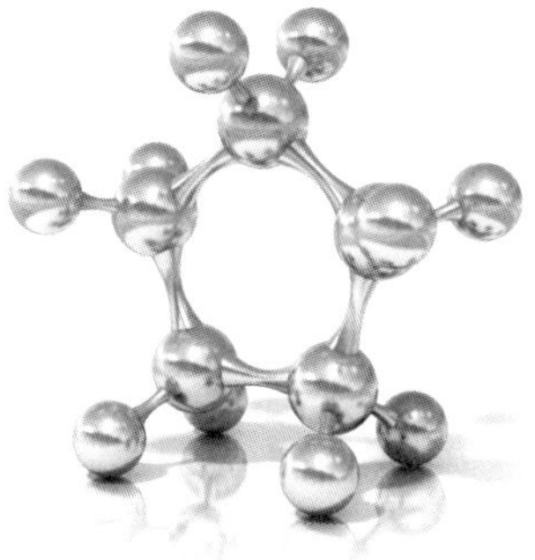

생명현상은 과학적으로 정의되는 몇 가지 특성에 의해 결정된다. 생물과 무생물을 구별하는 기준을 알아보고, 생명의 구조적, 기능적 기본단위인 세포에 관한 세포설을 공부한 다음, 생명의 4대 성분과 생명현상을 결정하는 3대 고분자에 대하여 알아보도록 한다.

생물이란 무엇인가?

"생물"은 무엇인가? 너무도 쉽고 당연한 질문이라 웃음을 터뜨릴 수도 있다. 그렇다. "생물"이란 "생명이 있어 살아있는 물체"란 뜻이다. 우리는 배우지 않아도 직감적으로 생물과 무생물을 구별할 수 있다. 그러나 과학적인 사고는 이러한 직감을 용납하지 않는다. 그보다는 정확한 논리와 기준에 근거를 두어 생물과 무생물을 구별해주기 원한다. 그렇다면 우리는 먼저 "생명"이란 단어를 보다 확실하게 정의 내려야 할 것이다. 그런데 다 알고 있는 것 같으면서도 생각보다 정의내리기 쉽지 않은 것이 바로 이 생명이란 단어이다.

그러면 생명이란 무엇인가? 정의를 내리기 앞서 한 가지 좋은 방법은 생물이 어떤 일을 하는지 먼저 살펴보는 것이다. 생물이 하는 일들이 바로 생명현상이기 때문이다. 그리고 이러한 보편적 생명현상을 보이는 물체를 우리는 "생물"이라 정의한다.

먼저 우리 신체가 얼마나 오묘한 구조로 되어있는 지를 관찰해 보자. 팔, 다리, 머리, 뇌, 위, 간, 근육, 관절, 눈, 코, 세포, 조직 등등 따지고 보면 손가락으로 꼽을 수 없을 정도로 복잡하다는 것을 새삼 느낄 것이다. 또 오늘 살아오면서 했던 일들을 구체적으로 생각해 보자. 밥도 먹었을 것이고, 대소변도 보았을 것이며, 차를 타고 학교에 가서 공부도 했을 것이다. 공놀이도 하고, 친구에게 전화도 했고, 갑자기 달려드는 자동차를 보고 놀라 피한 적도 있었을 것이다. 혹시 아파서 열이 났었다면 약을 처방받아 먹었을 터이고 지금쯤은 아마 조금씩 나아지기 시작했을 것이다. 물론 앞으로도 키가 부쩍 더 클 것이며, 결혼도 할 것이고, 예쁜 아이들을 낳아 행복하게 살 것이다.

[표 2.1] 생명현상

대표적인 생명현상
1. 체계적 구성과 대사활동(metabolism)
2. 항상성(homeostasis)
3. 생장(growth)
4. 운동(movement)
5. 반응(responsiveness)
6. 생식(reproduction)
7. 적응(adaptation)
8. 유전(inheritance)

자, 이제 다시 한 번 답을 해보자. 생명이란 무엇인가? 무엇을 보고 생명이 "있다"와 "없다"를 판단할 수 있을까? 앞에서 나열한 생명현상들을 체계적으로 분류하여 다음과 같이 요약해보자.

첫째, 생물의 구성 체계는 무생물에 비해 상대적으로 복잡하다(complex organization).

둘째, 물질대사를 통한 생화학적 변화가 왕성하다(metabolism).

셋째, 자극을 적절히 받아들이고 반응할 수 있다(irritability and responsiveness).

넷째, 자기 스스로 조절하고 환경에 적응할 수 있다(self-regulation and adaptation).

다섯째, 운동을 할 수 있다(movement).

여섯째, 생장과 성장을 할 수 있다(growth).

일곱째, 생식을 통한 종족의 유지가 가능하다(reproduction).

여덟째, 장시간에 걸쳐 볼 때 유전과 진화가 이루어진다(inheritance and evolution).

물론 모든 생물에서 위의 여덟 가지 생명현상이 눈으로 확연히 드러나 보이지는 않을 것이다. 예를 들면 식물이나 미생물에서의 운동이라는 것은 그다지 의미가 없는 것으로 보일 수도 있다. 그러나 생명과학에서는 육안 관찰 말고도 현미경이라는 도구를 종종 사용한다. 개체 차원에서는 전혀 움직이지 못하는 것 같은 식물들도 고해상도의 현미경으로 들여다보면 미미한 세포내 운동을 하고 있는 것이 관찰된다. 결론적으로 말해 어떤 개체가 상기한 생명현상을 상당하게 보여준다면 생

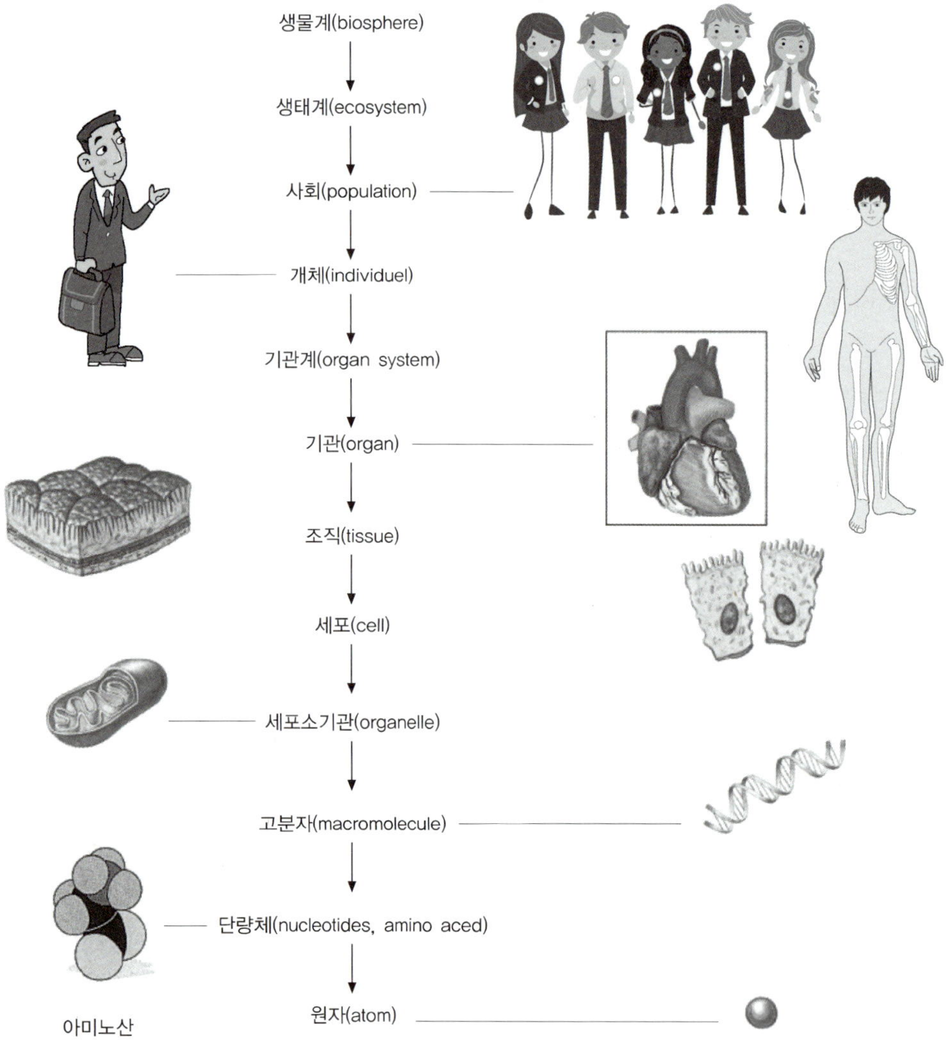

[그림 2.1] 생물의 복잡한 구성체계

[그림 2.2] 생물학 실험실 모습

명이 있다고 판정을 내리게 되고 그 개체를 생물로서 무생물과 구분한다(단, 진화는 종과 종을 뛰어넘는 대진화를 인정하지 않고 한 종 내에서 어떤 개체의 우수성이 향상되는 소규모 진화만을 인정한다)

[그림 2.3] 생명과학자

이제 우리는 생명과 생물을 정의하였다. 그러면 생명과학을 정의할 준비가 된 셈이다. 생명과학은 말 그대로 생물체에서 일어나는 다양한 생명현상들을 공부하는 학문이다. 영어로는 "the study of life"라 표현할 수 있다. 그리고 앞에서 요약한 생명현상은 다시 〈구조(structure)〉와 〈기능(function)〉으로 나눌 수 있고, 세포(cell)는 생명의 구조와 기능의 최소 단위이다. 이것이 슈반(Schwann)과 슐라이덴(Schleiden)이 제창한 세포설(Cell Theory)이다. 생물체내에서 일어나는 다양한 변화를 이해하기 위해서는 화학적, 물리학적, 수학적 개념이 병행적으로 필요하다. 일반적으로 수학, 물리, 화학, 그리고 생물학의 순서로 기초과학을 나열하는 이유도 생물학이 이들 모두를 아울러 사람에게 적용하는 종합학문이기 때문이다.

세포설

① 모든 생물체는 세포와 세포 부산물로 구성되어 있다.
② 세포는 구조와 기능상 생명의 기본 단위이다.
③ 모든 세포는 미리 존재한 세포로 부터 유래된 것이다.

생명의 3대 고분자와 4대 성분

유기화합물 중 DNA와 RNA, 그리고 단백질을 "생명의 3대 고분자"라 일컫는다. DNA에는 단백질을 만들기 위한 유전정보가 있고, 단백질은 우리 몸의 거의 모든 생화학반응(생물체에서 일어나는 화학반응들을 말함)과 생리현상을 결정해 주기 때문이다. 따라서 이 두 가지만 있으면 생명 유지가 원칙적으로 가능하다. 그러나 DNA의 유전정보에 따라 단백질이 만들어지려면 RNA라는 중간매체가 또한 반드시 필요하다. DNA의 유전정보는 RNA로 복사된 다음 단백질을 만들기 위해 이용된다. 이를 유전자 발현(gene expression)이라고 말한다. 즉, DNA의 유전정보는 전사

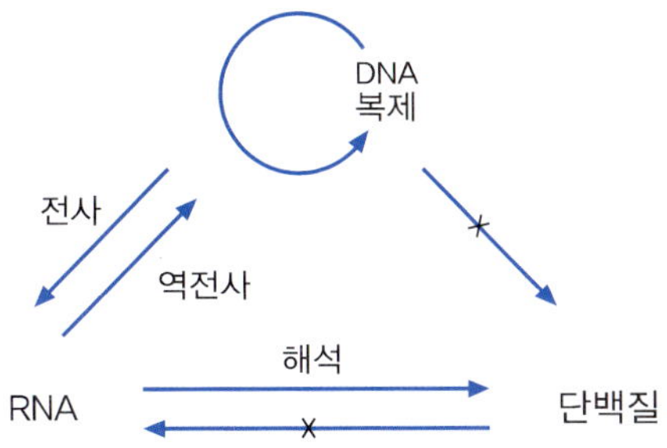

[그림 2.4] 생명의 3대 고분자 상호관계(중심설)

(transcription)를 거쳐 RNA로 복사되고, 해석(translation)을 거쳐 단백질로 흐른다고 표현한다. 간혹 원시 바이러스에서는 RNA에서 DNA로 거꾸로 유전정보가 흐르는 역전사(reverse transcription)가 발견되기도 한다. DNA는 이처럼 단백질을 만드는 동시에 스스로 복제하여 다음 세대로 유전정보를 전해주기 때문에 모든 생명의 근본 물질인 것이다. DNA가 생명의 중심에 있다는 설을 중심설(Central Dogma)이라고 한다.

이와 비슷하게 생명의 4대 구성 성분이 있다. 여기에는 탄수화물, 단백질, 지질, 핵산이 속한다. 이제부터는 이들 구성 성분들에 대하여 조금 더 자세하게 공부하기로 한다. 먼저 단량체의 구조와 종류를 공부하고, 이들 단량체가 서로 간에 어떻게 연결되어 있는 지 결합을 공부할 것이다. 그런 다음에 각 성분들이 우리 몸에서 수행하는 기능을 요약하여 설명할 것이다.

탄수화물

탄수화물의 단량체를 특별히 단당류(monosaccharide)라 부른다. 단당류는 탄소와 수소, 그리고 산소로 이루어져 있는데 기본 구조식은 $Cn(H_2O)n$이다. 즉, 이들의 상호 비율은 1:2:1이다. n의 값에 따라 n=3이면 3탄당(triose), n=4면 4탄당(tetrose),

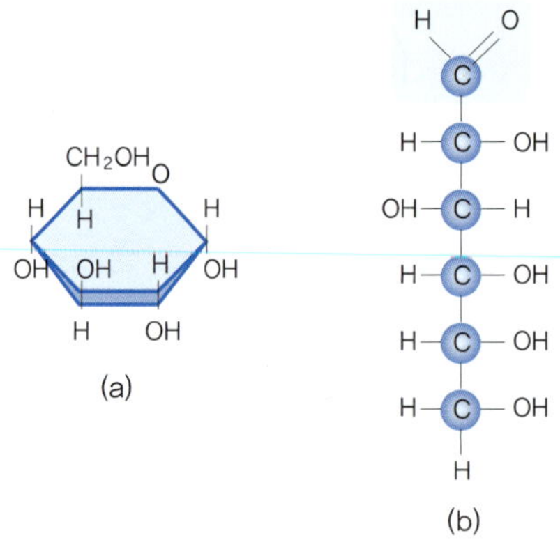

[그림 2.5] 직선구조와 고리구조

n=5면 5탄당(pentose), n=6이면 6탄당(hexose) 등으로 명명한다. DNA와 RNA의 구조에서 발견되는 당은 5탄당인 디옥시리보오스(deoxyribose)와 리보오스(ribose)이고, 에너지원으로 잘 알려진 포도당(glucose)은 6탄당이다. 대부분의 단당류는 고리구조(ring structure)이다. 실제로 세포 안에서는 당이 고리구조로 존재한다. 그러나 우리는 편리하게 설명할 목적으로 간혹 직선구조(straight chain)를 보여주기도 한다. 직선구조는 당의 양끝을 연결하지 않고 그냥 죽 한 줄로 보여준 것이다. 6탄당에는 C=O기가 있다. 이름은 카보닐기(carbonyl group)이다. 이 카보닐기는 고리구조에서는 C-O-C 결합을 해서 전체 구조가 둥그렇게 될 수 있도록 해준다.

카보닐기의 위치에 따라 단당류들은 알도당(aldose)도 될 수 있고 케토당(ketose)도 될 수 있다. 카보닐기가 탄소사슬의 바깥 끝에 위치하면 알도당이고, 안쪽에 위치하면 케토당이라 부른다. 대표적인 예로는 포도당(glucose, 알도당)과 과당 (fructose, 케토당)을 들 수 있다. 알도당과 케토당은 구조가 매우 유사하나 카보닐기의 위치 차이 하나로 화학적 성질이 다르게 된다. 이런 관계를 이성질체(isomer)라 부른다. 즉, 포도당과 과당은 같은 6탄당이지만 서로 이성질체 관계에 있는 것이다.

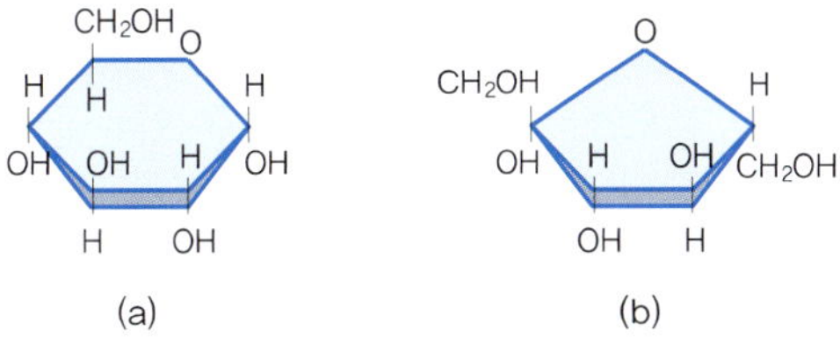

[그림 2.6] 이성질체(포도당과 과당)

단당류가 2개 모이면 이당류(disaccharide)라 부른다. 대표적인 이당류의 예로는 포도당 1분자와 과당 1분자가 연결된 수크로오즈(sucrose), 즉 설탕(sugar)이 있다. 설탕은 수크로오즈의 또 다른 이름이다. 역시 6탄당인 갈락토오스와 포도당이 결합하면 젖당(lactose)이 된다.

다당류(polysaccharide)는 단당류가 3개 이상 모여서 만들어진다. 이때의 단당류는 보통 포도당이다. 결합은 역시 탈수반응이지만 특별히 1,4-글리코시드 결합(1,4-glycoside bond)이라 부른다. 포도당에는 6개의 탄소가 있기 때문에 이들을 구별하기 위하여 1부터 6까지 번호를 붙이는데 이중 1번과 4번 위치에 있는 탄소 사이에서 결합이 일어나기 때문이다. 대표적인 다당류에는 전분(starch), 섬유소(cellulose), 글리코겐(glycogen)이 있다. 전분과 섬유소는 식물에서 발견되며, 글리코겐은 동물에서만 발견되는 것이다. 일부 전분과 글리코겐에서는 1,6-글리코시드 결합도 발견된다. 1,6-글리코시드 결합이 있는 경우에는 마치 나무가 가지를 친 것 같은 모양을

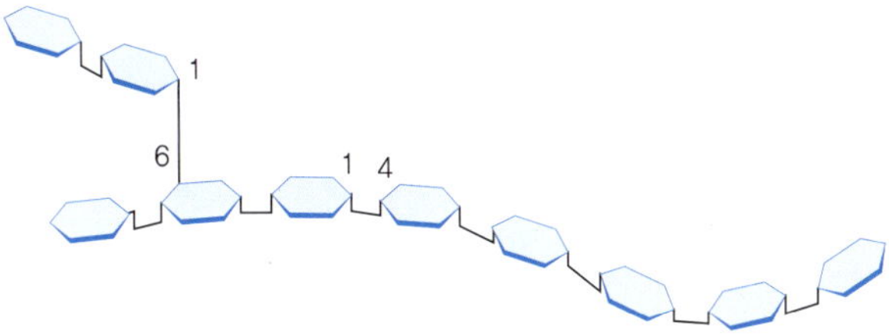

[그림 2.7] 글리코시드 결합

하게 된다. 대표적인 예로는 전분의 한 종류인 아밀로펙틴(amylopectin)과 글리코겐이 있다. 반면에 섬유소나 아밀로오스(amylose)같은 전분은 1,4-글리코시드 결합만 있어 가지를 치지 않은 직선구조를 하고 있다. 섬유소는 단당류인 포도당이 교대로 뒤집어져 연결된 독특한 구조를 하고 있어 대단히 질기다.

단당류와 이당류는 에너지원으로, 다당류는 저장물질 또는 세포의 구성성분으로 주로 사용된다. 저장물질의 대표적인 형태는 식물에서 발견되는 전분과 동물에서 발견되는 글리코겐이다. 감자나 고구마가 저장식물의 좋은 예이다. 글리코겐은 간

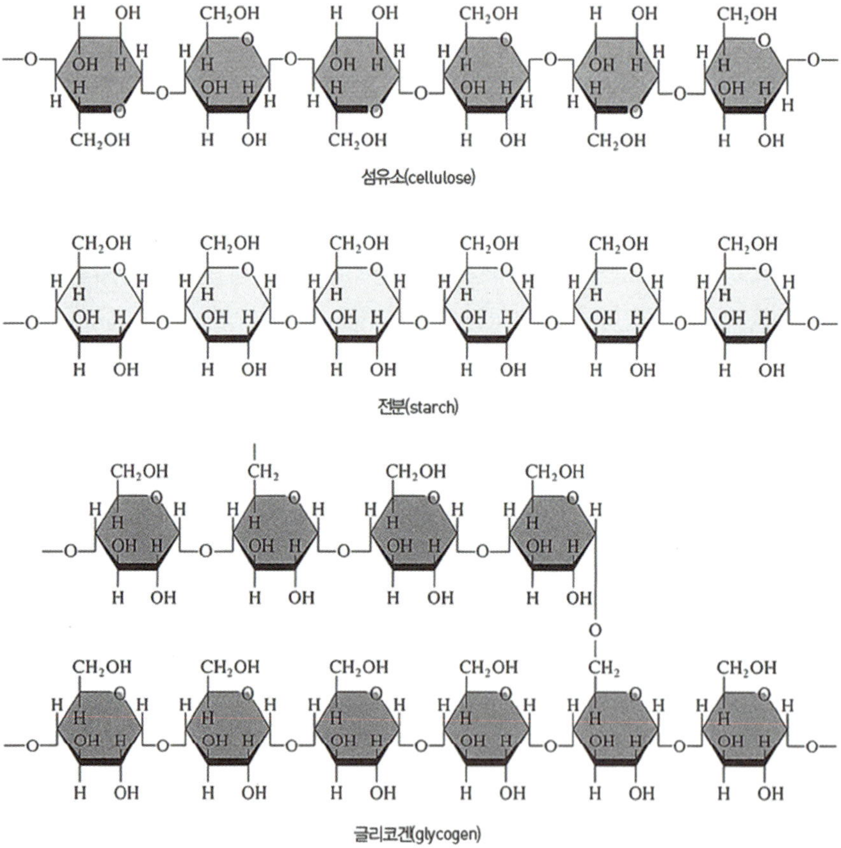

[그림 2.8] 섬유소, 전분, 글리코겐

과 근육에 저장되어 있다. 우리가 섭취하는 음식물 중 전분은 소화효소에 의해 개개의 포도당으로 분해된 뒤 혈액으로 섭취되어 온 몸에 공급되게 된다. 이때 쓰고 남은 포도당은 인슐린(insulin)이라는 호르몬의 작용으로 글리코겐으로 변한 뒤 간과 근육 속에 저장이 된다. 그랬다가 포도당이 다시 필요하게 되면 역시 호르몬인 글루카곤(glucagon)에 의해 분해되어 나오게 된다.

섬유소는 식물의 세포벽을 구성하고 있다. 물에 녹지 않고 견고하기 때문이다. 이러한 성질 때문에 섬유소는 식물의 잎과 줄기가 꼿꼿하게 버티도록 만들어 준다. 대부분의 동물은 이 섬유소를 소화시킬 수 없다. 소화되지 않은 섬유소는 대변을 부드럽게 해주는 역할을 한다. 그러나 초식동물은 섬유소를 먹고 소화시킬 수 있는데 이는 소화관내의 대장균이 섬유소를 소화해주기 때문이다. 사람의 장에도 대장균이 얼마간 있게 마련이나 섬유소를 소화할 수 있을 정도는 아니다. 얼핏 보기에는 대장균의 수가 증가하면 나무껍질이나 풀도 먹을 수 있어 식량난 해결에 도움이 될 것 같지만 사실은 그렇지 않다. 사람의 장은 초식동물과 달라 섬유소가 지나치게 소화되면 견디지를 못하게 되고 삼투압의 변화 때문에 주변 조직에서 물이 장속으로 흘러 나와 설사를 하게 된다. 이것이 바로 대장균이 섞인 불량식품을 먹었을 때 설사를 하는 이유이다.

단백질

우리 몸에서 발견되는 단백질은 100,000여 종이 있다. 단백질의 단량체는 아미노산(amino acid)이다. 단백질을 구성하는 아미노산은 20여 가지이며 이들이 어떤 순서로 조합되는가에 따라 다양한 종류의 단백질이 만들어진다. 우리 몸에는 약 5만여 종의 단백질이 있는 것으로 알려져 있다. 아미노산의 기본 구조 중 정가운데에 위치한 탄소를 알파(α) 탄소라 부르며 주위에 아미노기(NH_2)와 카르복시기(COOH), 그리고 수소원자(H)가 위치하고 있다. R이라 표시된 것은 곁사슬(side chain)로서 아미노산 종류에 따라 간단한 수소원자로부터 복잡한 고리구조에 이르기까지 다양하다. 아미노산마다 화학적 성질이 달라지는 것은 바로 이 곁사슬의 차이 때문이다. 수용액 속에서는 아미노기가 (+) 전기를, 카르복시기가 (−) 전기를 띠고 있다. 물론 서로 상쇄를 하기 때문에 전체적으로는 중성을 보이지만, 곁사슬에서 (+)나 (−) 전기가 또다시 추가되는 경우에는 그 아미노산은 산성(−전기) 또는 염기성(+전기)이 되게 된다.

어떤 아미노산은 곁사슬에도 카르복시기를 가지고 있다. 이들은 특히 수용액 속에서 (−) 전기를 띠면서 수소이온(H^+)을 내어놓기 때문에 산성아미노산이라 부른다. 또 곁사슬에도 아미노기, 또는 이와 유사한 구조가 있어 (+) 전기를 띠는 것들을 염기성아미노산이라 부른다. 산성아미노산에는 글루탐산(Glu)과 아스파트산(Asp)이 있으며, 염기성아미노산에는 리신(Lys), 아르기닌(Arg), 히스티딘(His)들이 있다. 하나의 단백질 안에 산성아미노산과 염기성아미노산이 어떻게 분포되어 있느냐에 따라 전체 단백질의 전기적인 성질이 결정된다. 고기를 구울 때 유황냄새가 나는 것은 아미노산 중에 황을 포함하는 것이 있기 때문이다. 메티오닌(Met)과 시스테인(Cys)이 이것들이다.

아미노산은 이름이 길기 때문에 대개 약어를 사용한다. 특별히 Asp(아스파트산)과 Asn(아스파라긴), Glu(글루탐산)과 Gln(글루타민), 그리고 Trp(트립토판)과 Tyr(티로신) 등을 주의할 필요가 있다. 때로는 단일 글자 약어로 표시하기도 한다. 프롤린(Pro)은 전체가 하나의 고리처럼 보이는 특이한 모습을 하고 있는데 이 프롤린이 있는 곳에서 단백질의 입체적 구조가 꺾여지게 된다.

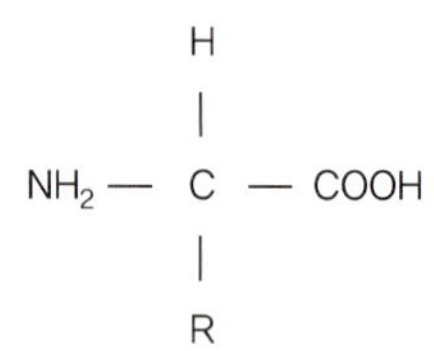

[그림 2.9] 아미노산의 기본 구조

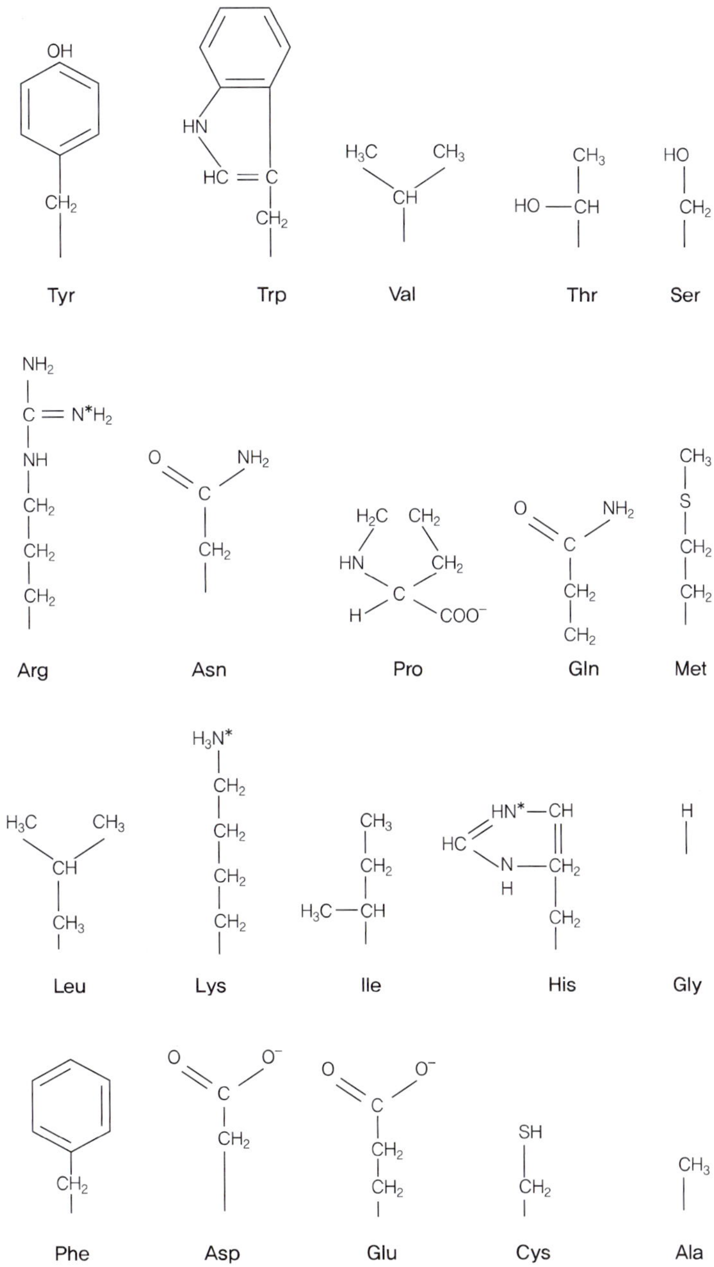

[그림 2.10] 대표적인 아미노산 20가지

[표 2.2] 아미노산의 약어표

아미노산	성질	약어	대표 약어
alanine	비극성	Ala	A
arginine	염기성	Arg	R
asparagine	극 성	Asn	N
aspartic acid	산 성	Asp	D
cysteine	극 성	Cys	C
glutamine	극 성	Gln	Q
glutamic acid	산 성	Glu	E
glycine	극 성	Gly	G
histidine	염기성	His	H
isoleucine	비극성	Ile	I
leucine	비극성	Leu	L
lysine	염기성	Lys	K
methionine	비극성	Met	M
phenylalanine	비극성	Phe	F
proline	비극성	Pro	P
serine	극 성	Ser	S
threonine	극 성	쓱	T
tryptophan	비극성	Trp	W
tyrosine	극 성	Tyr	Y
valine	비극성	Val	V

아미노산 사이의 결합은 펩티드결합(peptide bond)이다. 이 반응 역시 탈수반응이다. 아미노산 2개가 연결되면 디펩티드(dipeptide), 3개가 연결되면 트리펩티드(tripeptide) 등으로 명명한다. 그 이상의 아미노산이 연결되면 그냥 폴리펩티드(polypeptide)라고 부른다. 폴리펩티드와 단백질은 흔히 같은 의미로 사용하지만 대개 분자량 20,000

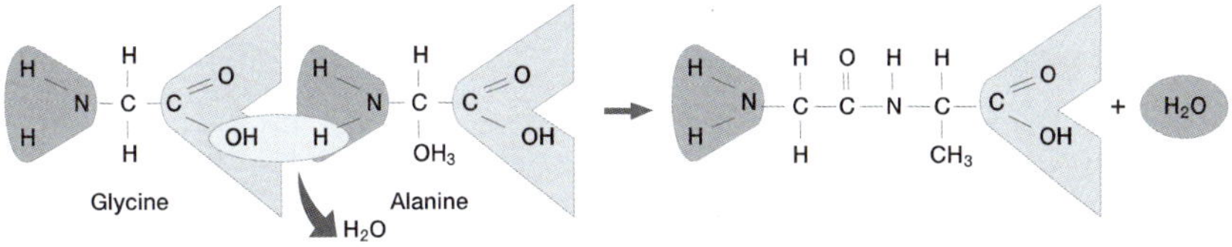

[그림 2.11] 펩티드결합

Da(분자량을 나타내는 단위 중 하나로서 dalton(달톤)이라 읽음) 이하일 때는 폴리펩티드로, 그이상은 단백질로 부른다. 아미노산의 평균 분자량을 200 Da으로 보면 이는 약 100개의 아미노산에 해당한다. 단백질은 1차 구조에서 4차 구조까지 다양한 형태로 존재할 수 있다.

○ 단백질의 입체구조

"아미노산이 어떤 순서에 의해 결합되었는가" 하는 것이 1차 구조(primary structure)이다. 1차 구조에서는 펩티드 결합이 대표적인 결합이다. 즉, 단백질의 가장 기본적인 구조로서 단순한 직선상 구조이다. 1차 구조만으로는 단백질이 기능을 할 수 없지만 2, 3, 4차 구조를 결정하는 기본이 되기 때문에 중요한 구조이다.

단백질의 2차 구조(secondary structure)에는 알파(alpha)와 베타(beta) 구조가 있다. 알파 구조는 나선형태(helix)이고, 베타 구조는 병풍형태(pleated sheet)이다. 2차 구조는 수소결합(hydrogen bond) 때문에 생겨난다. 즉, 2차 구조의 단백질은 펩티드결합에 수

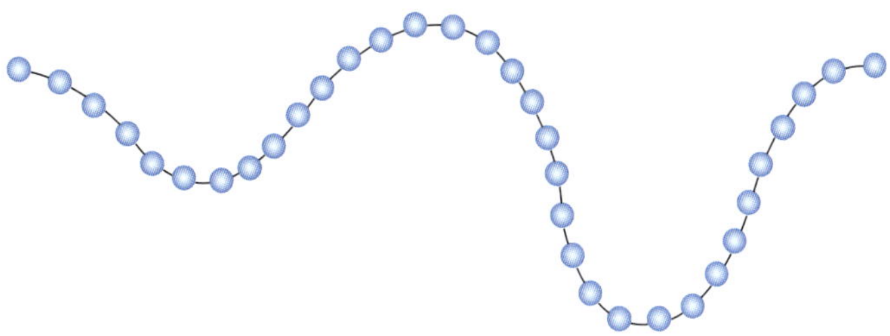

[그림 2.12] 단백질의 1차 구조

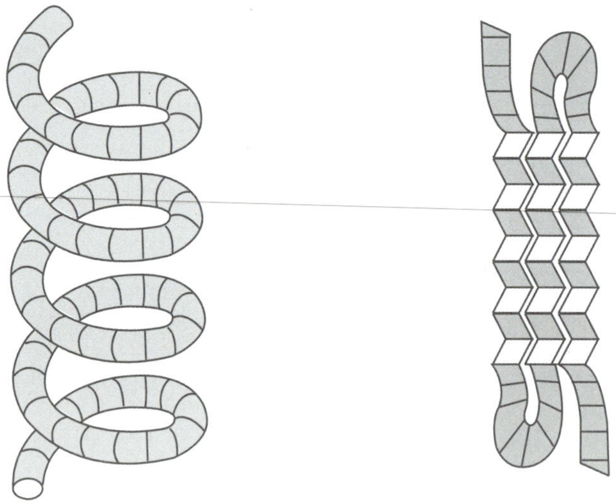

α-나선 구조　　　　　　　　　　　　　　β-병풍 구조

[그림 2.13] 단백질의 2차 구조

소결합이 하나 더 첨가된 셈이다. 알파 구조는 수소결합 때문에 각 아미노산 사이의 간격이 줄어들다 보니까 전체적으로 나선 형태를 취할 수밖에 없는 것이다. 베타 구조는 긴 단백질이 엿가락처럼 구부러지면서 두 줄이 나란히 달리게 되는 부분, 또는 두 개의 서로 다른 단백질이 나란히 배열되었을 때 역시 서로간의 수소결합의 이유로 생기게 된다. 2차 구조로도 대부분의 단백질은 아직 기능이 없다.

단백질의 3차 구조(tertiary structure)는 두 개의 시스테인(Cys) 사이에서 일어나는 결합이다. 시스테인은 황(S, sulfur)을 가지고 있기 때문에 만일 두개의 시스테인이 접촉하게 된다면 이 사이에서 -S-S- 결합이 생겨날 수 있다. 이 결합의 이름은 이황화물 결합(disulfide bond)이다. 먼 곳에 있는 시스테인 사이에서 이 결합이 생긴다면 단백질은 공간속에서 접히게 될 것이다. 이렇게 접히면 단백질 구조에는 이쪽 저쪽에 주머니(pocket) 형태가 생길 수 있고, 이 주머니의 형태는 그 단백질을 이루는 아미노산의 서열에 따라 결정될 것이다. 이 다양한 모양의 주머니들이 곧 다양한

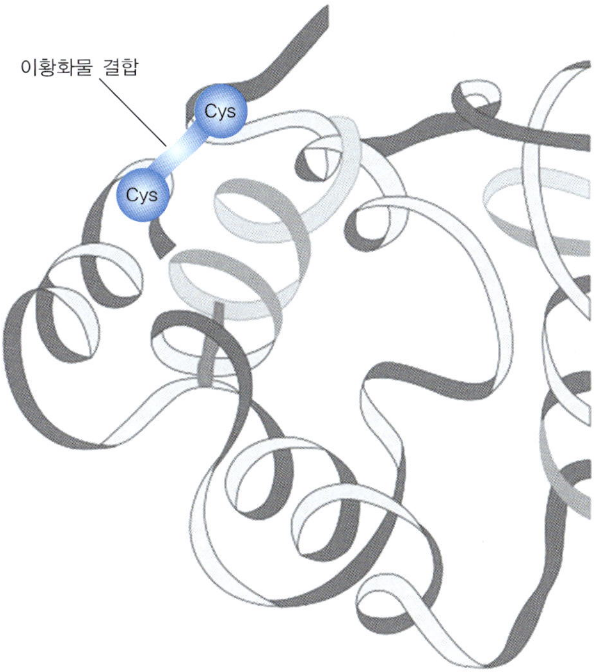

[그림 2.14] 단백질의 3차 구조

기질(substrate)과 결합하는 단백질의 실질적인 기능부위이다. 대부분의 단백질은 이렇게 3차 구조 단계에서 입체적 모양을 취하며 비로소 기능을 할 수 있게 된다.

일부 단백질은 4차 구조(quaternary structure)가 되어야 제대로 기능을 할 수 있다. 4차 구조란 여러 개의 3차 구조 단백질이 이온결합(ionic bond) 등에 의해 또다시 결합한 것이다. 4차 구조의 대표적인 예는 헤모글로빈(hemoglobin)이다. 헤모글로빈은 2개의 α-글로빈과 2개의 β-글로빈으로 되어있는데 각각의 글로빈들은 3차 구조이다. 각각의 글로빈은 그 자체로는 산소를 운반할 수 없지만 일단 모여서 4차 구조를 이루면 산소를 운반할 수 있게 된다.

어린이들이 열이 날 때 그 원인이 무엇이든지 간에 일단 빠르게 해열시키는 것

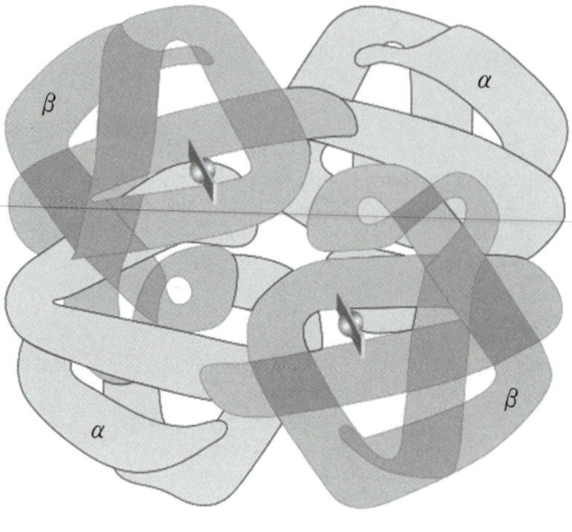

[그림 2.15] 단백질의 4차 구조

이 중요하다는 것을 우리는 잘 알고 있다. 그 이유는 열이 계속 지속되면 4차 구조를 지탱하는 결합들이 풀려버리게 되고 단백질의 기능이 없어져버리기 때문이다. 이렇게 결합이 풀려 기능이 없어지는 현상을 변성(denaturation)이라 말한다. 만약 생명현상에 필수적인 단백질이 변성되어 버리면 치명적이다. 정신박약이나 심각한 신체적 장애가 뒤따를 수도 있다. 단백질의 2, 3, 4차 구조는 1차 구조에 의해 자동적으로 결정되므로, 아무리 변성되더라도 1차 구조가 유지되고 있는 한 온도가 다시 낮아지면 원래의 정상구조로 돌아올 수 있게 마련이다 이를 회복(renaturation)이라 말한다. 단백질에서 아미노산이 어떤 서열로 조합될 지가 중요한 이유는 바로 이것이 1차 구조이기 때문이다.

단백질은 (1) 효소로서 우리 몸에서 일어나는 거의 모든 생화학반응을 주관하고 있다. 소화효소도 이렇게 중요한 효소 중 하나이다. (2) 액틴(actin)이나 미오신(myosin)같은 단백질은 수축과 이완 작용으로 우리 몸이 움직일 수 있게 해준다. (3) 헤모글로빈(hemoglobin)은 산소를 운반해주고, (4) 항체(antibody)는 면역작용을 해서 우리 몸을 외부 병원체로부터 보호해주고 있다. (5) 인슐린 같은 호르몬은 우리 몸의 생리작용을 조절해주며 (6) 필요할 때에는 단백질이 에너지원으로도 사용될 수 있다. 이처럼 단백질은 우리 몸에서 일어나는 모든 생리작용에 필수적으로 관여하고 있기에 생명의 3대 고분자에 포함시키고 있다.

지질

지질(lipid)에는 중성지방, 인지질, 납, 스테로이드 등이 있다. 중성지방(triglyceride)은 글리세롤(glycerol) 1분자에 지방산(fatty acid) 3분자가 결합된 것이다. 보통은 neutral fat이라고도 표현한다. 글리세롤은 탄소 3개로 되어 있으며 각 탄소마다 OH기(수산화기, hydroxyl group)가 하나씩 붙어 있다. 지방산은 탄화수소의 기다란 사슬인데(보통 R로 표시함) 한쪽 끝에 −COOH기(카복실기, carboxyl group)가 붙어 있다. 지방산의 COOH기와 글리세롤의 OH기 사이에 일어나는 결합은 에스테르 결합(ester bond)이다. 에스테르 결합이란 원래 산과 알코올 사이의 결합을 의미한다. 에스테르 결합 역시 물이 빠져나가는 탈수반응(dehydration)이다. 중성지방은 물에 녹지 않고 유기용매에만 녹는다. 중성지방이라도 지방산의 종류에 따라 화학적 성질이 다르게 마련이다. 포화지방산(saturated fatty acid)은 단일결합으로만 된 지방산이고(예, 팔미트산(palmitic acid)), 불포화지방산(unsaturated fatty acid)은 이중결합이나 삼중결합 같은 불포화결합이 있는 지방산이다(예, 올레산(oleic acid)). 이들의 가장 큰 화학적 구별은 상온에서 포화지방산을 가진 중성지방은 고체(지방, fat)이며, 불포화지방산의 중성지방은 액체(기름, oil)라는 것이다. 포화중성지방은 육류에 많기 때문에 이를 섭취하였을 경우 동맥에 축적되어 동맥경화증을 일으키는 원인이 된다. 반면에 불포화중성지방은 생선이나 야채에 많은 것으로 보고되어 있다. 중성지방의 대표적 기능은 에너지원이다. 에너지원으로서는 단일 g당 탄수화물이나 단백질보다도 더 많은 열량을 낼 수 있다. 중성지방은 피하조직에 분포되어 있어 외부의 물리적인 충격으로

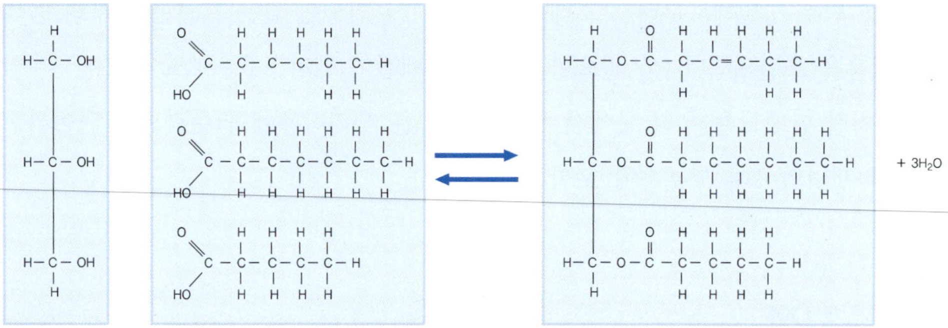

[그림 2.16] 중성지방

부터 내부기관들을 보호하는 쿳션(cushion) 작용도 한다. 외부의 찬 공기로 부터 내부를 차단해주는 방열작용(insulation)으로 체온 유지에 중요한 작용을 하기도 한다. 뚱뚱한 사람이 추위를 덜 탄다는 이야기가 전혀 근거없는 말은 아니다.

인지질(phospholipid)은 중성지방과 비슷한 구조로 되어있지만 지방산 중 하나가 인(phosphate)을 포함하고 있다는 점이 다르다. 정확하게는 이 인이 PO_4^-의 구조이기에

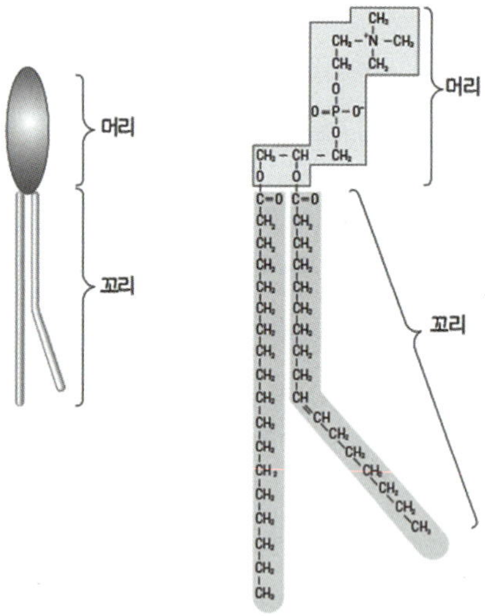

[그림 2.17] 인지질

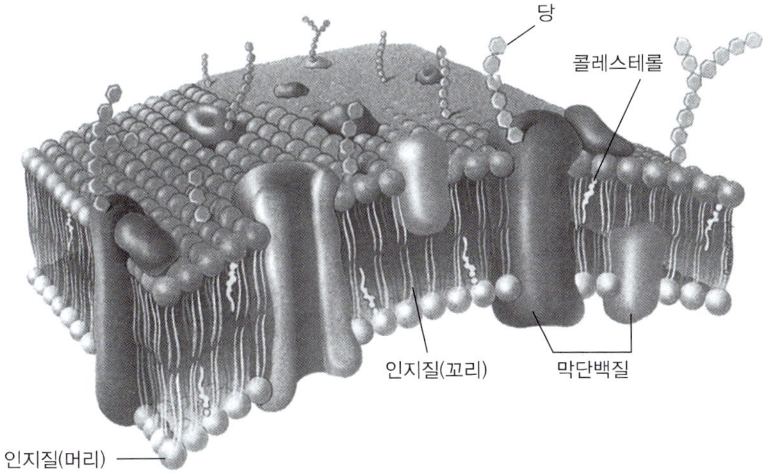

[그림 2.18] 인지질의 이중막

인지질로 하여금 (–)의 전기적 극성을 나타내도록 해준다. 이렇게 극성을 나타내는 인과 글리세롤의 합쳐진 부분을 머리(head), 전기적 극성이 없는 지방산 부분을 꼬리(tail)라 부른다. 극성부분은 물에 잘 녹을 수 있고, 비극성부분은 물에 녹지 않는다. 따라서 인지질을 물에 풀어 놓으면 극성부분은 물과 인접한 바깥쪽으로, 비극성부분은 물을 피해서 안쪽으로 위치하게 된다. 그러기 위해서는 결국 이중막(bilayer)으로 형성될 수밖에 없는 것이다. 이것이 바로 왜 세포에서 발견되는 막들이 이중막일 수밖에 없는가 하는 원리이다. 세포의 밖은 조직액이고, 안은 세포질 용액으로 가득 차있기 때문에 결국 비극성부분인 꼬리는 이중막의 안쪽으로 숨을 수밖에 없는 것이다. 인지질은 세포의 모든 막성분(세포막, 핵막 등등)을 구성하고 있다.

납(wax)은 식물의 잎, 새의 깃털, 동물의 피부 등에서 발견되는 지질의 종류이다. 식물의 잎은 하루 종일 햇빛에 노출되어 있는 만큼 납 성분으로 덮여 있어 수분이 마구 증발되는 것을 막아줄 수 있다. 납은 가구나 자동차의 광택제로도 사용된다.

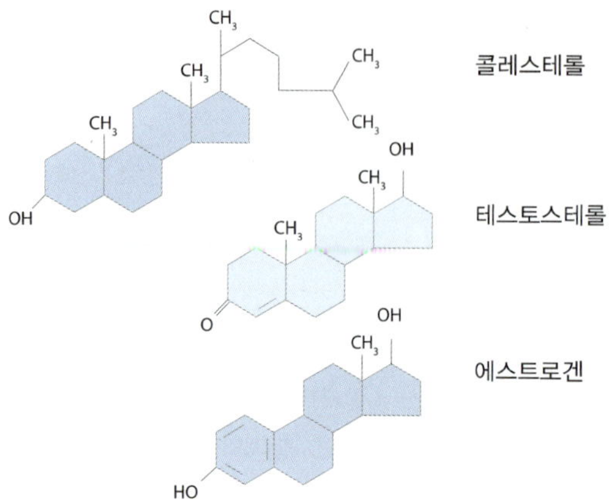

[그림 2.19] 콜레스테롤과 스테로이드

스테로이드(steroid)는 4개의 탄소고리로 된 지질을 말한다. 스테로이드의 대표적인 예는 콜레스테롤(cholesterol)이다. 여성호르몬인 에스트로겐(estrogen), 남성호르몬인 테스토스테론(testosterone)은 콜레스테롤로부터 유래된 스테로이드 호르몬이다. 이들은 동물에서만 발견되는 것이 특징이다. 이외에 비타민 D와 같이 스테로이드성 비타민도 있다.

핵산

핵산(nucleic acid)에는 DNA와 RNA의 두 종류가 있다. 쉽게 풀이하자면 핵산은 "핵에 들어있는 산성물질"이라는 뜻이다. 핵산의 단량체는 뉴클레오티드(nucleotide)이다. 뉴클레오티드는 당(sugar)과 염기(base), 그리고 인(phosphate)의 복합체이다. DNA를 이루는 뉴클레오티드는 dATP, dCTP, dGTP, dTTP의 4종류이다. 반면에 RNA의 뉴클레오티드는 ATP, CTP, GTP, UTP의 4 종류가 있다.

뉴클레오티드의 당은 5탄당 중에서도 디옥시리보오스(deoxyribose, DNA의 경우), 또는 리보오스(ribose, RNA의 경우)이다. 당에는 순서대로 번호를 붙이는데 각각 1', 2', 3', 4', 5'로 붙이고 읽기는 1차, 2차 등으로 읽는다. 염기는 1차 탄소에 붙고, 인은 5차 탄소에 붙어 있다. dATP와 ATP의 차이는 당에 있다. dATP와 ATP를 비교하면 2번째 탄소(2차 탄소) 위치가 각각 H와 OH인 것이 발견된다. dATP는 이렇게 당의 2번째 탄소(2차 탄소) 위치에 산소가 빠졌음을 의미하고 있다(d는 deoxy를 의미함. 즉, "de"는 빠져나갔음의 "탈"을 의미하고, "oxy"는 산소의 oxygen을 의미함).

염기에는 아데닌(adenine), 구아닌(guanine), 시토신(cytosine), 티민(thymine), 우라실(uracil) 등이 있는데 이중 티민은 DNA에만, 우라실은 RNA에만 존재하는 것들이다(예외적인 경우도 발견되기는 함). 분류의 목적상 이중 고리를 하고 있는 아데닌과 구아닌을 퓨린(purine)계 염기로, 단일고리인 시토신과 티민은 피리미딘(pyrimidine)계 염기로 나누고 있다.

뉴클레오티드들은 에스테르 결합에 의해 서로 연결된다. 앞에서 말했듯이 에스테르 결합은 산과 알코올의 결합이다. 여기에서는 인이 사실은 PO_4^- 이기에 인산으로 역할을 한다. 하나의 뉴클레오티드의 3차 탄소에 있는 OH기는 또 다른 뉴클레오티드의 5차 탄소에 있는 인산과 결합을 하게 된다. 이렇게 해서 뉴클레오티드는 사실상 무한정 길게 실처럼 연결될 수 있다. 이를 폴리뉴클레오티드(polynucleotide)라 부른다. 정확하게는 3', 5-포스포디에스테르결합(3', 5'-phosphodiester bond)이다.

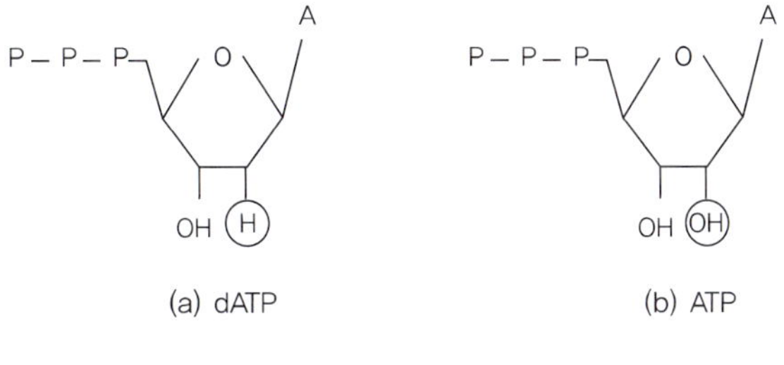

[그림 2.20] dATP와 ATP의 비교

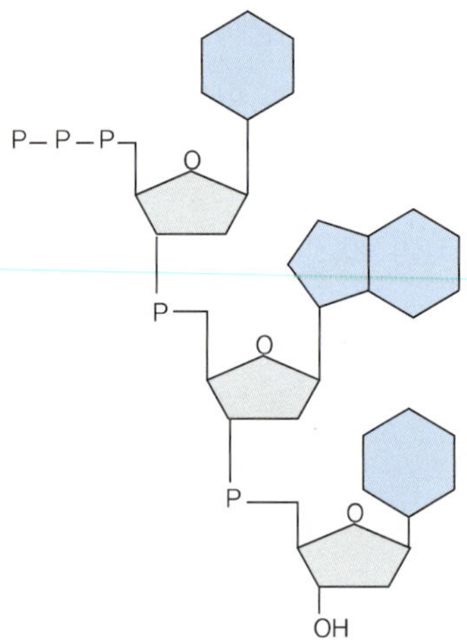

[그림 2.21] 폴리뉴클레오티드

RNA는 외줄의 폴리뉴클레오티드이다. 그러나 DNA는 두 줄로 되어 있다. DNA의 두 줄이 서로 붙어있을 수 있는 이유는 염기와 염기 사이의 수소결합 때문이다. 아데닌은 항상 티민과 결합을 하며, 구아닌은 항상 시토신과 결합을 한다. 이를 상보적 결합이라고 한다. 상보적 결합 때문에 한쪽의 염기서열을 알면 다른 쪽의 염기서열은 자동으로 결정되어진다. A와 T 사이에는 수소결합이 2개, C와 G 사이에는 수소결합이 세 개 있다. 이러한 구조에서 결국 소수성인 염기는 안쪽을 향하게 되고, 친수성인 당과 인은 바깥쪽에서 염기를 보호하게 된다. 게다가 DNA는 꼬여 있어 나선 형태를 취하고 있다. 이것이 바로 왓슨(Watson)과 크릭(Crick)이 1953년에 발표해 노벨상을 받은 유명한 "이중나선(double helix) 구조"이다.

유전정보는 염기의 서열에 들어있고, 염기의 서열은 무제한으로 변화할 수 있기 때문에 사실상 DNA의 정보 저장 능력은 무한하다 하겠다. 이렇게 DNA는 물리적 충격으로부터 유전정보를 보호할 수 있고(염기의 서열이 곧 유전정보이고 이는 당과 인으로 된 골격(backbone)에 의해 보호받음), 또한 정보 저장도 무한하기 때문에 유전물질로서 완벽한 구조인 것이다.

RNA는 외줄이기에 상대적으로 유전정보를 저장하기에 약하다. 따라서 일부 하등 미생물을 제외하고는 유전정보를 저장하는데 잘 쓰이지는 않는다. 대신에 DNA의 유전정보를 세포질에 있는 리보조옴(ribosome)으로 운반해주는 역할을 담당한다. 리보조옴은 이렇게 운반되어온 유전정보를 이용하여 단백질을 만드는 합성공장이다. DNA의 유전정보는 단백질을 만들기 위한 것이다. 일단 단백질만 만들면 모든 생리현상이 가능하기 때문이다. 이 과정을 집을 짓는 것과 비교해 보자. 일단 설계도가 필요할 것이다. 그리고 설계도에 따라 작업을 하게 된다. 그러나 설계도의 원본을 직접 현장에 들고 다니는 사람은 아마 없을 것이다. 훼손의 우려 때문이다. 그래서 공사현장에서는 청사진이라는 복사본을 보통 이용한다. 원본은 안전한 곳에 보관해두고 말이다. DNA가 바로 원본이다. 생명현상을 총괄하는 작업 설계도이다. 동식물의 세포는 이 중요한 원본을 핵(nucleus)이라는 캐비넷에 안전하게 보관해 둔다. 대신 공사현장인 세포질에는 mRNA라는 복사본을 만들어 내보낸다. mRNA는 messenger RNA의 약어이다. "messenger"는 전령, 즉, DNA에 들어있는 유전정보를 세포질로 운반하는 RNA란 뜻이다. mRNA가 복사해온 유전정보에 따라 세포질에 있는 tRNA와 rRNA가 단백질을 합성한다. tRNA는 transfer RNA의, rRNA는 ribosomal RNA의 약어이다. tRNA는 단백질의 재료인 아미노산

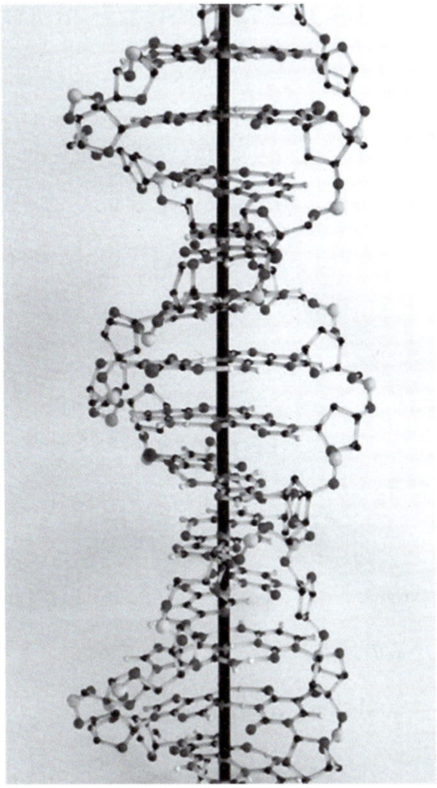

[그림 2.22] DNA 이중나선구조

을 운반해 나르고, rRNA는 이 아미노산들을 연결하는 공장인 리보조옴의 구성성분이다. 리보조옴은 mRNA 위아래에 둥그런 빵처럼 달라붙는다.

종합하자면 DNA는 한세대에서 다음 세대로 유전정보를 전달해주는 진정한 의미의 유전물질인 동시에, 생물이 살아가는데 필요한 모든 단백질에 대한 유전암호를 저장하고 있다. RNA는 이 생명현상의 과정에서 DNA를 도와 단백질을 직접 만드는 역할을 담당하는 것이다.

사람의 DNA

사람의 세포 하나에서 DNA를 꺼내 길게 늘여 뜨린다면 약 2미터에 달한다. 사람의 몸은 약 100조개, 즉 10^{14}개의 세포로 되어 있으니까 한사람에게서 나오는 DNA를 전부 연결할 경우 2×10^{11} km에 달할 것이다. 이는 태양과 지구를 왕복하고도 남을 정도의 길이이다. 이것만 보아도 사람이 얼마나 복잡하고 진화된 생물체인지를 충분히 알 수 있다. 이렇게 긴 DNA에서 극히 일부만 잘못 되어도 유

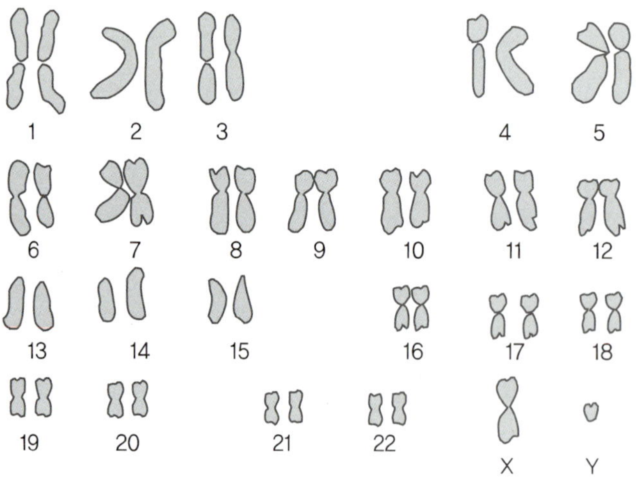

[그림 2.23] 사람의 염색체

전병이나 선천성기형, 암 등에 걸리게 된다. 따라서 건강하다는 것이 얼마나 소중한 것이지 새삼 느낄 수 있을 것이다. 아울러 생명의 존엄성도 함께 느낄 수 있다. "인간게놈프로젝트(Human Genome Project)"는 바로 이 DNA 속에 들어 있는 엄청난 양의 유전정보를 완전히 밝혀서 생명의 기원을 알아내기 위한 작업이었던 것이다. 사람의 DNA는 보통 46개의 염색체(chromosome)이라는 구조에 질서있게 잘 감겨져 있다.

비타민

진화된 동물일수록 비타민(vitamin)을 스스로 합성할 수 없기 때문에 필히 음식물로서 섭취해야 한다. 곤충은 B를 제외한 모든 비타민을 합성할 수 있으나 쥐와 개는 C를 합성하는 정도이다. 식물은 비타민을 섭취할 필요가 없다. 사람은 아무 것도 합성할 수 없기 때문에 음식물에 전적으로 의존해야만 한다.

비타민은 지용성과 수용성으로 분류할 수 있다. 지용성 비타민에는 A, D, E, K 등이 있고, 수용성 비타민에는 B_1, B_2, B_6, 니코틴산(nicotinic acid), 판토텐산(pantothenic

[표 2.3] 비타민의 종류(1)

	명칭	주요 생리작용	결핍증
지용성	A 레티놀 (retinol)	로돕신(시홍의 구성성분), 세포의 정상 성장과 분화	야맹증, 성장불량
	D 칼시페롤 (calciferol)	장에서의 Ca2+ 흡수촉진, 뼈의 발육과 유지	구루병, 골연화증
	E 토코페롤 (tocopherol)	항산화작용, 불포화지방산의 산화방지	세포막 파괴
	K 필로키논 (phylloquinone)	프로트롬빈 합성에 관여	혈액응고

[표 2.4] 비타민의 종류(2)

	명칭	주요 생리작용	결핍증
수용성	B_1 티아민 (thiamine)	탄수화물과 아미노산 대사 관련 효소의 조효소 성분	각기병
	B_2 리보플라빈 (riboflavin)	체내 산화환원 반응, FMN과 FAD의 성분	피부염(구순염)
	B_5 판토텐산 (pantothenic acid)	체내의 물질대사 관여, CoA의 성분	
	B_6 피리독신 (pyridoxine)	아미노산대사에 관련된 효소의 조효소 성분	피부염
	니아신(niacin)	체내 산화환원반응, NAD · NADP의 성분	펠라그라
	비오틴(biotin)	대사 관련 조효소의 성분	
	엽산(folic acid)	핵산합성 관련 효소의 조효소	빈혈
	B_{12} 코발라민	대사 관련 조효소의 성분	악성 빈혈
	C 아스코르브산 (ascorbic acid)	콜라겐 및 세포간질물질 합성에 관여	괴혈병

acid), 비오틴산(biotin), 엽산(folic acid), B_{12}, C 등이 있다. 비타민은 우리 몸에 필수적인 요소인 만큼 각각의 비타민이 결핍될 경우 질환에 걸리게 된다.

무기화합물

무기화합물(inorganic compound)에는 무기염류(inorganic salt)와 물이 있다. 무기화합물이란 탄소를 함유하고 있지 않는 물질들이다. 무기화합물은 우리 몸에 미량으로 존재하면서도 삼투압과 pH를 조절하는 등 필수적인 생리 기능들을 수행하기에 대단히 중요한 것들이다. 무기화합물의 양이 불균형해지면 탈수 등 심각한 병리현상을 겪게 된다.

무기염류는 무기이온 또는 전해질이라고도 불린다. 무기염류들은 우리 몸에서 중요한 물질대사를 도와주거나 삼투압을 조절하는 등의 광범위한 기능을 수행한다. Na, K, Cl 등은 산과 염기의 평형을 조절해 주며, Ca와 P는 뼈의 정상적인 성장에 필수적이다. Ca은 또 근육의 이완과 수축에 필수적이다. I와 Fe는 각각 갑상선호르몬인 티록신(thyroxine)과 헤모글로빈의 구성성분이다. 무기염류는 지나치게 섭취할 경우에도 독성을 나타낼 수 있다. 식물에서는 무기염류의 결핍으로 인한 성장감소와 잎의 황백화 현상이 보고되어 있다.

➡ 함께 생각해 볼 문제

1. "생명"과 "생물"을 정의해 보시오.

2. 생명현상의 특징들을 열거하고, 주변에서 각각의 예를 찾아보시오.

3. 세포설을 요약하시오.

4. 중심설에 근거해서 생명의 3대 고분자를 설명하시오.

5. 탄수화물의 구조를 간단히 설명하고, 주변에서 볼 수 있는 예를 찾아보시오.

6. 단백질의 구조와 기능을 간단히 설명하고, 기능별로 주변에서 볼 수 있는 예를 찾아보시오.

7. 지질을 구성하는 포화지방산과 불포화지방산을 요약하시오.

8. 인지질의 구조에서 극성부분과 비극성부분을 구별해보시오.

9. DNA와 RNA의 유사점, 그리고 차이점을 각각 5개씩 말해보시오.

10. 사람의 DNA가 얼마나 복잡하고 정교한지 말해보시오.

제3장

효소

enzyme

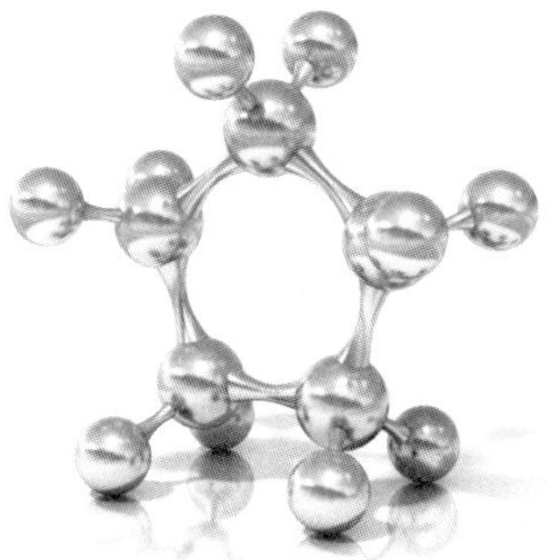

생물체에서 일어나는 반응들을 생화학반응이라고 한다. 생화학반응은 용액 속에서 일어나며 효소의 도움이 절대적으로 필요하다. 효소는 대부분 단백질이지만 최근에 RNA 효소도 보고된 바 있다. 효소 작용은 활성화 에너지를 낮추어 주는 것이다. 효소는 기질특이성을 발휘하며, 자기가 촉진시킨 반응물에 의해서 피드백을 받는다. 피드백 조절은 생체내에서 그 반응이 얼마나 더 일어나야 할지를 자율적으로 조절하는 중요한 기작이다.

효소

효소(enzyme)는 세포에서 일어나는 각종 화학반응에 촉매로서 작용하여 반응속도를 촉진시켜 준다. 세포에서 일어나는 화학반응들을 생화학반응(biochemical reaction)이라 한다. 효소가 관여하지 않는다면 생체 내의 대사과정은 매우 느리기 일어나기 때문에 에너지 수요에 대처할 수 없게 될 것이다. 효소가 존재하면 반응속도를 1020배 정도까지 촉진시킬 수 있다. 대부분의 효소는 단백질이지만 최근에 RNA가 효소로 작용하는 예도 몇 가지 알려지고 있다. Tetrahymena라는 원생동물 기생충에서 RNA가 스스로 자기를 자르거나 이어 붙이는 반응을 촉진시키는 것이 관찰되었기 때문이다. 이런 RNA 효소의 이름은 리보자임(ribozyme)이다. 리보조옴에서 발견되는 rRNA도 리보자임의 또 다른 예라고 생각된다. 효소는 세포에서 일어나는 각종 화학반응에 촉매로서 작용하여 반응속도를 촉진시켜 준다. 세포에서 일어나는 화학반응들을 생화학반응이라 한다.

활성화에너지

효소가 반응속도를 촉진할 수 있는 원리는 반응이 일어나는데 필요한 활성화에너지(activation energy)를 낮추어 주기 때문이다. 활성화에너지는 자전거로 언덕을 넘는 것에 비교할 수 있다. 일단 넘기만 하면 내리막길이지만 문제는 언덕꼭대기까지 자전거를 타고 올라가야 한다는 것이다. 당연히 언덕이 높을수록 넘기 힘들 것이다. 이 고개를 깎아서 낮추어 버린다면 그만큼 올라가는 데에 힘도 덜 들어가고 빨리 올라갈 수 있을 것이다. 바로 이것이 효소의 역할이다. 즉 기질(substrate)과 반응생성물(product)은 서로가 전이되는 정점(전이상태, transition state)에서 가장 높은 자유에너지를 가지게 된다. 기질과 전이상태에서의 자유에너지 차이가 바로 활성화 에너지이다. 반응속도는 활성화 에너지에 의해 달라지는데, 효소는 활성화 에너지를 낮추어 주는 역할을 한다. 특히 시험관에서 일어나는 화학반응들이 대부분 끓는 조건(100℃) 등 높은 온도에서 일어나는 반면 생화학반응은 37°C라는 상대적으로 낮은 생체 온도에서 일어나야 하기에 효소의 도움이 반드시 필요한 것이다. 생화학반응은 대부분 원자 간에 결합이 만들어지거나 끊기는 반응이므로 효소는 이러한 결합의 형성과 분해를 촉진하는 작용을 한다고 할 수 있다.

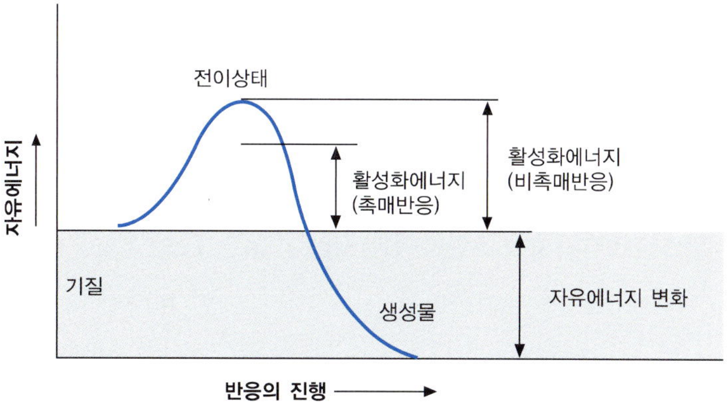

[그림 3.1] 효소에 의한 활성화 에너지

기질특이성

효소는 대부분 단백질이다. 구조는 3차 또는 4차 구조이므로 보통은 둥그런 입체적 모습을 하고 있다. 때때로 효소는 구리, 철, 망간 등의 금속이온이나 비타민 같은 유기물과 결합하여 더욱 향상된 기능을 할 수도 있다. 효소에는 주머니처럼 움푹 들어간 부분들이 있게 마련이다. 주머니의 모습은 그 부분의 아미노산 곁사슬들이 어떻게 배열되느냐에 따라 결정된다. 이 주머니와 반응 기질(S, substrate)은 열쇠와 자물쇠처럼 모양이 서로 꼭 들어맞게 되어 있다. 효소마다 이 주머니의 모습이 다르기 때문에 각각의 효소들은 기질특이성(substrate specificity)을 보이게 마련이다. 효소(E)는 기질(S)이 결합하는 자리인 활성부위(active site)를 가지고 있고 여기에 기질이 결합하여 효소-기질 복합체(ES, enzyme-substrate complex)가 형성된다.이 복합체는 계속해서 효소-기질 상호작용에 의해 전이상태의 생성이 촉진되고 그 결과 생성물(P, product)이 만들어진다. 효소와 기질은 비공유결합으로 형성된다.

$$E + S \rightleftarrows ES \rightleftarrows E + P$$

효소와 기질 사이의 결합을 설명하는 모델로서, 자물쇠-열쇠 모델(lock and key model)과 유도적합 모델(induced-fit model)이 있다. 자물쇠-열쇠 모델은 효소의 활성부위와 기질이 열쇠와 자물쇠처럼 모양이 서로 꼭 들어맞는 구조로 되어 있어 결합 가능하다는 것이다. 유도적합 모델은 기질의 결합이 활성부위의 입체구조를 유도하여 결합한다는 것이다. 대부분의 효소들은 촉매를 위한 비단백질 성분인 보조인자(cofactor)를 필요로 한다. 효보조인자에는 Mg^{2+}, Zn^{2+}, Fe^{2+}, Ca^{2+}, Co^{2+} 등의 무기금속이온(inorganic metal ion)과 유기화합물(organic compound)인 비타민(vitamin)을 성분으로 하는 보조효소(coenzyme)가 있다. 보조효소는 단백질로 구성된 아포효소(apoenzyme)와 결합하여 홀로효소(holoenzyme)가 되어야만 효소 활성을 나타내지만, 보조효소 단독

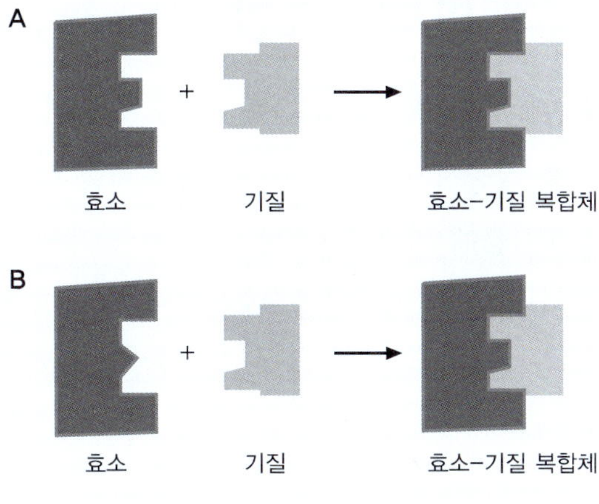

[그림 3.2] 자물쇠-열쇠 모델과 유도적합 모델

으로는 효소 활성을 나타낼 수 없다. 보조효소에는 산화환원반응에 관여하는 NAD (nicotinamide adenine dinucleotide), NADP (nicotinamide adenine dinucleotide phosphate), FAD (flavin adenine dinucleotide) 등이 있다.

효소의 이름

효소의 이름은 펩신, 트립신 등 고유 이름을 가진 몇몇 효소를 제외하고는 보통 반응 기질의 이름에 "-ase"라는 접미사를 붙인다. 효소는 촉매하는 화학반응의 유형에 따라 산화환원효소(oxidoreductase), 전이효소(transferase), 가수분해효소(hydrolase), 리아제(lyase), 이성체화효소(isomerase), 리가아제(ligase)의 여섯 가지 군으로 크게 대별하고 이를 다시 작은 군으로 분류한다. 예를 들면 탄수화물을 분해하는 효소는 amylase, 산소를 더해주는 효소는 oxidase, 인을 제거하는 효소는 phosphatase 등으로 부른다. 우리 몸에는 약 2,000여 종의 효소가 보고되어 있다.

효소 활성에 미치는 요인

화학반응은 온도상승에 따라 반응속도도 증가한다. 그러나 효소는 단백질로 구성되어 있으므로 온도를 상승시키면 변성되어 촉매능력을 상실하게 된다. 효소는 일정한 온도까지는 온도상승에 비례하여 반응 속도가 증가하지만 그 이상의 온도에서는 오히려 감소한다. 따라서 효소반응속도는 특정한 온도에서 최고에 도달한다. 이를 최적 반응온도(optimal temperature)라 한다. 사람에 존재하는 대부분 효소의 최적온도는 35~40°C이다.

효소는 아미노기와 카르복실기가 이온화 상태로 존재하므로 반응속도가 pH에 의해서도 영향을 받는다. 특정한 pH에서 효소는 가장 안정되고 활성화 상태를 유지하므로 이때 효소의 활성이 가장 높은데 이를 최적 pH (optimal pH)라 한다. 최적 pH를 벗어나면 효소는 불안정하게 되어 비활성 상태로 변하므로 효소 활성은 감소한다. 대부분의 포유동물의 최적 pH 범위는 6~8 정도이나 사람의 위에서 작용하는 펩신의 최적 pH는 약 1.6이며, 소장에서 작용하는 트립신과 키모트립신의 최적 pH는 8.0이다.

효소와 물질대사

물질대사는 일련의 효소군에 의한 연속적인 반응이다. 즉, 한 반응의 반응산물은 연이어 다음 반응의 기질로 작용한다는 말이다. 대부분의 생화학반응은 여러 단계를 거쳐야하기 때문에 일련의 효소군에 의해 일어나게 마련이다. 예를 들어 1분자의 포도당이 2분자의 피르브산(pyruvic acid)으로 전환되는 해당작용(glycolysis)은 여러 중간단계를 거쳐서 완성되는 다효소계(multienzyme system) 반응으로 모두 10가지의 효소가 필요하다.

대부분의 효소들은 단백질이기에 DNA에 저장된 유전정보에 따라 만들어진다. 만약 선천적으로 유전자가 고장나있어 특정한 효소가 만들어질 수 없다면 해당되는 생화학반응이 일어나지 못할 것이다. 그 때문에 그 사람은 선천성질환에 걸리게 된다. 예를 들어 갈락토오스(galactose) 분해효소를 만드는 유전자가 선천적으로 고장 난 사람의 경우 어릴 때 우유를 먹이면 젖당의 갈락토오스가 소화되지 못하고 뇌에 쌓이면서 정신박약의 원인이 되어버린다. 최근에는 태어나자마자 이 효소의 유무를 간단히 조사할 수 있고, 만일 이 효소가 고장났음이 판명되면 갈락토오스를 제거한 음식물을 제공함으로써 정신박약을 피할 수 있다.

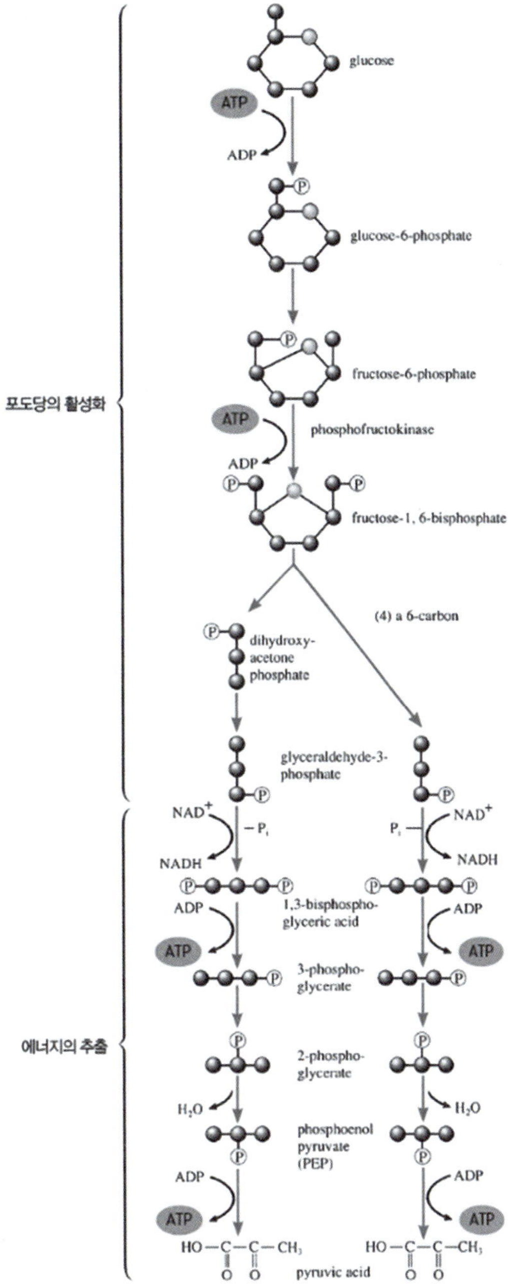

[그림 3.3] 해당작용

효소의 조절

세포는 필요없는 효소를 과잉으로 만드는 등의 에너지 소모를 절대 하지 않는다. 이를 위해서는 적절한 양의 효소가 만들어질 수 있도록 정확히 조절하는 기작이 필요하다. 세포는 두 가지 차원에서 이런 조절을 하고 있다. 한 가지는 기질의 양에 따라 조절하는 것이고, 또 다른 한 가지는 반응산물의 양에 따라 조절하는 것이다. 기질이 많을 때는 이를 반응시키기 위해 효소생산이 따라서 증가하고, 반응산물이 지나치게 많이 만들어지면 이에 의해 효소작용이 억제된다. 이렇게 반응산물에 의해 효소가 억제받는 현상을 "피드백 억제(feedback inhibition)"라 하며 이 효소를 조절효소(regulatory enzyme)라 한다. 조절효소는 생물체 내에서 일어나는 대사 과정의 반응 속도를 조절하는 중요한 역할을 한다. 포도당이 세포에 지나치게 공급되면 이를 글리코겐으로 전환시키는 효소의 합성이 증가한다든지, 해당작용의 결과로 ATP가 지나치게 많이 만들어지면 이에 의해 대사가 억제되는 것들이 좋은 예이다.

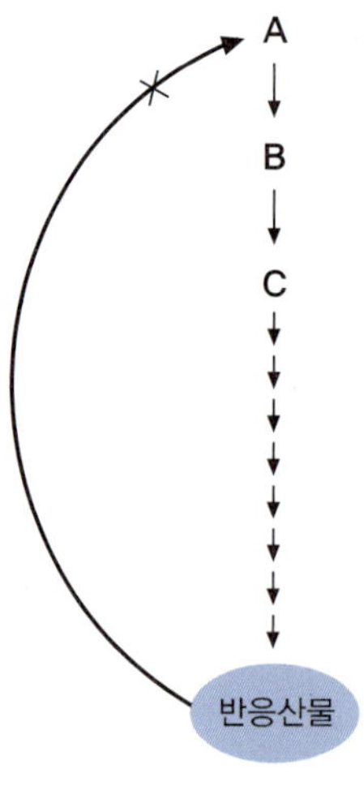

[그림 3.4] 피드백 억제

함께 생각해 볼 문제

1. 효소란 무엇인지 설명하고, 생명체에서 특별히 중요한 이유를 말하시오.

2. 활성화에너지에 대해서 설명하시오.

3. 리보자임(ribozyme)이란 어떤 것인지 조사하고, 그에 대한 예를 찾아보시오.

4. 효소의 기질특이성을 설명하시오. 기질특이성으로 인해 어떤 생화학적 이점이 있을까?

5. 자물쇠-열쇠 모델과 유도적합 모델을 구별해 설명하고, 각각의 장점을 말해보시오.

6. 효소들을 기능과 이름에 따라 분류해보시오.

7. 보조효소에는 어떤 것들이 있는지 말하시오.

8. 효소활성에 미치는 환경적 요인들을 말해보시오.

9. 해당작용(glycolysis)에는 모두 10종류의 효소가 관여한다. 각각의 이름과 기능을 간단히 설명하시오.

10. Feedback 시스템을 통해 촉진 또는 억제되는 예를 찾아보시오.

제4장

미생물과 생물산업

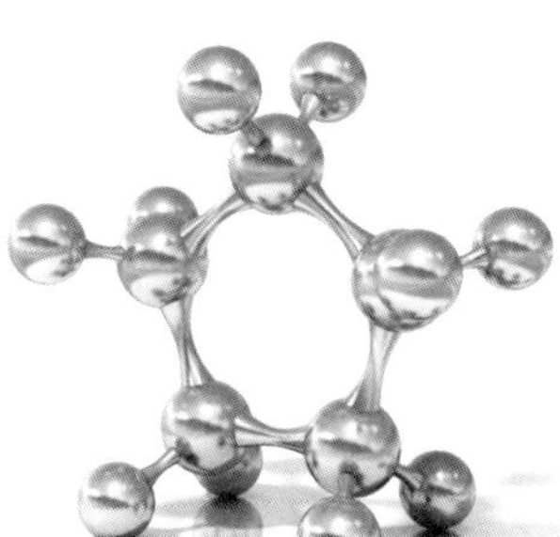

미생물은 태초부터 인류와 함께 지구상에 존재한 생명체이다. 그만큼 종류도 다양하고 기능도 다양하지만 눈에 보이지 않고 조작이 어려워서 그동안 이용 가치가 크지 않았던 세포체이다. 오히려 질병을 일으키기 때문에 기피 대상 또는 정복의 대상으로만 여겨져 왔다. 최근에 미생물로부터 유용한 항생제를 분리하거나 발효에 이용해 기능성 제품을 만드는 등 미생물의 활용 가치가 점차 높아지고 있다. 게다가 유전공학의 발달은 의·약학 분야에서 미생물의 가치를 더욱 높여주고 있다. 미생물공학은 생물산업에서 향후 중요한 학문적 분야가 될 것으로 기대된다.

미생물과 생물산업

일상 속에서도 우리는 몇 가지의 미생물들을 접하게 된다. 된장찌개와 김치는 각각 누룩곰팡이와 효모, 젖산균을 이용한 식품이다. 식중독은 몇 가지 식중독 원인균에 의해, 감기는 인플루엔자 바이러스와 같은 바이러스에 의해 발병하는 것이다. 헬리코박터(helicobacter)는 위에 질병을 일으키는 균으로 유명하다. 빵과 유산균 음료 역시 각각 빵효모와 젖산균을 이용해 만든 식품이며, 오래된 식품에는 푸른색곰팡이와 같은 곰팡이들이 나타나게 된다. 결핵은 mycobacterium tuberculosis라는 결핵균에 의해 발병한다. 버섯은 식물의 일종으로 생각하기 쉬우나 엄연히 곰팡이와 같은 진균류에 속하며, 소주나 맥주는 누룩곰팡이와 Saccharomyces cerevisiae라는 효모가 있어야 만들 수 있다.

이렇게 미생물은 우리에게 이로운 쪽으로든, 질병과 같이 해로운 쪽으로든 우리 생활과 함께 하는 생명체라고 할 수 있다. 미생물이라고 하면 단순히 눈에 보이지 않을 정도로 작은 생명체를 생각하기 쉽다. 사람의 눈은 약 0.1 ㎜ 이하의 물체를 식별하지 못하는데, 대부분의 세포들은 이보다 훨씬 더 작다. 따라서 하나 또는 수 개의 세포로 이루어진 미생물의 경우는 대다수가 우리 육안으로는 확인이 힘들 정도로 작은 생명체이다. 게다가 실험실에서 자주 사용하는 광학 현미경으로 관찰이 불가능한 바이러스 같은 것들도 미생물 범주에 들어간다. 때로는 원생동물이라든지, 버섯과 같이 육안으로도 확인이 가능한 생명체 역시 미생물이라 하기 때문에 그저 눈으로 보지 못하는 작은 생명체만을 미생물이라고 하기에는 용어상 어려운 점이 많다.

그러면 어떻게 하면 미생물을 더 정확하게 정의할 수 있을까? 여러 관점에서 정의 내릴 수 있지만, 한 마디로 말하자면 미생물은 기능이 미분화된 세포로 구성된 단세포 또는 다세포 생물을 말한다. 여기에서 미분화란 정확하게 기능이 정해지지 않은, 또는 여러 가지 기능이 복합적으로 나타나기에 세분화되지 않은 상태를 말한다.

미생물은 지구상에서 가장 먼저 생겨난 생명체로 알려져 있다. 그만큼 미생물은 거친 환경에서도 생존과 증식이 가능하다. 심지어는 우리 몸 속 장내에도 서식하고 있다. 이렇게 지구상 곳곳에 살고 있으면서 인류의 생활에 커다란 영향력을 미치는 미생물이지만 동물이나 식물과 달리 눈에 보이지 않기 때문에 우리는 그 존재에 대해 의식조차 못하고 살아갈 때가 너무도 많다.

앞에서 언급한 것들 이외에도 물질이나 쓰레기의 분해자 역할을 하면서 환경을 보호하는 것이나 생명과학에 직접적인 발전의 계기가 되는 등 미생물의 도움은 매우 많다고 할 수 있다. 이러한 미생물이 미생물(微生物)임과 동시에 인류의 복지와 건강증진에 이바지하는 미(美)생물이 되기 위해서는 보다 우리들의 적극적인 관심과 이해가 뒤따라야 할 것이다.

미생물의 종류

그렇다면 미생물에는 어떠한 것들이 있을까? 흔히 접하고 들어 본 것들을 중심으로 한 번 생각해보자. 먼저 세균을 들 수 있다. 세균은 우리가 일반적으로 이야기하는 미생물의 가장 대표적인 예이다. 예를 들어 식중독과 같은 질병을 유발하는 세균도 있지만 인체 내에서 항상성(homeostasis)을 유지하는데 중요한 역할을 하는 대장균이라든가 발효식품에 사용되는 유산균(lactic acid bacteria) 등 유익한 세균도 있다. 그 외에도 몇 가지 질병을 일으키는 세균들도 있다.

혹시 무좀으로 고생하는 사람들이 주위에 있다면, 그 무좀의 원인균은 곰팡이라는 것을 알아야 할 것이다. 빵과 같은 음식을 오래 놓아두었을 때 푸른색을 띠는 물질이 음식물 곳곳에 피어나는 것을 볼 수 있는 데 이 역시 곰팡이의 장난이다. 습한 지역을 좋아하는 곰팡이는 이처럼 인간에게 귀찮은 존재이기도 하지만 이는 극소수에 불과하다. 오히려 곰팡이는 자연의 분해자로서 생태계에 없어서는 안되는 존재이다. 그 외에 음식 맛을 더해주기도 하고, 질병을 낫게 하는 약의 재료로 이용되기도 한다. 곰팡이와 같은 진균류에 속하는 효모(yeast)는 술이나 빵을 만들 때에 유용하게 사용된다.

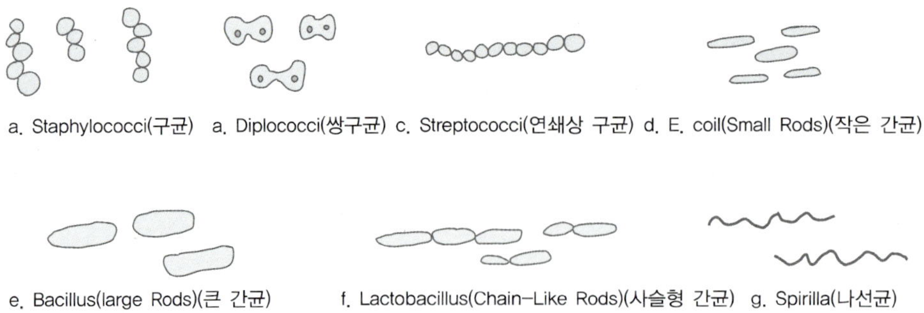

[그림 4.1] 여러 가지 세균의 모습

영화나 드라마를 보면 가끔 엄청난 재앙을 초래하는 질병의 원인으로 바이러스가 나온다. 에볼라 바이러스라든지, 에이즈바이러스와 같은 바이러스는 아직까지도 그 기작과 치료법을 알지 못하는 인류의 무서운 적임에는 틀림없다. 만일 인류가 멸망의 위기에 처하게 된다면 핵폭탄이나 기타 다른 무기보다 이러한 바이러스의 창궐 때문일 것이라는 전문가들의 견해로 인해 바이러스에 대한 두려움은 더욱 커지고 있다. 이처럼 감기바이러스에서부터 에이즈바이러스까지 바이러스는 주로 질병을 일으키는 원인으로 알려져 있지만, 유전공학과 같은 생명공학에서 바이러스는 중요한 매개의 역할을 하기도 한다.

미생물과 우리 생활

미생물은 우리 생활에 있어서 떼어놓으려도 뗄 수 없는 존재임에 틀림없다. 눈에 보이지는 않지만 항상 우리가 생활하는 공간 속을 떠돌아다니며, 인체 속에서 항상성을 유지하는데 도움을 주기도 하고, 각종 발효식품이나 양조식품을 만들어 내는 재료가 되기도 하며, 항생제(antibiotics) 같은 의약품 개발과 항균제품 산업에 이용되기도 한다. 방선균과 같은 미생물을 이용하여 penicillin, streptomycin 같은 항생물질을 생산하는 것이 그 예시이다. 때로 미생물은 병원균으로써 감기 같은 일반적인 질병에서부터 HIV(human immunodeficiency virus)와 같이 인류에 심각한 질병을 초래하기도 한다. 우리는 화학물질의 회수, 폐수 처리 등 환경 정화를 위해 미생물을 이용하고, 콩과식물과 공생하는 미생물(*Rhizobium*, *Bradyrhizobium*)로부터 대기 중 질소를 고정하여 얻어진 성분을 이용함으로써 비료 산업의 모습을 친환경적으로 바꾸기도 한다. 치즈, 요구르트, 버터, 우유, pickles, 맥주 등은 모두 미생물의 발효를 이용한 것이며 특히 우리 고유의 음식인 김치도 미생물의 발효를 이용한 최고의 식품이라 할 수 있다. 또한 미생물을 이용하여 비타민, 화학물질 등을 생산한다. *Corynebacterium glutamicum*이 생산하는 조미료인 monosodium glutamate라든가 그 외 세균과 곰팡이에서 생산되는 전분 분해 효소인 amylase, 단백질 분해 효소인 protease 등이 그 예이다.

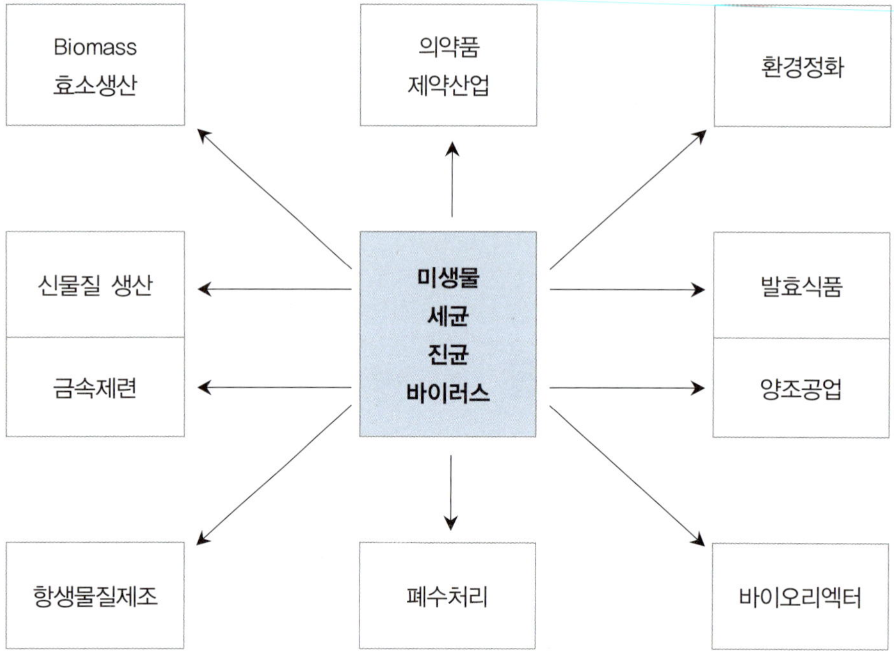

미생물의 대표주자 세균

세균은 지구상에서 가장 오래된 생물체로 간주되며, 지구상 어느 곳에나 존재한다. 공기 중에는 물론 땅 속, 바다 속, 온천이나 화산과 같은 일반적으로 생물이 살기 힘든 곳까지 세균은 널리 분포되어 있으며 그 종류도 매우 많다. 세균 역시 0.1㎛-80㎛ 정도로 매우 작아서 육안으로는 볼 수 없으며 광학현미경을 이용하여 관찰할 수 있다.

세균은 생김새에 따라 둥근 형태의 구균, 길다란 형태의 간균, 실 형태의 사상

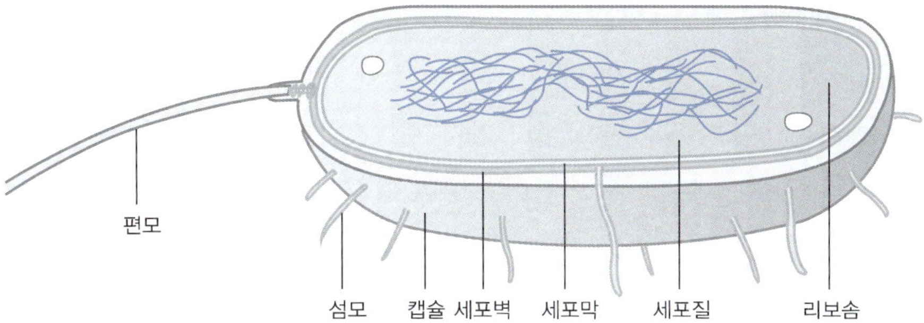

[그림 4.2] 세균의 형태

균, 나선 형태의 나선균으로 나뉘며, 특히 구균은 배열에 따라서 두 개가 접합된 쌍구균, 사슬 모양의 연쇄상구균, 포도송이 모양을 포도상구균으로 다시 나뉜다. 또한 Gram 염색이라는 특수염색법으로 염색하였을 때 나타나는 반응 색에 따라서 Gram 양성(+) 균과 Gram 음성(−) 균으로 나눌 수 있다.

대표적인 세균은 단세포생물이면서 원핵세포(prokaryote)이다. 핵(nucleus)과 핵막이

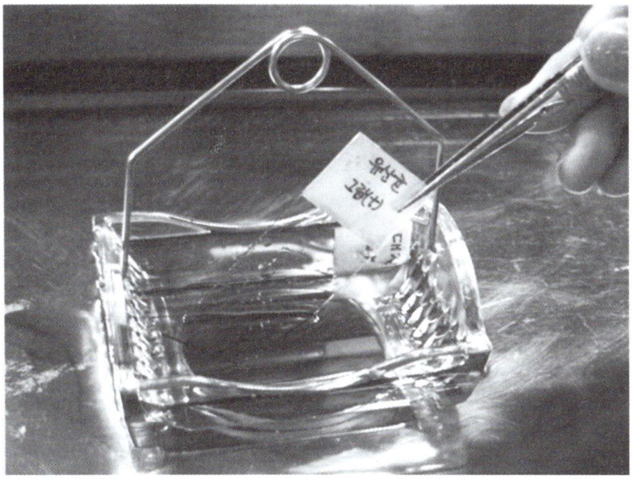

[그림 4.3] Gram 염색

없다는 말이다. 반면에 동·식물 그리고 같은 미생물에 속하지만 곰팡이 세포는 핵막이 있어서 뚜렷하게 핵과 세포질이 구별이 된다. 이들은 진핵세포(eukaryote)이다. 진핵세포에서는 생명활동을 위한 여러 가지 세포소기관이 독자적이면서 유기적으로 활동하는데 비해, 세균은 핵막이 없고 세포소기관이 거의 없는 간단한 세포 구조를 가지고 있다. 이러한 특성 때문에 환경에 적응하기가 더 용이하다는 장점을 가지고 있다.

세균은 일반적으로 증식할 때 암수의 구별 없이 증식한다. 유전물질을 비롯한 기본물질들을 복제한 다음 두 개로 분열하는 이분법을 통해 증식하기 때문에 암수의 구별이 필요치 않다. 그렇지만 때때로 필요에 의해 한 세균세포에서 다른 세균세포로 유전물질을 이동시키기도 한다. 유전물질을 넘겨주는 세포를 공여체세포, 넘겨받는 세포를 수용체세포라 한다. 이렇게 유전물질을 이동시키는 방법에는 크게 세 가지가 있다. 첫 번째는, 세균의 DNA 조각이 운반체를 이용하거나 자연적으로 공여체세포로 들어가는 형질전환(transformation), 두 번째는 바이러스인 박테리오파지에 의해 공여체세포의 게놈 일부가 수용체세포로 옮겨지는 형질도입(transduction), 마지막으로 공여체세포와 수용체세포가 직접 접촉함으로써 유전물질이 이동되는 접합(conjugation)이다.

세균은 그 종류의 다양성만큼이나 인간생활에 다양한 영향을 미친다. 먼저 세균 중에서도 유산균과 같은 발효균은 김치, 장, 젓갈과 같은 우리 고유의 전통발효식품과 요구르트, 치즈 등의 우유발효식품을 만드는데 사용된다.

세균의 물질생산능력을 이용하여 생활에 유용한 물질을 생산해내기도 하는데, 방선균을 이용하여 테트라사이클린(tetracyclin)이나 스트렙토마이신(steptomycin) 같은 항생물질을 생산하고, 클로스트리디움속(Clostridium)을 이용하여 아세톤 등을 만드는 것이 대표적인 예이다. 그 외에도 유기물과 중금속을 분해하는 세균의 특성을 이용하여 생활하수나 폐수를 처리함으로써 환경정화에도 큰 도움이 되고 있다.

그러나 이러한 유용성을 가지고 있는 반면, 인간생활에 해를 미치는 경우도 많다. 병원균이 대부분 그러한데 각종 질병을 일으키는 병원균의 경우 숙주에 침입하여 독소를 냄으로써 병을 일으키거나 숙주에 부정적인 영향을 주게 된다.

그 외에도 일반적으로는 생물체가 살 수 없는 0℃의 저온에서도 서식하는 균이 있어서 냉장고에 보관할 때에도 식품이 변질되는 경우가 생기기도 하고, 반대로 70°C 이상의 고온에서도 서식하는 세균이 있어서 이러한 성질을 이용하여 PCR에 사용하는 DNA polymerase를 만들어내기도 한다. 이러한 점 외에도 세균은 세대기간이 짧고 시간과 공간에 대한 큰 제약 없이 쉽게 증식할 수 있어서 생명과학의 도구로 많이 이용된다.

세균은 생물이나 생명과학의 분야 이외에도 다양한 방면에서 주목을 받고 있다. 예를 들면 우주과학 분야가 그런 예이다. 미항공우주국(NASA)에 의하면 남극대륙에 떨어진 운석 내부에서 세균 화석이 발견되었는데 이는 지구 외 태양계 행성에도 지구의 미생물과 유사한 생명체가 살고 있을 가능성이 있음을 보여주는 것이라서 주목을 끌고 있다.

이렇듯 세균은 다양한 종류와 광범위한 서식지, 지구상 가장 오래된 역사를 토대로 무궁무진한 연구의 대상이 되고 있다. 세균을 비롯한 미생물 연구는 단순히 한 생명체의 연구에서 그치는 것이 아니라 생활의 편리함과 인류의 흥망에 관한 중요한 문제가 되고 있다.

곰팡이

곰팡이가 피었다라고 하면 일단은 인상을 찌푸리게 된다. 곰팡이는 음식물에 서식해서 음식물을 상하게 하고, 무좀과 같이 인간에게 해를 미치며, 깨끗하지 못한 환경에 존재하면서 잘 제거되지 않는 존재라는 선입견이 있기 때문이다. 곰팡이나 효모, 버섯 등을 통틀어 진균류라고 하며, 이들은 세균과 달리 진핵세포에 속한다. 대부분 다핵성이며 포자가 발아하여 생장하면서 균사를 이루는 그물 모양의 균사체의 구조를 하고 있다. 곰팡이는 엄밀히 동물과 식물의 중간 형태를 취하고 있다. 식물세포와 마찬가지로 세포벽을 가지고 있으며, 식물의 꽃가루 등과 같이 포자의 형태로 증식하기 때문에 식물의 범주에 속한다고 볼 수도 있다. 그러나 유전자 체계가 동물과 더 가깝고, 세포벽의 성분이 갑각류의 껍질과 같은 키틴질이라는 점에서는 동물에 속한다고 보는 견해도 있다. 곰팡이는 엽록소가 없어 스스로 영양물질을 만들지 못하는 종속영양생물이므로 기생생활을 한다. 이 때 죽은 생물체에서 영양분을 얻는 종류와 살아있는 생물체에서 영양분을 섭취하는 종류로 나눌 수 있다.

음식찌꺼기에 존재하는 병원성균인 *Candida* 속이나 무좀균과 같이 인체에 서식하면서 해를 끼치는 곰팡이는 인간의 세포와 비슷한 구조를 하고 있어서 쉽사리 없애기 힘들다. 더욱이 포자를 가지고 있어서 완전히 제거하지 않으면 언제든 조건에 따라 다시 자랄 수 있기 때문에 이러한 경우 쉽사리 제거되지 않는다. 그러나 곰팡이가 반드시 해를 끼치는 것만은 아니다. 낙엽이나 동물사체 등의 유기물을 화학물질로 분해시키는 능력이 있어서 세균과 더불어 생태계를 순환시키는 역할을 담당하기도 한다.

진균류는 필요에 따라 무성생식 또는 유성생식을 하는 것으로 알려져 있다. 무성생식으로는 포자를 통한 무성생식과 효모의 경우와 같이 몸의 일부가 점점 부풀어 올라 떨어짐으로써 두 개의 개체가 되는 출아(budding)법을 들 수 있다.

그러나 생물체가 무성생식을 통해 같은 유전자만을 공유할 경우 환경의 급격한 변화나 외부물질의 침입을 받았을 때 전멸해 버리는 경우가 생길 수 있다. 그래서 곰팡이의 경우 유성생식을 통해 유전자의 다양성을 꾀하게 된다. 유성생식으로는 다른 곰팡이의 포자와 융합하는 유성생식을 들 수 있다. 참고로 버섯은 유성생식만을 하는 것으로 알려져 있다.

효모와 버섯

만일 진균류 중 하나인 효모(yeast)가 없다면 우리 생활은 무슨 재미가 있을까? 효모는 발효작용으로 술과 빵 등을 만드는데 없어서는 안되는 존재이다. 술이나 빵이 없다고 해서 생존 자체에 영향을 미치지는 않겠지만, 다소 재미없거나 활력이 부족한 생활이 되어 버릴 것이다. 효모는 당을 알코올로 분해하는데 이러한 과정을 발효(fermentation)라고 한다. 인류는 수천 년 전부터 이러한 효모의 발효작용을 이용하여 술을 빚어 마시기 시작하였고, 오늘날까지 양조산업과 제빵에 이용하고 있다.

식품으로 잘 알려진 버섯도 진균류에 속한다. 버섯은 균류가 번식을 위해 만든 자실체이다. 우리가 흔히 보는 버섯의 형태는 버섯의 생활사 중에서 극히 짧은 부분에 지나지 않으며 일생의 대부분을 균사의 형태로 지낸다. 버섯은 주로 식용으로 이용되지만 귀한 약재로 이용되기도 한다. 아미노산과 비타민을 함유하고 있고, 특히 몇몇 버섯의 경우에는 인터페론(interferon)을 만들어 항암작용을 하는 것으로 알려져 있다.

바이러스

만일 21세기에 들어서 인류를 위협할 수 있는 요인을 꼽으라면 무엇이 있을까? 영화 '아마겟돈'에서 볼 수 있는 행성의 충돌일 수도 있으며, 핵폭발에 의한 재앙일 수도 있다. 그러나 그 중에 가장 먼저 손꼽히는 것이 바이러스이다. 영화 '아웃브레이크'에서 볼 수 있듯이 공기나 물, 접촉 등으로 쉽게 전파될 수 있는 악성 바이러스의 피해는 그 어느 것과 비교할 수 없을 만큼 파괴력과 전파력을 가지고 있다. 이는 후천성면역결핍증(AIDS)에 의한 피해만을 보더라도 알 수 있다. 만약 에볼라바이러스와 같은 악성바이러스의 잠복기가 AIDS와 같이 5-7년이 아니라 1-3일 정도라면, 공기만으로도 전염이 된다면, 어떠한 집단이나 개인이 이러한 바이러스를 생물학적 무기로 사용한다면 인류의 미래는 어떻게 될 것인지 상상조차하기 싫은 결과가 나타날 것이다.

그렇다면 바이러스에는 어떤 것들이 있을까? 또한 어떤 성질을 가지고 있을까? 흔히 바이러스는 생물과 무생물의 중간 경계에 존재한다고 이야기한다. 즉 생물의 특성을 가지고 있으면서 생물의 특성에 반하는 특징도 가지고 있다는 것이다.

바이러스는 이전에도 존재하였지만, 너무나 작은 구조를 하고 있어서 발견하기 어려웠다. 그래서 그저 병원성을 가진 세균이나 곰팡이의 작은 종류 정도로 생각

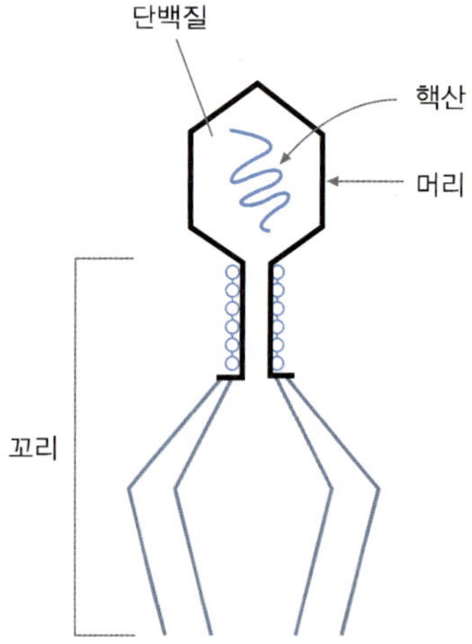

[그림 4.4] 박테리오파아지

되는 정도였다. 그러나 담배잎에서 발생하는 병원체를 추출하여 본 결과 여태까지의 미생물들과는 크기가 비교할 수 없을 만큼 작았으며, 그 구조 역시 단백질과 같은 고분자물질 몇 가지로만 되어있었다. 생물체에서 볼 수 있는 가장 단순한 형태의 세포소기관조차 가지고 있지 않았던 것이다. 바이러스가 생물인가 하는 논쟁은 이 점에서부터 시작되었다.

바이러스는 숙주기생성이다. 즉 숙주로 하는 세포가 있어야만 생명활동을 할 수 있다는 것이다. 스스로 복제나 대사활동을 할 수 있는 어떠한 도구나 기작도 가지고 있지 않기 때문에 증식과 같은 활동은 숙주에 들어가야만 할 수 있다.

숙주는 바이러스에 따라 다르다. 동물세포만을 숙주로 삼는 것이 있는가하면, 식물세포나 미생물세포 중의 어느 하나만을 숙주로 삼는 것이 있다. 특이적으로 정해진 세포만을 숙주로 삼는 성질을 '숙주특이성'이라고 한다. 이렇게 숙주에서만 생명활동을 할 수 있기 때문에 숙주 밖에서의 바이러스는 그저 증식을 위한 유전정보를 가진 핵산과 이를 보호하기 위한 껍질인 단백질만을 가지고 있는 물질에 지나지 않는다. 따라서 바이러스는 숙주세포에 들어가 있을 때에는 생물학적 특성을 가지고 있는 생물로, 숙주세포 밖에 있을 때에는 생물학적 특성에 반하는 무생물로 간주되는 것이 옳을 것이다. 바이러스라는 이름은 '독(poison)'이라는 뜻의 라틴어에서 유래하였다. 가장 일반적인 형태인 감기에서부터 무시무시한 AIDS까지 많은 질병의 병원체가 바이러스이다. 증식을 위해 숙주의 도움을 필요로 하기 때문에 기생을 하지만, 일단 기하급수적으로 증식하고 나면 그 숙주세포를 터뜨리고 나가서 주변 다른 숙주세포들에 침입하기 때문에 파괴력이 엄청나다.

바이러스는 분류기준에 따라 다양하게 분류할 수 있다. 앞에서 말했듯이 숙주가 무엇이냐에 따라 동물바이러스, 식물바이러스, 곤충바이러스, 박테리오파지(bacteriophage)라고 불리는 세균바이러스로 분류할 수 있고, 학문적으로는 핵산에 따라서 DNA 바이러스, RNA 바이러스로 분류하기도 한다.

바이러스로부터 건강을 지켜나기 위해서는 다른 병원균과 마찬가지로 예방과 치료 두 가지의 방법을 생각할 수 있다. 예방은 백신을 사용하는 것이다. 즉, 병원성을 가진 특정 바이러스에서 병원성만을 제거해서 만든 백신을 인체에 투여함으로써 항체를 미리 만들어 두는 것이다. 이러한 방법으로 천연두, B형 간염, 광견병, 일본뇌염 등을 효과적으로 예방할 수 있다.

바이러스에 대한 치료는 아직까지 초보단계를 벗어나지 못하고 있다. 바이러스가 내성을 가지지 못하게 하는 치료제가 만들어지고는 있지만, 현재까지의 바이러스에 대한 치료는 바이러스를 사멸시키는 것이 아니라 그저 증식을 하지 못하도록 하는 단계에 그치고 있다. 숙주세포에는 해를 입히지 않고 바이러스만을 퇴치한다든지, 바이러스의 변화무쌍한 돌연변이를 모두 차단하거나 치료하는 것이 어렵기 때문이다.

그러나 21세기는 이러한 바이러스로부터 강력한 도전을 받고 있는 시기인 동시에 생명의 신비를 하나씩 풀어나가고 있는 시기이다. 바이러스에 대한 비밀이 하나씩 풀려나가는 것과 동시에 분자생물학과 생명과학의 꾸준한 발전으로 인류는 이러한 도전을 해결해나갈 수 있을 것이다.

미생물과 생명공학

미생물을 인식하기 시작한 것은 현미경이 발명되면서부터이다. 예전에도 눈에 보이지 않는 존재에 대한 인식은 있었으나, 실제로 현미경을 통해 직접적으로 확인이 가능해짐으로써 본격적인 연구가 시작되었다고 할 수 있다.

네덜란드의 현미경 제조자인 레벤후크(Leeuwenhoek)가 처음으로 원생동물과 미생물 등을 관찰하기 시작하여 1673년 이에 대한 결과를 발표한 이후 인간은 이 존재에 대해 관심을 가지기 시작했다. 그 후 파스퇴르(Pasteur)와 코흐(Koch)에 이르러 미생물의 황금기가 열렸으며, 미생물이 유전공학과 같은 여타 학문에 연계되어 지금은 자연과학에 있어 없어서는 안되는 중요한 학문적 위치를 차지하게 되었다. 즉 인체에 유용한 물질을 생산하는 생체공장의 역할을 하기도 하고, 더 나아가 생명체의 유전자 구조를 밝히는 모델로써 적절히 이용되기도 한다.

이렇듯 미생물에 대한 연구가 발전할수록 미생물과 연계된 다양한 학문의 영역은 넓어지고 있다. 즉 미생물 하나만으로도 중요한 역할을 하지만, 분자생물학(molecular biology), 생명공학(biotechnology), 의학(medicine), 생태학(ecology), 농업(agriculture), 생물산업(bioindustry) 등에도 이제는 빠질 수 없는 존재가 되고 있다. 특히 식품과학 분야에서는 요구르트를 비롯한 치즈, 버터 등의 우유 발효식품 생산과 김치나 장 등의 발효를 이용한 전통식품 개발 등으로 인하여 미생물이 차지하는 비중이 절대적이라 할 수 있을 것이다.

미생물은 생명공학 발전에 중요한 매개가 되었는데, 항생물질의 개발, 제한효소의 발견이라든지 유전자 재조합의 벡터로서, PCR의 발전을 가져온 polymerase의 개발, 그리고 게놈(genome) 연구의 시초가 되었다. 가까운 미래에는 생체기능을 모방한 바이오센서(biosensor) 개발과 생체성분을 측정함으로써 의학과 의약 분야에 사용되는 생체물질 개발에 미생물이 큰 역할을 할 것으로 기대되며, post-genome 시대에도 미생물은 생명과학과 함께 할 뿐만 아니라 생명과학을 선도해 나갈 생명체가 될 것이라고 믿어진다.

함께 생각해 볼 문제

1. 알고있는 미생물의 이름을 5가지만 나열하시오.

2. 미생물을 이용한 발효제품들을 주변에서 찾아보시오.

3. 항상성(homeostasis)이란 무엇이며, 항상성이 유지되어야 하는 이유는 무엇인지 말하시오.

4. Gram 염색법에 대해 조사하고, 양성균과 음성균에는 어떤 것들이 있는지 말하시오.

5. 원핵세포와 진핵세포의 차이점을 말하고, 각각의 예를 들어보시오.

6. 미생물의 다양한 응용 사례들을 10가지만 말해보시오.

7. 병을 일으키는 바이러스의 종류와 몇가지 예를 찾아보고, 이를 우리가 어떻게 정복하고 이용할 수 있는지 말해보시오.

8. 효모와 곰팡이에 대해서 아는대로 설명하시오.

9. 바이러스라는 이름이 유래된 기원을 설명하시오.

10. 미생물은 인체에 유용한 물질을 생산하는 생체공장이라고 생물산업에서 표현이다. 무슨 뜻일까?

제 5 장

유산균과 생물산업

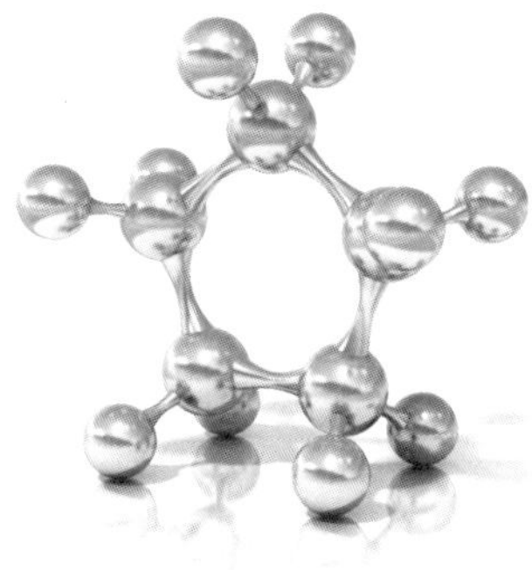

유산균은 발효식품의 종균(starter)으로 사용되는 것 외에도 다양한 부가가치를 지니고 있다. 분자유전학의 발달은 유산균이 지니고 있는 다양한 기능과 유용 유전자에 대한 연구를 가능하게 해주고 있다. 유산균은 조작이 어렵고 식품에 주로 사용되기 때문에 그동안 유전자 차원에서의 연구가 용이하지 않았지만 점차 새로운 기술들이 소개되면서 그 가치가 재조명되고 있다. 특히 게놈프로젝트로 인해 향후 유산균의 활용 가치는 더욱 주목받고 있다.

유산균과 생물산업

*Lactobacillus*를 비롯한 유산균들은 발효 능력과, 발효취 등이 식품 가공에 적합하기 때문에 요구르트 및 치즈를 비롯한 각종 식품 제조에 널리 이용되어 왔다. 특히 이들 균주들은 장내에서 균총을 형성하여 유해한 균의 침입을 막아주기 때문에 우리 건강에 기여하는 바가 지대한 것으로 보고되어 있다. 최근에 여러가지 보고에 따르면 유산균은 이렇게 발효유의 스타터로서 이용되는 것 말고도 항암성을 나타내거나 천연 항생물질을 생산하는 등 유용한 특성들이 많기 때문에 그 개발 가치가 더욱 높은 것으로 전해지고 있다. 현대 사회의 발달과 함께 우리에게 가장 관심사가 되는 것은 건강 문제이다. 그동안 산업의 발달이 우리에게 풍요로운 생활을 보장한 것은 사실이지만 한편으로는 이렇게 여유있는 생활의 결과로 비만이나 콜레스테롤의 축적 등 심각한 건강 문제들이 야기되고 있는 것도 숨길 수 없는 현실이다. 유산균은 사람에게 유익한 여러 가지 특성들을 지니고 있는 만큼 이제부터라도 이러한 특성들을 더욱 강화시키고 개발하기 위하여 적극 노력한다면 건강하고 병없는 인류 사회를 구현하기 위한 좋은 수단으로 이용될 수 있을 것이다.

분자유전학의 눈부신 발전은 생명과학 전 분야에 걸쳐서 새로운 바람을 불러일으키고 있다. 그러나 식품과학 분야에서는 학문의 특성상 그동안 분자유전학적인 기술들의 도입이 늦어졌는데 이 때문에 유산균에 대한 유전학적인 연구도 매우 느리게 진행될 수밖에 없었던 것이 사실이다. 그러나 이러한 여건 속에서도 꾸준하게 유산균주들을 대상으로 한 유전자 재조합 연구들이 조금씩은 진전을 보여 왔으며 특히 지난 몇 년간에 걸쳐 점차 그 연구 대상과 범위가 확대되고 있음은 매우 고무적인 일이 아닐 수 없다. 그동안의 유전공학적인 연구들은 주로 돌연변이를 유발시켜 유산균이 원래 지니고 있던 특성들을 강화시키는 차원에서 이루어져 왔다. 그러나 최근의 연구 동향은 유전자 클로닝 기법을 이용하여 전혀 새로운 유전자를 유산균에 넣어 줌으로써 새로운 형질을 부여하는 쪽으로 많이 이루어지고 있다. 특히 유산균이 항암 효과를 나타내는 기작을 유전자 차원에서 밝히고 유산균이 분비하는 천연 항생물질을 대량 생산하고자 하는 등 다양한 각도에서 연구가 이루어지고 있거나 곧 시작될 것으로 전망되기 때문에 유산균의 산업적 이용은 장차 식품 뿐 아니라, 의, 약학 분야에도 크게 변화를 가져올 것으로 기대된다.

그동안 유산균의 기능을 향상시키기 위한 연구로는 (1) 자연 상태에서 유용한 돌연변이를 일으킨 균주를 쉽게 선별해내기 위한 연구, (2) 돌연변이를 인위적으로 유도하기 위한 연구, 그리고 (3) 세포융합[cell fusion] 등을 통하여 형질전환을 유도하는 연구들이 주로 이루어져 왔다. 앞서 말했듯이 최근에는 유전자의 재조합이 이루어지고 있는데 이 기술은 종래의 다른 어떤 방법들보다도 그 효과가 훨씬 직접적인 것으로 알려져 있어 한층 기대를 모으고 있다. 그러나 유산균은 다른 균주들과 비교할 때 유전자 차원에서의 조작과 변형이 매우 어렵다는 것이 일반적인 견해인데 그 이유는 첫째, 그동안 유전자 차원에서의 연구가 거의 이루어진 바 없어 산업적으로 이용 가능한 정보가 축적되지 못했다는 점, 둘째, 유산균은 대부분 그람 양성균으로서 그 배양 및 보존이 까다롭다는 점, 셋째, 유산균에게 새로운 형

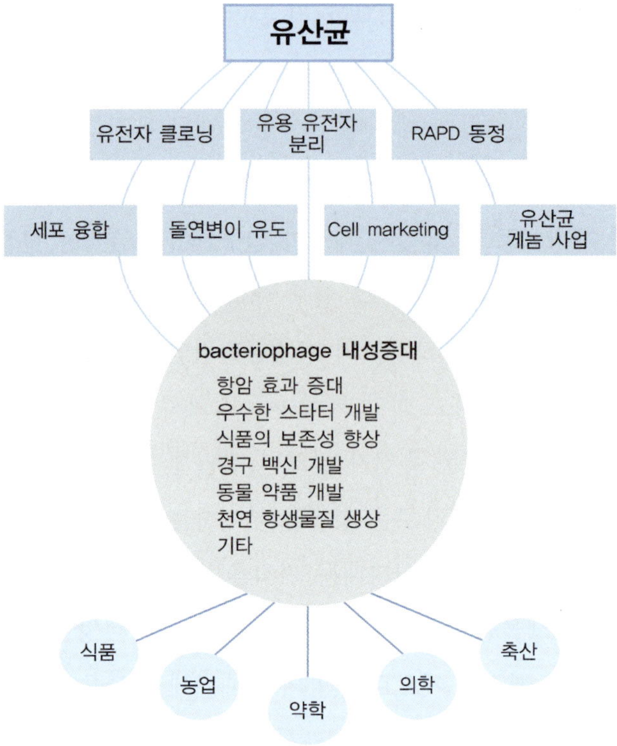

[그림 5.1] 유산균의 개발 현황 및 전망

질을 도입시킬 수 있는 안정한 vector와 숙주세포의 개발이 늦어지고 있다는 점들 때문이다. 이러한 이유로 말미암아 인위적으로 유산균의 형질을 조작하는 것은 아직 극히 초보적인 단계로서 당장은 산업화하기 어려운 실정이나 이 분야에 대한 꾸준한 투자와 노력이 뒷받침한다면 장차 그 기대 효과는 우리의 예상을 훨씬 넘어설 것으로 전망된다. 한편 유산균에 대한 여러 가지 유전공학적 연구를 수행하기 위해서는 제반 기초 연구의 활성화 역시 필수불가결한 선행조건이다.

세포융합

세포융합(cell fusion)은 말 그대로 두개의 세포를 접합시켜서 하나로 만들고 무작위적인 DNA의 교류를 유도하는 기술이다. 이는 유산균이 원핵세포이므로 DNA가 세포질에 퍼져 있어 세포벽만 제거하면 두 세포의 융합이 가능하고 유전자들의 직접적인 상호 접촉이 이루어질 수 있다는 점을 이용하는 것이다. 이렇게 세포벽을 제거한 상태를 원형질체(protoplast)라 부른다. 세포융합은 두 종류의 모균주를 융합했을 때 이들의 우수한 생리 기능들이 합쳐져 하나의 균주로 재생될 수 있도록 하는 것이 목적이다. 세포융합의 가장 큰 장점은 동시에 여러 유전자의 재조합이 이루어질 수 있다는 점이다. 세포융합에서는 어떤 유전자를 재조합할 것인지 지정하지 않기 때문에 먼저 융합하고자 하는 두 종류의 세포에 적절한 항생제 marker를 부여한 뒤에 이들을 융합하고 해당 항생제가 첨가된 선택 배지에서 자라나오는 균을 분리하게 된다. 따라서 이 기술의 핵심은 원형질체를 만드는 것, 적절한 항생제 표지를 유산균에게 부여하는 것, 그리고 이에 적합한 선택배지(selective media)를 제조하는 것들이다. 특히 세포융합 방법은 일단 세포를 융합하기만 하면 DNA의 교류는 자동적으로 일어날 수 있다는 점을 이용하기 때문에 같은 종(species) 뿐 아니라, 다른 종 사이에서도 유전자 조합이 가능하다는 장점이 있어 지금까지도 꾸준히 이용되고 있는 강력한 유전자 재조합 방법이다. 아직 대부분의 유산균에서 유전자의 구조에 대한 연구가 미약한 관계로 이렇게 무작위적인 유전자 재조합이 오히려 편리할 때가 많아 앞으로도 이용 가치가 높은 유전자 재조합 기술이라 하겠다.

세포융합의 과정 중 첫 번째는 유산균주들에게 적절한 항생제 표지(marker)를 부여하는 것이다. 물론 유산균이 식품에 많이 이용된다는 점을 고려할 때 항생제 표지는 적절하지 않은 것처럼 보일 수도 있지만 현재로서는 가장 쉽게 부여할 수 있고, 선별할 수 있는 특성이 항생제 내성이기 때문이다. 항생제 내성 균주는 NTG (nitrosoguanidine)나 UV (ultra violet radiation) 등의 돌연변이를 유발하는 물질로 대상 유산균을 처리한 후에 항생제를 첨가한 배지에서 선별해내게 된다. 가장 흔히 쓰이는 세포융합의 항생제 표지로는 ampicillin, tetracycline, streptomycin 내성 등이 있다. 이렇게 내성 균주들이 분리되면 이들을 다시 생리석인 검사를 거쳐 유산균으로서의 원래의 특성을 유지하고 있는 지 조사하게 된다. 대부분의 돌연변이원(mutagen)들이 DNA 염기서열을 불특정하게 바꾸어 버리기 때문에 항생제 내성을 얻는 과정에서 오히려 정말 필요로 하는 생리적 특성들이 소실될 가능성이 있기 때문이다. 특히 유산 생성 능력, 발효취, 단백질 분해 능력 등이 이때 중요한 조사대상이다. 이렇게 하여 원래의 균주와 가장 유사한 성질을 나타내면서도 항생제에 대한 내성만이 부과된 균주가 선별이 되게 되는데 이 과정은 굉장히 많은 노력과 시간을 요하는 작업으로 세포융합에서 가장 중요한 부분이라 할 수 있다.

이렇게 선별된 두 균주는 이제 서로 다른 항생제에 대한 내성을 가지게 되며 다음 단계로는 이들로 부터 세포벽을 제거하게 된다. 유산균의 세포벽은 일반적으로 효소 반응에 그다지 민감한 편이 되지 못하기 때문에 리소자임(lysozyme)이 작용하지 않는 경우도 상당히 있다. 이런 경우에는 상황에 맞는 효소를 찾아내 대신 사용하여야 할 것이다. 세포벽이 제거가 되면 세포는 둥근 형태의 원형질체로 변하게 되고 이제 이 원형질체는 PEG (polyethylene glycol)의 작용으로 쉽게 서로 융합될 수가 있게 된다. 즉 두개의 세포가 일시적으로 하나의 원형질막 안에 2개의 염색체를 공존하는 형태가 되는 것이다. 이때 DNA들은 비특이적으로 서로 만나서 교환되게 된다. 유전자의 교환이 어떻게 일어나는 지 또는 어떤 방법으로 교환할 유전자가 결정되는 지 아직은 그 기작에 대하여 알려진 바가 없다. 그러나 대개는 비슷한 기능을 하는 유전자들의 염기 서열은 비슷하기 마련이므로 일종의 유사한 유전자끼리의 재조합반응(homologous recombination)에 의할 것으로 예상된다. 이렇게 유전자가 재조합된 원형질체는 물리적인 충격을 최소화할 수 있는 조건하에서 배양하게 되면 세포벽을 재생해 낼 수 있다. 융합세포의 선별을 위해서는 두 개의 모균주가 내성을 나타내던 항생제 두 가지를 모두 첨가한 배지에서 자라나오는 균들만 선택하면 된다.

그러나 이렇게 선별된 균들이 융합세포라는 것은 표지로서 확인되지만 과연 우리가 융합하고자 했던 생리 기능도 재조합되었는지는 별개의 문제이므로 다시 한 번 검사 단계를 거쳐 원하는 만큼의 융합이 이루어졌는지를 조사하게 된다. 이렇게 해서 선별된 균주들은 실제 공정과 같은 과정을 통해 제품 활용 시험 단계를 거쳐 최종 합격 여부를 판정하게 된다.

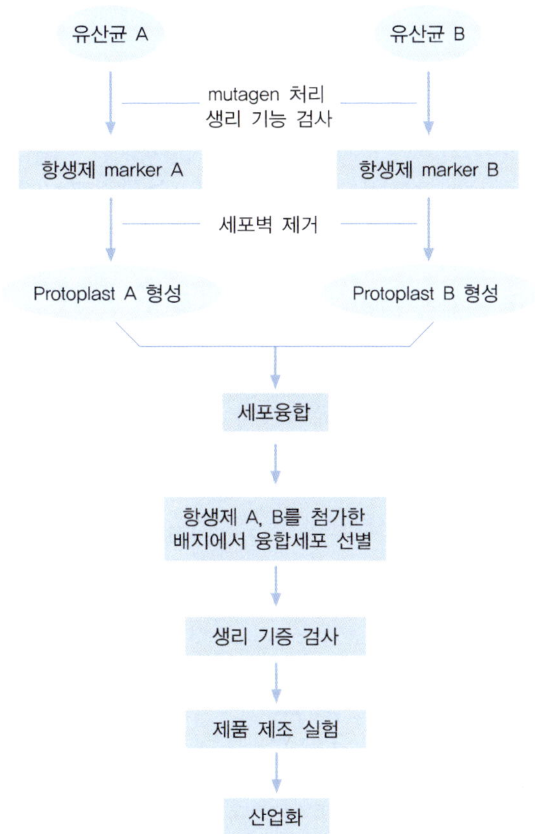

[그림 5.2] 세포융합

이처럼 세포융합은 그 과정 자체가 매우 복잡하고 까다롭다는 것이 단점이다. 매 단계마다 생리적인 기능의 확인과 함께 세심한 주의가 필요하기 때문이다. 한편 원하는 균주가 얻어지더라도 항생제 내성 표지를 이용하여 균주를 선별하였기 때문에 식품의 스타터로 사용하려면 이 내성을 다시 제거해야 하는 어려운 문제가 남게 된다. 융합됨으로써 향상되었던 유용한 성질이 일반적인 배양 조건하에서 과연 얼마나 오랫동안 안정하게 유지되는가도 문제점 중 하나이다. 획득한 형질이 계대 보관 중 자연 소실되는 경우가 종종 있기 때문이다. 재조합된 유전자가 인체에 어떤 해를 입힐 지의 가능성도 쉽게 배제할 수 없다. 항생제 내성 표지를 제공하기 위해서 돌연변이원을 처리할 때 다른 유전자들에게 어떤 변화가 일어났는지 알 수 없기 때문이다.

한편 원하는 방향으로 유전자가 재조합될 확률이 낮음에도 불구하고 워낙 많은 균을 한 번에 처리하기 때문에 비교적 용이하게 원하는 균이 얻어진다는 점은 아주 큰 장점이다. 그리고 일단 모균주가 선택되고 이들에게 항생제 내성 표지가 부여되면 세포융합 과정 자체는 간편하게 되풀이 될 수 있다는 편리함도 있다. 그러나 무엇보다도 다른 종 사이에서도 유전자 조합이 가능하며 생리기능이나 유전자 구조를 전혀 알지 못하는 경우에도 유전자의 재조합이 가능하다는 것이 세포융합의 가장 큰 장점일 것이다. 세포융합 방법을 통하여 국내에서 현재 이루어지고 있는 연구로는 천연항생제인 박테리오신(bacteriocin)을 내는 융합균주를 만들기 위한 것 등이 있다.

자연 돌연변이의 유도

이 방법은 전형적인 미생물 분리, 동정을 통해서 천연 자원 속에 존재하는 유용 유산균들을 선별해 내고자 하는 것이다. 미생물은 변하는 주위 환경에 대하여 적응하는 속도가 빠르기 때문에 적절한 환경 조건을 배지에 첨가하여 원하는 방향으로의 자연적인 돌연변이를 유도하고자 하는 것이다. 대개는 적절한 배지의 성분을 개발하여 유산균들을 배양하면서 자라나오는 균주들을 분리하고 이들을 다시 몇 차례에 걸쳐 계대 배양하면서 안정성과 생리적 특성을 재확인한 후 최종적으로 선별하게 된다. 혹은 유산균이 포함된 우유나 야채 등의 자연 환경에서 새로운 균주를 분리해 낼 수도 있다. 한 가지 예로 효모를 이용하여 알코올 발효하는 회사에서 유산균의 오염이 문제가 되고 있다면 그 회사로 볼 때는 유산균이 귀찮은 존재이지만 다른 관점에서 본다면 알코올에 내성이 강한 유산균을 분리할 수 있는 좋은 기회인 것이다. 실제로 인터넷을 통해 브라질의 한 회사에서 이러한 메세지를 띄운 것을 본 적도 있다. 이렇게 유산균을 분리한다면 그 자체로서는 당장 산업적인 이용가치가 없다 할지라도 세포융합 등을 통하여 다른 유용 유산균에 알코올 내성을 전해 줄 수 있을 것이다. 자연돌연변이를 유발할 수 있는 확률은 대개 세포 10^6–10^9 중 하나 정도로 추산하기 때문에 미생물 실험에서는 10^{10}개의 세포를 쉽게 다룰 수 있다는 점을 감안한다면 예상보다 성공율이 훨씬 높을 수도 있다.

간단히 표현하자면 이렇게 유도된 균주들은 일종의 환경 적응 단계를 거친 것이기 때문에 일단 유도된 돌연변이는 안정하므로 계대 보관 중에 얻어진 유용한 형질이 잘 소실되지 않는다는 장점이 있다. 더우기 이렇게 유도된 생리적 특성 이외에는 다른 유전자들에 대한 변이가 비교적 없어서 제품에 사용했을 경우에도 안전성에 특별한 문제가 제기되지 않아 발효 식품의 스타터를 개발하는데 자주 쓰이는 방법이다.

그러나 어떤 경우에는 돌연변이율이 너무 낮아서 아무리 실험을 거듭하여도 원하는 특성을 가진 균주를 얻지 못할 수도 있다. 따라서 이러한 자연 돌연변이 유도 방법은 그 한계가 있기 마련이며 어떠한 생리적 기능을 원하느냐에 따라서는 선별 배지의 개발도 쉽지 않은 문제 중 하나이다. 그러나 앞서 말했듯이 안전성과 안정성에서 우수하므로 최근에 개발된 RAPD (randomly amplified polymorphic DNA fragment) 방법과 함께 여전히 새로운 유용 균주를 분리, 동정하는 데에 널리 쓰이고 있다.

인위적인 돌연변이의 유도

이 방법은 보다 적극적인 방법으로서 돌연변이 유발물질(mutagen)을 유산균에 처리하여 인위적인 생리적 변화를 유도하는 것이다. 물론 이 경우에도 적절한 선별 배지의 개발은 필수적이다. 이 방법은 유전자 차원에서의 변이를 강력히 유도함으로 자연 돌연변이에서는 균의 적응이라는 한계점 때문에 얻을 수 없었던 변화까지도 기대할 수 있다. 그러나 한편으로는 대부분의 돌연변이 유발물질들이 비특이적인 유전자 변이를 유도하기 때문에 비록 유산균이 원하는 생리적 기능을 획득했다 하더라도 산업적으로 이용하기 위해서는 안전성 검사가 철저히 이루어져야 한다는 문제점이 있다. 알려지지 않은 해로운 유전적 변이가 있을 수도 있고, 이러한 유산균이 식품의 스타터로 사용될 경우 형질이 장내에서 다른 균에게 전달되어 인체에 해를 입힐 가능성도 배제할 수 없기 때문이다.

기화하기 쉬운 돌연변이 유발물질을 취급할 때에는 아주 세심한 주의가 필요한 것도 실험상 어려움 중의 하나이다. 돌연변이 유발물질로는 NTG 등 여러가지가 알려져 있다. 대개의 경우 한 가지 유용한 특성을 개발하기 위해서 여러 종류의 돌연변이 유발물질들을 시도해 보기 마련이다. 인위적인 돌연변이의 유도는 균주 자체를 개발하기 위해서보다 세포융합을 위한 항생제 내성 표지 개발 등의 부수적인 수단으로 주로 사용되고 있다.

유산균 유전자의 클로닝

유전자를 클로닝하는 가장 큰 장점은 이미 구조를 알고 있는 유전자를 플라스미드(plasmid)를 이용해 유산균에게 직접 전하게 되므로 불특정한 유전변이가 거의 일어나지 않는다는 것이다. 즉, 유산균의 보편적인 성질은 변화시키지 않으면서도 특정한 성질만의 발현을 증대시키거나 우리에게 이로운 새로운 형질을 유산균이 획득할 수 있도록 한다는 것이다. 예를 들어 유산 생성 능력이 우수한 새로운 유산균 스타터를 개발하고자 할 때에는 유전자 조작의 결과로 산 생성 능력만 증가시킬 뿐이지 단백질 분해 능력 등의 다른 특성들은 전혀 변화시키지 않는다는 것이다. 아직은 유전자 차원에서의 연구가 미약하여 유산균 유전자 구조에 대한 기초적인 정보들이 매우 부족하기 때문에 몇몇 유전자를 제외하고는 그다지 클로닝이 이루어지지 못하고 있는 형편이다. 그렇지만 현재 가장 걸림돌이 되고 있는 안정하고 효율적인 vector 개발 문제만 해결된다면 여러 가지 유용한 유전자를 유산균주내로 조작하여 넣어 주는 작업이 활발하게 진행될 것으로 보인다. 특히 우리 건강과 직접 관련이 있는 항암 유전자 등은 그 상품 가치가 매우 높을 것으로 전망된다. 유산균은 식품을 통해 쉽게 우리 몸에 투여 될 수 있고 장에 정착할 수 있기 때문에 살아있는 유전자 운반체(live vector)로서 그 가치가 높을 것이 확실하다.

특정한 유전자를 유산균에 옮겨 주기 위해서는 벡터(vector)라고 부르는 DNA 운반체가 필요하다. 유산균의 유전자를 직접 조작하는 것은 용이하지 못하기 때문에 대개는 대장균과 유산균 사이를 오갈 수 있는 셔틀벡터(shuttle vector)를 먼저 만드는 것이 상식이다. 셔틀벡터란 원래 두 가지 종류의 균 사이를 이동할 수 있는벡터를 뜻하는 것으로서 대개는 플라스미드의 구조를 약간 변형시킨 것이다.

플라스미드란 대장균과 유산균의 세포질에서 발견되는 염색체외 DNA 구조이다. 이것들은 균으로 부터 쉽게 분리해 내어 유전자 조작을 가한 뒤 다시 균으로 집어넣을 수 있는 편리한 유전자 운반 도구이다.

셔틀벡터가 필요한 이유는 유산균의 배양이 까다로우며 시간이 많이 걸리고, DNA의 분리와 분석이 어려운데다 보통은 형질전환 자체가 어렵기 때문이다. 따라서 유산균의 유전자를 그대로 조작하는 것은 매우 어려운 것으로 일반적으로 인식되어 있다. 반면에 대장균은 상대적으로 배양이 간편하고 이미 플라스미드 벡터들이 많이 개발되어 있어 유전자의 재조합이 쉽게 이루어질 수 있다. 즉, 어떤 유전자를 먼저 셔틀벡터에 재조합한 뒤 이를 대장균에 넣어 주면 전체적인 유전자 조작이 쉬울 것이다. 더욱이 대장균을 대량으로 배양하면 이렇게 재조합해 준 DNA를 셔틀벡터에 들어가 있는 채로 쉽고 빠르게 대량으로 확보할 수도 있을 것이다. 이렇게 확보된 재조합 셔틀벡터를 다시 유산균으로 옮겨 주면 이제 유산균에서 이 재조합해 넣어준 유전자가 명령을 내리게 될 것이고 이에 따라 적절한 형질이 발현될 수 있는 것이다.

[표 5.1] mutagen의 종류

mutagen	*in vivo* activity
2-aminopurine	transitions A : T ⇄ G : C
5-bromouracil	transitions A : T ⇄ G : C
ethylmethane sulfonate nitrosoguanidine	transitions and transversions
nitrosoguanidine	transitions and transversions; deletions atlow rate
ICR 191	frameshifts; insertion and deletions
nitrous acid	transitions and (probably) transversions; deletions
ultraviolet radiation	transitions and (probably) transversions; deletions insertions and chromosomal rearrangements
spontaneous (no mutagen)	transitions; transversions; insertions; deletions (frameshifts)

플라스미드가 셔틀벡터로 작용하기 위해서는 적어도 3가지의 구조가 필수적이다. 첫째는 대장균의 복제개시부분(replication origin)과 유산균의 복제개시부분을 모두 (*ori* A 와 *ori* B 등) 가지고 있어야 한다는 것이다. 그래야만 대장균과 유산균 모두에서 복제 및 유지가 가능하기 때문이다. 둘째는 유전자 재조합된 셔틀벡터가 성공적으로 유산균내로 옮겨졌는지를 선별할 수 있는 ampicillin과 같은 항생제에 대한 내성 표지(amp^r)가 필요하다는 것이다. 셋째는 유전자를 재조합해 넣을 수 있는 여러 제한 효소로 클로닝이 가능한 클로닝 부위(polycloning site)가 있어야 한다는 것이다.

표지로서 가장 널리 이용되는 것은 역시 항생제 내성이다. 유전자를 재조합한 플라스미드가 성공적으로 옮겨진 유산균은 해당 항생제를 미리 첨가하여 둔 배지에서 자라나올 것이기 때문이다. 그러나 이러한 항생제 표지로 개발된 유산균주를 식품에 사용하려 할 때는 주의를 요하게 된다. 장내에서 항생제 내성을 다른 균에 퍼뜨릴 위험성이 있기 때문이다. 이러한 이유 때문에 생리적 기능의 차이를 이용한 표지를 개발하고자 한때 연구가 진행되었던 적도 있었지만 아직은 이렇다 할 결과 보고가 없는 실정이다. 따라서 항생제 내성 표지는 유전자 재조합 과정을 위해서는 사용을 하되 일단 유산균주의 개발이 끝나면 제거해 버리는 것이 바람직하다.

대장균의 항생제 내성 유전자가 대부분 그람 음성균의 프로모터(promoter)를 가진 반면 유산균은 그람 양성균이라는 것도 종종 문제가 된다. 셔틀벡터의 항생제 내성 유전자는 대장균과 유산균에서 모두 발현될 수 있어야 하기 때문이다. 다행하게도 *Bacillus cereus*의 ampicillin 내성 유전자(β-lactamase II)가 그람 음성균과 그람 양성균 모두에서 인식될 수 있기 때문에 셔틀벡터 제조에 자주 이용되고 있다. 또 다른 주의점은 유산균의 플라스미드는 엄격제어 조절(stringent control)을 받는데 비해 대장균 플라스미드는 이완제어 조절(relaxed control)을 받는 것이 보통이므로 배지에 첨가되는 항생제 농도를 다르게 조절해야 한다는 것이다. 대장균 배지로는 LB를,

유산균 배지로는 TCM이나 MRS 등을 대개 사용하는데 ampicillin의 경우 LB에는 100 μg/ml을, TCM에는 5-10 μg/ml을 첨가하는 것이 보통이다.

가장 어려운 문제는 유산균 플라스미드의 복제개시부분(replication origin)을 확보하는 것이다. 유산균 플라스미드에 대하여는 별로 알려져 있는 바가 없기 때문에 어느 부분이 여기에 해당하는지를 모르는 경우가 대부분이기 때문이다. 이럴 때는 제한 효소를 사용해서 유산균 플라스미드를 무작위적으로 절단한 뒤 대장균 플라스미드 벡터에 연결시켜서 유산균에 다시 넣어 보는 숏건(shotgun) 방법을 시도하는 것이 최선이다.

먼저 유산균과 대장균에서 플라스미드를 추출해 낸다. 이때 대장균 플라스미드는 이미 벡터로서 개발되어 있어 그람 음성균의 복제개시부분과 유전자 클로닝 부위(polycloning site), 그리고 ampicillin 내성 유전자 등을 구조 안에 가지고 있는 것을 사용한다. 이 대장균 벡터를 적절한 제한효소로 처리하여 직선 모양으로 끊어 놓고, 역시 동일한 효소를 사용하여 유산균의 플라스미드를 여러 단편으로 절단한 후 이들을 서로 혼합하여 연결(ligation) 시키면 여러 조합의 재조합 플라스미드들이 만들어진다. 이때 제한효소 처리가 적절하게 이루어졌는지는 전기영동으로 확인할 수 있다. 재조합 플라스미드 중 어떤 것은 유산균과 대장균의 복제개시부분이 동시에 들어가 있을 것인데 이것이 바로 셔틀벡터의 기본 구조인 것이다. 다시 말해 이 셔틀벡터는 대장균과 유산균의 복제개시부분 외에 클로닝 부위와 항생제 내성 표지를 모두 갖고 있게 될 것이다. 실제 실험에서는 셔틀벡터 개발에 앞서 항생제 내성 유전자를 그람 양성균과 그람 음성균이 모두 인식할 수 있도록 *Bacillus cereus*의 것으로 미리 치환하여야 할 것이다. 또 유산균 플라스미드의 구조를 전혀 모르고 있는 만큼 셔틀벡터 개발에 사용한 제한효소가 유산균의 복제개시부분을 절단해버릴 수도 있으므로 실제 연구에서는 다양한 제한효소를 사용해서 제일 좋은 것을 선택하거나 DNA의 부분 절단(partial digestion)을 시도할 필요도 있을 것이다.

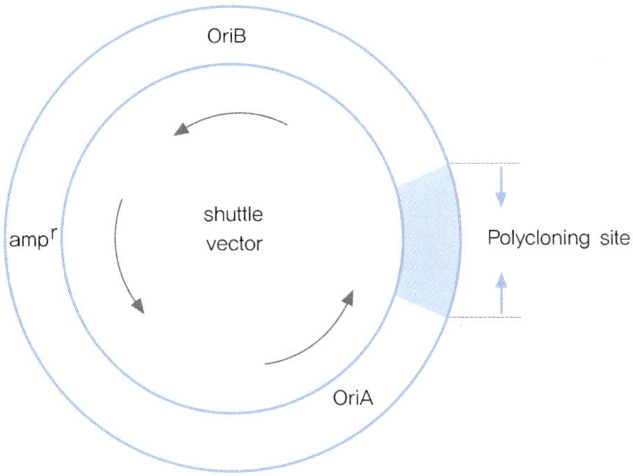

[그림 5.3] shuttle vector의 기본 구조

이렇게 만들어진 재조합 플라스미드들은 대장균과 유산균으로 각각 형질전환 방법에 의해 넣어지게 되고 적절한 항생제 배지에서 최종 선별되게 된다.

유산균 셔틀벡터 제조에 또 다른 걸림돌은 형질전환 기술에 대한 문제이다. 미생물에 가장 흔하게 쓰이는 형질전환 방법은 $CaCl_2$를 이용한 화학적 방법인데 그람 음성균인 대장균에서는 10^8-10^9 cfu/μg(colony forming unit) 정도의 높은 효율을 나타내지만 유산균에서는 그 효율이 워낙 낮아서 사용하기가 불가능한 방법이다. 유산균에서는 대신 전기천공법(electroporation)을 많이 사용한다. 이 방법은 세포에 순간적인 전기 충격을 주어 플라스미드 DNA를 세포내로 옮겨 주는 방법인데 역시 아주 높은 효율을 보이지는 않지만 화학적 방법보다는 사용할 만한 효율을 나타내는 것으로 알려져 있다. 유산균의 경우 대개 5 kv/cm의 충격(pulse)으로 3.5 msec 정도 처리한다.

이렇게 선별된 셔틀벡터는 그러나 합격 판정을 받기 전에 다시금 클로닝 부위의 제한효소 자리들을 적절하게 재정리하고 나서야 비로서 사용 가능하게 되는 것이다. 이렇게 복잡한 과정을 거쳐서 벡터가 개발되더라도 역시 문제점은 남게 마련인데 첫째가 유전자의 재배열(rearrangement)이다. 형질전환에 사용되는 숙주 유산균은 보통 야생형(wild type)인 만큼 외부 유전자가 들어오면 이의 구조를 재배열시켜 버리려는 경향이 있다. 일종의 미생물의 면역작용이다. 특히 셔틀벡터는 구조의 대부분이 대장균 플라스미드에서 유래된 것이기에 쉽게 재배열되어 버릴 확률이 높기 때문이다. 그렇다고 해서 돌연변이 유발 물질을 이용해 이러한 재배열 능력을 결여시켜 버린 유산균을 숙주세포로 개발할 경우에는 기타 다른 생리적 특성들이 야생형과 많이 달라져 버린다는 2차적인 문제가 차례로 발생될 것이다. 유전자 재배열에 대한 문제는 아직 그 해결이 어려운데 궁극적으로는 유산균 유전자들에 대한 생화학적 연구가 어느 정도 진척될 것이고 그때가 되면 자연스럽게 풀릴 수 있을 것으로 전망된다.

둘째로 벡터의 안정성(stability)이 결여되어 쉽게 소실되어 버리는 것도 문제이다. 이러한 점들을 보완하기 위해서는 셔틀벡터가 가지고 있는 내성 유전자에 따라서 적절한 항생제를 첨가한 배지에서 계대 배양하는 것이 해결책이라 하겠다. 그러나 유산균을 발효 식품의 스타터로 쓰기 위하여 항생제 내성 유전자를 아예 없애 버리거나 바꾸어 준 후에는 이 역시 불가능할 것이다. 현재로서는 이러한 단점을 보완할 수 있는 최선책은 셔틀벡터를 대장균에서 대량으로 분리하여 정기적으로 유산균으로 전기천공법을 되풀이하여 실시하는 것이다. 이 문제 역시 앞으로 유산균에 대한 유전학적인 연구가 더욱 진행될 때 근본적인 해결을 볼 수 있을 것으로 기대된다.

이처럼 특정 유전자를 유산균으로 재조합하려는 노력은 아직도 그 기술적인 면에서 매우 초보적인 수준이며 해결해야 할 문제점이 많다. 상기한 것 외에도 물론 고려해야 할 세부적인 면들이 많이 있으며 모두가 앞으로 많은 연구를 필요로 하는 과제들이다. 물론 식품에 사용할 유산균이라는 특성 때문에 안전성(safety)에 대한 제도적인 규제도 적절히 마련되고 또한 해결되어야 할 것이다. 유산균 유전자 조작이 까다로운 또 다른 이유는 유산균은 그 자체가 직접 제품의 구성 요소라는 것이다. 대장균의 경우에는 단백질을 발현하면 그 배양액에서 해당 단백질만 추출하여 제품화하는 반면 유산균은 그 자체가 "live vector"로서 식품에 첨가되기 때문이다. 그러나 이것은 또 다른 한편으로 생각한다면 유산균이 식품을 통해 쉽게 장으로까지 갈 수 있다는 매우 유리한 조건으로 받아들일 수 있는 것이다. 특히 장에서는 여러 가지 부패물과 분비물이 많아 림프절이 잘 발달되어 있는데 이들을 자극할 수 있는 사이토킨(cytokine) 등의 유전자를 유산균에 넣어 줄 수 있다면 이들의 항암 효과가 대폭 강화될 것으로 기대되는 것이다. 유산균에 클로닝이 기대되는 항암 및 면역 유전자들로는 인터페론(interferon), 종양괴사인자(tumor necrosis factor), 인터루킨(interleukin) 등의 유전자들이 있다.

이미 개발된 유산균 셔틀벡터도 없지 않으나 아직은 주로 연구용이기 때문에 산업적으로 이용하기에는 이른 감이 있다. 그러나 분자유전학의 이론과 기술들이 날로 다르게 발전하고 있으며 유전자 차원에서의 유산균 연구도 그 범위와 응용 대상이 점점 확대되고 있는 것이 사실이다. 플라스미드 말고도 박테리오파아지가 숙주 세포에 자기 DNA를 넣어 줄 수 있다는 성질을 벡터 개발에 이용하는 것도 좋은 연구가 될 수 있을 것이다. 셔틀벡터에 클로닝하기 위한 유전자로는 앞서 말한 항암 유전자들 외에도 콜레스테롤 분해 유전자, 천연 항생물질 분비 유전자 등등 무한히 있을 것이다.

현재 진행 중인 유전자 클로닝 연구로는 식품이나 작물의 보존성을 향상시키기 위해 α-amylase 유전자를 클로닝 시키려는 연구가 대표적이다. α-amylase 유전자를 클로닝하여 유산 생성이 증가하면 상대적으로 부패균들이 잘 자랄 수 없기 때문에 식품을 오래 보존할 수 있게 되는 것이다. 과거에는 여러 종류의 당들을 차례로 식품에 첨가해 보면서 유산균이 가장 많이 젖산(lactic acid) 생성을 하는 당을 선택하여 그것을 식품에 첨가하고자 했었는데 이렇게 α-amylase 유전자를 직접 클로닝하는 것은 이와 비교하면 훨씬 적극적이면서도 확실한 결과를 기대할 수 있는 획기적인 것이다. 또 다른 예로는 천연 단백질 항생제인 니신(nisin) 합성에 관여하는 유전자를 유산균에 클로닝하여 *Listeria, Clostridium, Bacillus* 등의 식품 부패균들을 저해하고자 하는 연구도 진행 중에 있다.

Cell Marking

세포표지(Cell marking)은 두 가지 측면에서 이루어 질 수 있다. 첫째는 유산균에게 추적이 가능한 표지를 부여한 뒤 이를 추적함으로써 유산균이 인체 내에서 어떻게 활동하는 지에 대해 조사하기 위한 것이고, 둘째는 유전자 조작이 가해진 유산균이 만약에 인체 내에서 예상치 않은 해를 나타낸다면 신속하게 이들을 제거할 수 있는 수단으로서 이용하자는 것이다.

가장 손쉽게 이루어질 수 있는 세포표지는 유산균에게 특정한 항생제에 대한 내성을 부여하는 것이다. 물론 돌연변이 유발물질을 처리하여 얻은 유산균을 사용할 수도 있다. 이렇게 항생제 내성을 가진 유산균을 돼지 등 실험동물에 먹인 다음에 유산균의 위산 통과 능력, 생장 능력, 분열 능력, 장내에서의 유지 능력 등을 조사하는 것이다. 즉, 어떤 유산균이 위의 산을 통과할 수 있는 지를 보기 위해서는 먼저 항생제 내성을 유전자 조작을 통해 부여한 뒤 실험동물에 먹이고 변을 채취하여 해당 항생제가 첨가된 유산균 선별 배지에서 배양시키면 유전자 조작이 가해진 유산균주 만이 선택적으로 살아남게 될 것이다. 이 유산균주가 위의 산을 견딜 수 있다면 변에서 분명히 검출이 될 것이기 때문이다. 아울러 여러 유산균주들을 대상으로 이들의 생장 능력이라든가 장내에서 얼마나 오래 살아남을 수 있을까를 비교 조사하는 것도 실험을 고안하기에 따라서는 가능할 것이다. 과연 유산균의 항생제 내성 플라스미드가 대장균 등 유해한 균으로 공동전이(co-transfer) 될 것인가 하는 것도 세포표지를 통해서 추적하는 것이 가능할 것으로 보인다. 플라스미드 벡터에 항생제 내성 유전자를 재조합한 뒤 유산균에 형질전환 시키고 이 균주를 실험동물에 투여한 다음 정기적으로 장내 대장균의 내성을 측정해 나가는 것이다.

두 번째 목적을 위해서는 자살유전자(suicide gene)를 유산균에 삽입할 수 있을 것이다. 유산균은 대개 식품과 관련이 있기 때문에 가장 걱정이 되는 문제는 역시 유전자 조작을 가한 유산균을 먹었을 때이다. 인체에 생각지 않았던 유해가 발견이 된다면 이미 우리 몸에 퍼져 있는 유산균을 모두 죽여야 할 필요가 생기기 때문이다. 이상적으로는 섭취한 유산균만을 죽일 수 있어야 할 것이다. 유전자 중에 자살 유전자라 부르는 것이 있는데 그 이름의 유래는 이것이 세포에서 발현될 경우 특정한 항생제에 의해 세포 자체를 죽게 만들기 때문이다. 즉, 자살 유전자를 가진 세포만 그 항생제에 선택적으로 죽는 것이다. 아직은 유산균에 사용하기 적절한 자살 유전자가 개발되어 있지 않지만 동물세포에서는 이미 herpes simplex thymidine kinase 유전자를 개발하여 사용하고 있다. 이 유전자를 재조합해 준 세포는 gancyclovir라는 항생제를 처리하면 죽는 것이다. 사람에게서는 자살 유전자를 이용한 암치료가 이미 실시되고 있다. 즉 암세포에 이러한 유전자를 넣어 주고 나서 환자에게 gancyclovir를 투여하면 암세포만 모두 죽기 때문이다. 물론 herpes simplex thymidine kinase가 유산균에서도 그대로 작용하리라는 보장은 없다. 그러나 앞으로 유산균 유전자에 대한 연구가 계속 진행될 것이므로 적절한 자살 유전자를 찾아내는 것은 시간문제라 할 수 있다. 특히 이러한 세포표지 실험은 유산균의 유전자 조작이 안전한 것이라는 근거를 DNA 차원에서 제시할 수 있기 때문에 더욱 중요한 연구인 것이다.

유전자 클로닝이 인류에게 크게 기여하리라는 것이 분명한 사실인 만큼 언젠가는 유산균의 유전자도 쉽사리 조작할 수 있게 될 것이고 그럴 때마다 안전의 문제

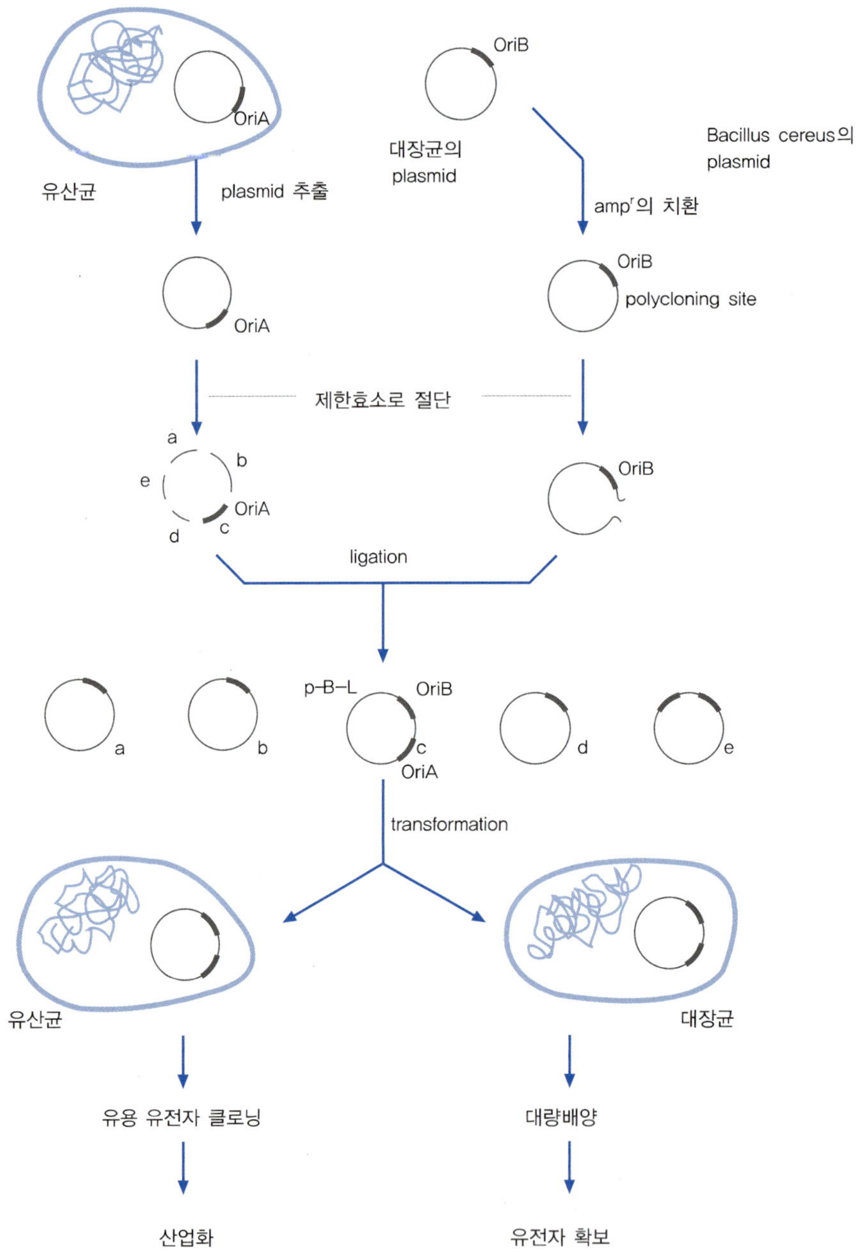

[그림 5.4] 유산균 유전자 클로닝 과정

는 반드시 따라 다닐 것이다. 자살 유전자에 대한 연구는 유산균의 유전자 조작을 지금보다 훨씬 다양하게 만들 것이고 결과적으로 인류 건강에 크게 기여할 것으로 전망된다.

유산균은 매우 다양한 특성을 지닌 균이다. 그럼에도 불구하고 그동안의 연구는 일부 생리적 특성만을 대상으로 국한되었던 것이 사실이다. 더우기 생화학이나 유전학적인 연구는 이제 겨우 초보적인 수준에 있을 뿐이다. 최근 들어 유산균이 지니고 있는 여러 유용한 특성들에 대한 연구가 조금씩 활기를 띠면서 이들에 대한 유전자를 분리하고자 하는 노력이 진행되고 있다. 이러한 예로는 치즈의 향(flavor)을 향상시키기 위한 선행 조건으로 aminopeptidase 유전자를 분리하기 위한 연구, casein 분해와 관련된 유전자를 분리하기 위한 연구, 항생물질 분비 및 합성에 관여된 유전자, 그리고 박테리오파아지 내성과 관계된 유전자를 분리하기 위한 연구, tryptophan 합성에 관여하는 유전자들을 분리하기 위한 연구 등 그 범위와 종류가 매우 다양하다. 그러나 아직도 얼마든지 많은 유용한 특성들이 유산균에 존재한다는 것을 생각한다면 유산균이야 말로 연구할 가치가 엄청난 재료인 것이다. 천연 항생제 유전자 같은 것들은 반드시 유산균에서만 발현시킬 이유가 없기 때문에 필요에 따라서는 대장균으로 유전자를 클로닝하여 대량 생산을 유도할 수도 있을 것이다. 유산균이 우리 생활과 얼마나 밀접하며 그동안 자연 속에서 우리 건강을 어떻게 지켜왔는지를 생각해 본다면 앞으로도 유산균으로 부터 우리가 얻을 수 있는 유용한 자원들은 무궁무진한 것이다.

유산균 게놈 사업

유전학적인 차원에서 볼 때 가장 궁극적인 사업은 유산균의 유전자를 모조리 지도(mapping) 그려내고 그 염기서열을 결정하는 것이다. 일단 이렇게 해서 데이터베이스(database)가 구축이 되고 나면 유산균이 지니고 있는 유용 유전자들의 구조가 모두 밝혀질 것이고 이들을 우리 생활에 이용하는 것이 현실로 나타날 수 있기 때문이다. 유산균을 유전학적인 차원에서 연구하기 어려운 이유도 바로 이러한 data의 축적이 아직 이루어져 있지 않기 때문이다. 사람을 비롯한 일부 동물, 식물, 그리고 대장균 등 미생물에서 이미 게놈 사업이 진행 중에 있지만 유산균 게놈 사업에 대하여는 별다른 보고가 없는 실정이다. 물론 그 이유 중 하나는 그만큼 유산균에 대한 유전학적인 연구 시작이 늦어졌기 때문이다.

유산균 게놈 사업을 위해서는 유전체 라이브러리(genomic library)를 만드는 작업이 선행되어야 할 것이다. 이미 *L. helveticus* 등에서는 제작된 라이브러리(library)에 대한 보고가 있기도 하다. 라이브러리를 만들기 위해서는 가장 유용성이 높다고 생각되는 유산균주를 선택하여 DNA를 추출한 후에 제한효소로 적당히 잘라 플라스미드 벡터에 넣어 대장균에 형질전환하거나 박테리오파아지 속으로 재조합해 넣어야 한다. 이렇게 해서 유산균의 유전자 전체가 재조합된 상태로 확보되면 일단은 무작위적으로 염기서열을 결정하여 GenBank 같은 유전자은행의 데이터베이스와 비교하게 될 것이다. 비교해 보면 어떤 유전자는 이미 알려져 있는 다른 균주들의 염기서열과 비교함으로써 기능을 유추할 수도 있을 것이고, 한편으로는 기능이 알려지지 않은 새로운 유전자들도 많이 발견될 것이다. 이렇듯 유전자 전체에 대한 분석이 끝나면 엄청나게 많은 데이터가 구축될 것이고 이 과정에서 각종 생리 기능을 나타내는 유전자들이 모두 그 모습을 드러내게 될 것이다. 이러한 작업을 통하여 한편으로는 이들 유전자들의 조절 기작도 선명히 알 수 있게 될 것이므로 유용한 유전자를 더욱 강하게 발현시키는 방법도 고안할 수 있을 것이고 아울러 발현에 영향을 미치는 배양 조건 등도 선명하게 알게 될 것이다. 이러한 데이터베이스는 사실상 그동안의 어떤 연구보다도 더욱 산업적으로 이용 가치가 높을 것이다. 필요에 따라서는 많은 유전자를 단시간 내에 조사하기 위하여 SAGE (serial analysis of gene expression)와 같은 방법을 응용하는 것도 고려할 수 있다.

유전자 게놈 사업은 시간적으로 수년 이상을 필요로 하는 대단한 끈기와 노력이 필요한 기초 연구이다. 그러나 일단 이것이 완성되었을 때는 유산균이 지니고 있는 신비가 모두 드러나게 되며 한편 구축된 데이터베이스는 산업적인 이용 가치가 엄청나다. 정부가 사람의 유전자를 비롯하여 유용한 여러 동식물의 유전자들을 밝히기 위해 수많은 시간과 비용을 투자하는 이유도 바로 이러한 맥락에 있는 것이다. 이제 분자유전학적인 노력이 막 시작된 유산균 연구에 게놈 사업은 다소 이른 감이 없지 않지만 유산균이 가지고 있는 풍부한 유전적 자원을 십분 활용하기 위해서는 반드시 이루어져야 할 과제라 하겠다.

RAPD를 이용한 균주 분리 및 동정

유산균을 산업적으로 이용하기 위해서는 우수한 생리 활성을 가진 균주를 선별하는 것이 필수불가결한 선행 조건이다. 이렇게 유산균을 분리, 동정하기 위해 널리 사용되는 방법은 형태학적 분석과 당 발효 차이를 보는 것인데 최근에는 당 발효 kit까지 제작되어 있어 매우 편리해진 것이 사실이다. 그러나 경우에 따라서는 매우 근소한 차이만을 가진 균주들을 서로 비교할 필요가 생기고 이런 때에는 당 발효 차이만 가지고는 아예 구별이 불가능한 상황이 종종 벌어지게 마련이다. 최근에 도입된 RAPD (randomly amplified polymorphic DNA fragment) 방법은 바로 이러한 문제점을 해결하고자 유전자 차원에서 균주를 동정하는 기법이다. 이 방법은 원래 식물에서 서로 다른 종 사이의 유전적 차이를 밝히기 위해 개발되었던 방법이지만 최근에는 고등한 진핵세포에서 미생물에 이르기까지 응용 범위가 확대되고 있다. 특히 이 방법은 생리적으로는 완전히 동일한 것처럼 보이는 균주들의 미세한 돌연변이 차이까지도 밝힐 수 있는 아주 민감한 기법이다.

RAPD의 이론적 근거는 무작위적 프라이머, 곧 random primer를 이용하는 PCR (polymerase chain reaction)이다. PCR은 2개의 짧은 DNA primer 사이를 Taq DNA polymerase가 오가면서 증폭시키는 성질을 이용하는 것인데 매번 증폭할 때마다 그 양이 2배씩 증가함으로 30회 정도 증폭하면 100만 배 이상이나 특정 부분의 DNA가 증폭되는 것이다. 이런 반응을 통해서 유산균의 전체 유전자 중에서 특정 부분만이 증폭되게 되고 간단한 전기영동으로 이의 확인이 가능한 것이다. 어떤 부분이 선택적으로 증폭되는가는 primer가 어느 부분에 위치하느냐에 따라 달라지게 마련이고 primer가 어느 위치에 붙을 것인가는 차례로 유산균 DNA와 primer의 염기서열에 따라 달라지게 되어있다.

만약에 두 유산균을 비교하고자 할 때 이들이 완전히 똑같은 균이라면 서로의 DNA 염기서열이 같을 것이고 따라서 primer가 위치하는 부분이 이들 균주에서 같기 때문에 결국은 같은 크기의 DNA 단편이 증폭되어 전기영동 상에서 확인될 것이다. 그러나 이들이 서로 다르다면 이 primer가 달라붙는 부분이 서로 다르거나 혹은 한 균에서는 아예 primer가 달라붙지 못하기 때문에 결과적으로 나타나는 DNA 단편의 크기와 종류가 서로 다르게 될 것이다. 이러한 유전학적 차이는 두 균주 간에 연관 관계가 멀수록 증가할 것이므로 여러 조합의 primer들을 사용해서 나타나는 DNA 단편의 수와 크기를 서로 비교한다면 유사한 균일 수록 동일한 DNA band 형태가 전기영동에서 많이 확인될 것이고 연관 관계가 멀수록 공통된 DNA band를 적게 나타내 보이게 될 것이다. RAPD 방법은 매우 민감하기 때문에 돌연변이에 의한 약간의 차이도 쉽게 검출해 낼 수 있을 정도이다. 대부분의 유산균은 유전자 구조가 알려져 있지 않지만서도 무작위적인 염기서열로 제작된 random primer들을 사용한다면 이것도 쉽게 해결될 수 있는 문제이다.

그러나 RAPD는 유사한 두 균주를 분별하는 데에는 편리하지만 아직 통계적으로 보아서 어느 정도까지 유사한 DNA band를 나타내어야 같은 종으로 볼 수 있

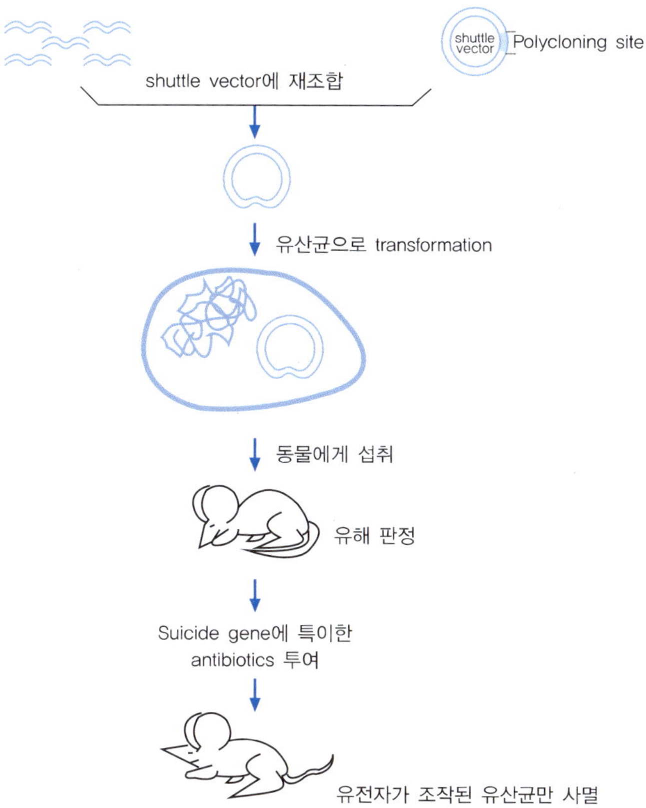

[그림 5.5] 자살 유전자를 이용한 cell marking

는 지 등의 기준이 명확하게 설정되어 있지 않은 것이 단점이다. 그렇지만서도 한편으로는 여러 가지 유전자 조작을 통하여 약간씩의 차이를 보이는 균주들이 앞으로 많이 개발되었을때 이들을 유전자 차원에서 직접 비교하여 모균주로 부터 과연 얼마나 많은 변이를 일으켰는지 측정할 수 있는 좋은 방법이 될 것으로 기대된다.

지금까지 소개한 바처럼 유전자 차원에서 유산균을 연구할 가치는 무궁무진하며 그 방법 또한 다양하다. 더욱이 지금 이 순간에도 상기한 것 외에 새로운 분자유전학적 기법들이 속속 개발되고 있다. 유산균이 우리 생활과 아주 밀접하고 인류 건강에 중대한 영향을 미침에도 불구하고 그동안 이처럼 유전학적인 차원에서의 연구가 늦어진 이유는 식품에 주로 이용된다는 특성 때문이었다. 그러나 분자유전학의 놀라운 발전은 이제 이 분야에도 서서히 변화를 불러일으키고 있다. 유산균의 유용한 특성들은 이제 유전자 조작을 통하여 더욱 우수한 식품 가공과 나아가서는

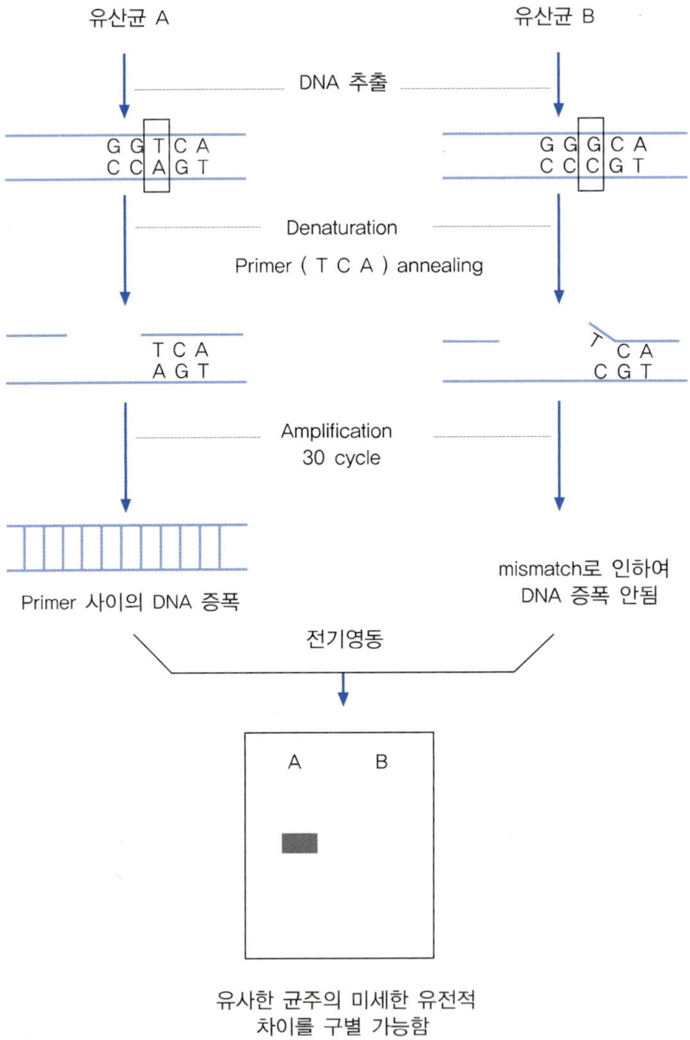

[그림 5.6] RAPD를 이용한 균주 구별

의약 및 약학에까지 응용될 수 있게 될 것이다. 한편으로는 유전자 재조합으로 변형된 유산균을 식품의 스타터로 이용할 때 고려해야 할 안전성도 세포표지 연구를 통해 서서히 해결될 조짐이 보이고 있다. 앞으로 유산균이 가지고 있는 유전자들을 많이 분리하여 유용한 단백질들을 대량 생산하고 항암성을 증가시키기 위한 연구 또한 빠르게 진행되어야 할 것이다. 궁극적으로는 유산균 게놈 사업까지도 완성하여 유산균의 엄청난 유전자 자원들을 속속들이 밝혀야 할 것이다. 유산균은 인류와 그 역사를 함께 해 왔으며 앞으로도 우리 건강을 지키는 최고의 생물학적 자원이 될 것이 분명하다. 유산균이 지니고 있는 유전학적 자원은 무궁무진하며 그것을 어떻게 이용하는가는 우리에게 달려 있는 것이다. 유산균에 대한 유전자 차원에서의 연구는 궁극적으로 건강한 인류 사회를 구현하고자 하는 우리의 꿈을 실현시켜 줄 것으로 믿어 의심치 않는다.

함께 생각해 볼 문제

1. 유산균의 영어표현은?

2. 유산균이 현대 사회의 건강 측면에서 관심의 초점이 되고 있는 이유는 무엇인가?

3. 유산균의 건강 기능 역할을 더욱 향상시키기 위해 그동안 어떤 연구들이 있었는지 말하고, 각각에 대해 간단히 설명하시오.

4. 유산균의 유전자 연구가 늦어진 이유와 앞으로는 이런 연구가 중요하게 될 이유를 말하시오.

5. 원형질체(protoplast)란 어떤 것이며, 어떻게 만들 수 있는지 설명하시오.

6. 자연돌연변이와 인위적돌연변이를 구별하여 설명하시오.

7. 플라스미드(plasmid)와 벡터(vector), 셔틀벡터(shuttle vector)에 대하여 설명하시오.

8. 유산균 게놈 사업의 필요성을 말해보시오.

9. RAPD 방법에 대하여 설명하고, 이를 생물산업에서 어떻게 활용할 수 있는지 조사하시오.

10. 유산균이 단순한 식품산업의 종균(starter)을 넘어 21세기 산업현장에 적극 활용되려면 어떤 문제들이 극복되어야 하는지 말해보시오.

제6장

유전자 클로닝

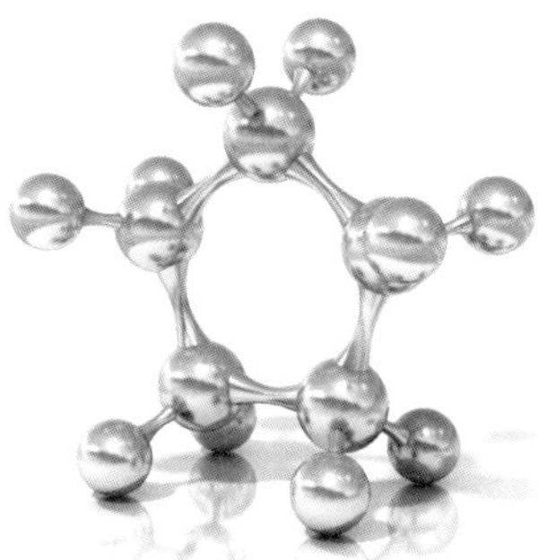

유전자재조합은 그 역사가 거의 반세기에 달하고 있다. 자연 상태에서는 일어나지 않는 유전자의 재조합을 인위적으로 가능하게 함으로써 인류에 유용한 새로운 형질을 창출해내는 첨단 기술이다. 유전자를 재조합하는 전략 뿐 아니라 재조합된 유전자를 선별해내는 것도 필요한 기술이다. 제한효소, 클로닝, DNA ligase, 벡터 등의 개념을 정리하도록 한다.

유전자재조합 기술

유전자 클로닝(gene cloning) 또는 유전자재조합(recombinant DNA technology)이라고 불리는 유전자 실험기법들은 간단히 말해 특정 생물의 유전자에 다른 유전자를 재조합하여 그 생물체의 형질을 바꾸는 것을 의미한다. 이와 같이 외래 유전자를 다른 세포에 도입하여 발현시키는 과정을 "형질전환(transformation)"이라 하며, 여러 가지 미생물을 비롯해서 동·식물의 세포가 유전자 재조합의 대상으로 이용되고 있다. 암과 선천성질환을 치료하기 위한 유전자요법 역시 형질전환에 기초하고 있으며 이를 "유전자 이식(gene transfer)"이라는 말로 대변하기도 한다. 유전자를 다른 세포로 운반해주는 운반체를 벡터(vector)라 하고, 운반되어지는 유전자를 삽입유전자(insert)라고 말한다.

사람의 유전자를 대장균에 옮기는 실험은 1978년에 처음 시도되었다. 당뇨병 치료제인 인슐린을 유전자를 대장균에 도입해 발현시키는데 성공한 것이다. 대장균은 성장 속도가 빠르기 때문에 넣어준 유전자가 만들어내는 단백질 양도 사람에서와 비교하면 엄청나게 효율적이다. 이때 이후로 지금까지 여러 가지 의약물질들이 대량 생산될 수 있게 되었고 값도 상대적으로 싸져서 대중 치료의 길이 열리게 되었다. 뿐만 아니라 식량 증대와 같은 목적으로도 유전자재조합 기술을 이용할 수 있게 되었다.

유전자재조합의 예

되풀이하여 언급되고 있지만 역사적으로 유전자재조합의 가장 좋은 예는 인슐린 유전자를 대장균에 넣어 대량생산해낸 상품명 "휴물린(Humulin)"이라 할 수 있다. 그 외에도 사람의 성장호르몬을 생쥐에 넣어 크기가 일반 생쥐보다 약 세 배 정도 커진 "수퍼마우스(supermouse)", 형광유전자를 재조합한 "눈이 반짝반짝 빛나는 생쥐", 사람의 면역유전자를 재조합한 "장기이식용 돼지" 등 수없이 많은 예가 있다. 이와 같이 외래 유전자를 동물이나 식물체에 도입, 발현시킨 키메라(chimera) 생물을 형질전환(transgenic) 생물체라고 한다. 최근에 우리나라에서도 인슐린과 인터루킨-2(interleukin-2) 같은 사람의 유전자를 식물체인 담배나무에서 발현시키는데 성공한 바 있다. 이를 계기로 앞으로 의약품과 같은 유용한 물질을 형질전환동물 뿐만 아니라 식물체에서도 생산해 낼 수 있을 것으로 기대되고 있다.

유전자재조합 원리

가장 일반적인 유전자재조합 기술은 세균의 플라스미드(plasmid)를 운반체로 사용하고, 대장균을 클로닝의 숙주세포로 사용하는 방법이다. 그 과정은 다음과 같다. 먼저 대장균으로부터 플라스미드를 분리한다. 그리고 제한효소를 사용하여 재조합하고자 하는 외래 유전자를 끊어내고 역시 분리한 플라스미드를 같은 제한효소로 동시에 잘라낸다. 외래유전자와 플라스미드를 DNA ligase로 서로 연결하여 재조합 DNA를 만든다. 이렇게 만들어진 재조합 DNA를 플라스미드가 없는 대장균에 넣어준다. 넣어주는 방법은 칼슘을 이용하거나 전기충격을 이용하는 법 등 다양한

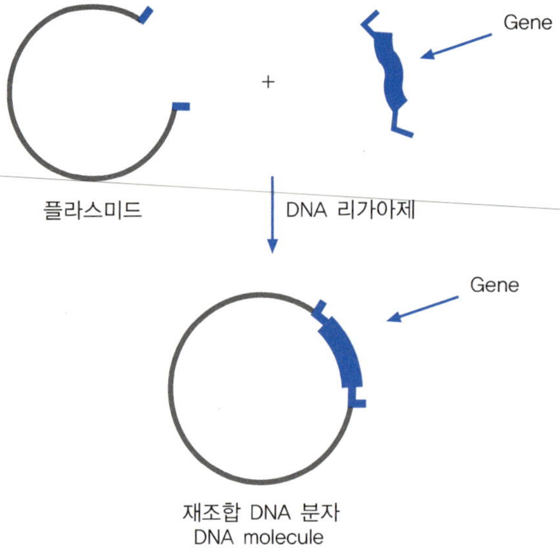

[그림 6.1] 유전자재조합의 원리

기술이 개발되어 있다. 이렇게 재조합한 DNA가 들어가서 형질전환(transformation)된 대장균을 적당한 시간과 온도로 배양하면 재조합 DNA도 대장균 세포분열 때 함께 복제되면서 삽입 DNA가 대량으로 생성된다. 한 걸음 더 나아가 DNA만 대량 복제되는 것이 아니고 그 DNA에 들어있는 유전자가 지시하는 산물을 함께 대량으로 만들어낼 수 있다.

식물을 대상으로 하는 유전자재조합 방법은 다음과 같다. 먼저 아그로박테리움(Agrobacterium)의 플라스미드(Ti-플라스미드)를 분리해낸 다음 재조합하고자하는 DNA를 삽입시켜 재조합 DNA를 만든다. 그런 다음 재조합된 DNA를 아그로박테리움 세포에 주입시키고, 형질전환된 세균만을 골라 식물체에 감염시키면 형질전환식물을 얻을 수 있다. 식물체에서는 이런 방법으로 질소고정 박테리아의 유전자를 형질전환 시켜서 비료 없이도 스스로 영양 섭취해 살아나가는 식물을 만들 수 있다.

제한효소

유전자재조합의 시초는 1960년대부터라고 할 수 있다. 이 시기에 처음으로 세균에서 DNA를 절단하는 효소인 제한효소(restriction enzyme)를 발견함으로써 미생물이 유전공학에 이용되는 계기가 되었다. 제한효소란 이름은 이 효소가 절단하는 DNA의 염기서열이 제한적이기에 붙여진 이름이다. 즉 제한효소는 아무 곳에서나 DNA를 자르는 것이 아니고 특정한 염기서열만을 인식해 자르는 것이다.

제한효소는 원래 세균의 면역작용을 하는 효소이다. 세균은 엄밀한 의미에서 동물처럼 정밀한 면역체계를 가지고 있지 않지만 어쨌든 외부 기생체(박테리오파아지 같은 바이러스)가 침입하면 이를 막아낼 장치는 있어야 한다. 박테리오파아지(bacteriophage)는 일단 세균에 달라붙으면 자신의 DNA를 세균 안으로 밀어 넣어 복제함으로써 세균을 자신이 번식하는 공장으로 바꾸어버린다. 세균도 이때 박테리오파아지에 맞서게 되는데 이때 내어놓는 효소가 바로 제한효소이다. 제한효소라는 이름은 그 세균에 침입하는 박테리오파아지의 DNA만을 제한적으로 자르기 때문이다. 박테리오파아지마다 자기가 기생하는 숙주세포가 특이적으로 정해져 있다는 것은 이미 잘 알고 있는 사실이다. 예를 들어 대장균인 *E. coli*에 기생하는 박테리오파아지의 유전자에는 5'-GAATTC-3'라는 염기서열이 들어있는데 대장균의 제한효소는 바로 이 염기서열을 인식하고 잘라 버린다. Smith와 Nathans은 이런 제한효소들을 따로 분리·정제하여 실험실에서 사용할 수 있는 조건을 확립함으로서 재조합 DNA 기술(recombinant DNA technology) 발전에 이바지하였다. 그리고 최초로 바이러스 DNA를 인공적으로 절단하는데 성공함으로써 1980년에 노벨상을 받았다.

대부분의 제한효소는 DNA 상에서 6개의 대칭성 염기를 인식하여 절단하지만 어떤 것은 4개 또는 8개의 대칭성 염기를 절단하기도 한다. 대칭성 염기란 정확하게는 회문구조(palindrome)를 의미한다. 회문구조란 염기서열 중앙 부분을 축으로 하

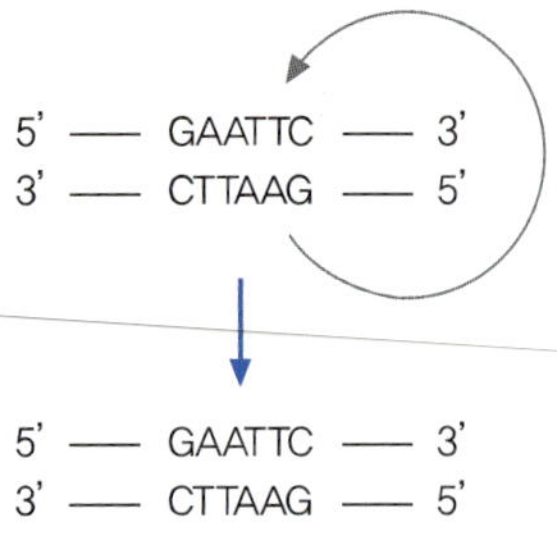

[그림 6.2] 회문구조

여 180도 회전하였을 때 원래 염기서열로 되돌아오는 구조이다. 회문구조는 같은 가닥 내에서도 염기서열만 상보적이면 수소결합을 할 수 있게 만들기 때문에 그 부분에 특징적인 십자 형태가 생기게 된다. 제한효소는 바로 이를 인지하고 절단하는 것이다.

제한효소가 자른 자리는 점착성말단(sticky end)이 될 수도 있고, 뭉툭말단(blunt end)이 될 수도 있다. 같은 제한효소로 자른 점착성말단끼리는 DNA ligase로 쉽게 붙일 수 있지만, 다른 제한효소에 의한 점착성말단끼리는 염기서열이 상보적이 아니라서 붙을 수가 없다. 반면에 뭉툭말단끼리는 어떤 제한효소로 잘라서 만들어졌든지 염기서열에 상관없이 서로 붙을 수 있지만 효율 면에서 점착성말단 보다 1/100 이상 떨어진다. 따라서 유전자 클로닝을 할 때는 가능한 같은 제한효소로 벡터와 외래 유전자를 절단하도록 전략을 짜는 것이 중요하다. 이미 수 백 종류의 제한효소가 알려져 있음에도 불구하고 지금도 계속 새로운 제한효소들이 발견되고 있다.

제한효소의 이름은 그 효소가 유래된 세균에서 유래된다. 예를 들어 *Eco*RI은 대장균인 *E. coli*에서 유래된 것이다. 이 때문에 제한효소의 이름 중 앞의 세 글자는 항상 이탤릭체로 쓰는 것이 맞다.

[표 6.1] 제한효소의 종류

제한효소	염기서열	염기수	말 단	비고
EcoRI	GAATTC	6	점성말단	
BamHI	GAATTC	6	점성말단	
BglII	AGATCT	6	점성말단	
PvuI	CGATCG	6	점성말단	
PvuII	CAGCTG	6	뭉툭말단	
HindIII	AAGCTT	6	점성말단	
HinfI	GANTC	5	점성말단	N: A, G, C, T
Sau3A	GATC	4	점성말단	
AluI	AGCT	4	뭉툭말단	
TqI	TCGA	4	점성말단	
HaeIII	GGCC	4	뭉툭말단	
NotI	GCGGCCGC	8	점성말단	

DNA ligase

DNA 리가아제(ligase)는 모든 세포에서 생성되며 원래 DNA 복제(replication)에 사용되는 효소이다. 인접한 두 개의 뉴클레오티드 사이에서 인산에스테르결합(phosphodiester bond)을 촉매하여 DNA 가닥의 끊어진 곳을 서로 이어 준다. DNA ligase에도 두 종류가 있는데 대장균의 ligase와 T4 바이러스의 ligase이다. 보통은 T4 ligase가 많이 쓰이는데 점착성말단이나 뭉툭말단을 모두 붙일 수 있기 때문이다. 대장균의 ligase는 점착성말단만을 붙일 수 있다. T4 ligase의 단점은 가격이 상대적으로 비싸다는 것이다.

-N-N-G-A-A-T-T-C-N-N-	*Eco* RI →	-N-N-G	A-A-T-T-C-N-N-
-N-N-C-T-T-A-A-G-N-N-		-N-N-C-T-T-A-A	G-N-N-
			Sticky ends
-N-N-A-G-C-T-N-N-	*Alu*I →	-N-N-G	A-A-T-T-C-N-N-
-N-N-T-C-G-A-N-N-		-N-N-C-T-T-A-A	G-N-N-
(N-A, C, G 또는 T)			Blunt ends

[그림 6.3] 점착성말단과 뭉툭말단

클로닝과 벡터

유전자재조합과 클로닝의 기본은 자르고 붙이는 것이다. 그러려면 가위도 필요하지만 풀도 있어야 한다. 가위의 역할을 하는 것은 제한효소이고 풀은 DNA ligase이다. 이외에도 클로닝에는 DNA 운반체(vector)와 숙주세포(host cell) 등 몇 가지 추가적인 도구를 필요로 한다. DNA 운반체인 벡터는 클로닝하려는 외래 유전자를 숙주세포에 넣기 위한 것이다. 현재 개발되어 있는 벡터는 주로 대장균의 플라스미드(plasmid)나 바이러스를 변형시킨 것이다. 그 외에도 미니염색체(minichromosome) 등 여러 가지 다양한 벡터들이 계속 개발되고 있다.

플라스미드는 가장 널리 사용되는 벡터로서 세균이 가지고 있는 본래 염색체 이외에 별도로 존재하는 고리 모양의 작은 DNA를 말한다. 플라스미드는 생존 자체에 필수적인 것은 아니지만 항생제 내성 유전자가 들어있어 외부 환경이 좋지 않을 때 세균이 극복하고 살 수 있도록 해주는 구조이다. 게다가 자유롭게 세균 속으로 넣었다 뺐다 할 수 있기 때문에 외래 유전자를 세균 속으로 운반해주기에 아주 적합한 벡터이다.

플라스미드에는 이완형플라스미드(relaxed plasmid)와 엄격제어플라스미드(stringent plasmid)의 두 종류가 있다. 이완형플라스미드는 세균이 분열할 때 자기도 같이 분열하기도 하지만, 세균의 분열과 상관없이 스스로도 자체적인 복제가 가능하다. 즉 세균의 통제를 받지 않고 스스로 자유로이 복제할 수 있다는 뜻에서 "이완형"라 부른다. 이완형플라스미드는 숙주인 세균은 분열하지 않고 있는데도 수천~수만 개까지 혼자만 빠르게 복제해 버리므로 유전자 클로닝을 통해 넣어준 외래 유전자를 대량 증폭하거나 그 산물을 대량으로 만드는데 아주 유용하다. 클로닝에 사용되는 플라스미드들은 대부분 이완형플라스미드로서 크기는 3~10kb 이하가 보통이다. 여기서 DNA의 길이는 bp (base pair)로 표시하는데 kb는 1,000 bp에 해당한다.

대표적인 예는 pBR322와 pBluescript 같은 것들이 있다. pBR322는 유전공학이 처음 시작될 때부터 사용된 것이라서 자르고 붙일 수 있는 제한효소 부위가 몇 개에 한정되어 있지만, 이후 차차 더 변형되어서 개발 것이 pBluescript이다. pBluescript는 미국의 Stratagene 회사가 더 많은 종류의 제한효소로 자를 수 있도록 개발한 것이다. 그만큼 다양한 제한효소로 자르고 붙일 수 있기에 유전자 재조합이 훨씬 용이해진 플라스미드이다. 이외에도 M13, pUC19, pGemEasy 등 다양한 이름의 벡터들이 개발되어 있다.

엄격제어플라스미드는 크기가 30~50kb 정도로 너무 크기 때문에 스스로 복제

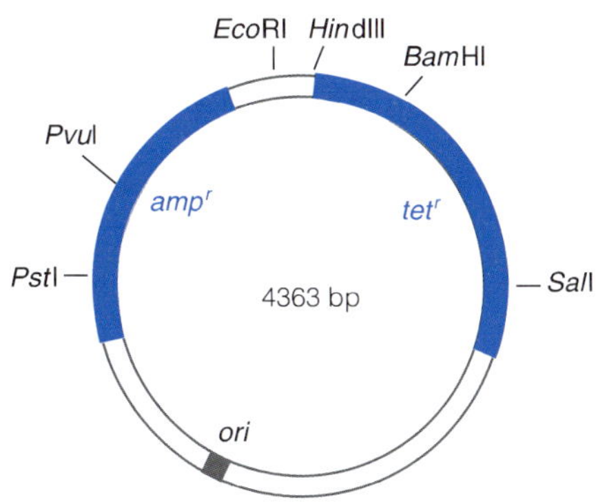

[그림 6.4] pBR322

하기가 어렵고 세균의 통제를 받아 세균과 함께 한 번에 하나씩 분열한다. 때문에 대량 복제를 요하는 클로닝에는 적합하지 않아서 특수한 숙주세포로의 운반이 필요한 경우 외에는 거의 벡터로 사용되지 않는다. 반면에 이완형플라스미드는 클로람페니콜(chloramphenicol)같은 항생제를 처리하면 세균은 분열하지 않으면서 플라스미드만 숫자가 늘어나기에 대량생산에 적합한 구조이다.

플라스미드 벡터

플라스미드 벡터는 기본적으로 3가지 필수 구조를 가지고 있다. 첫째는 *ori*라고 부르는 구조이다. *Ori*는 replication origin의 약자로서 플라스미드가 스스로 복제하기 위해 꼭 필요한 구조이다. 둘째는 항생제 내성 유전자이다. 보통은 페니실린 계통의 항생제인 ampicillin 내성 유전자를 사용하는데 간혹 tetracyclin 내성 유전자를 이용하기도 한다. 항생제 내성 유전자는 유전자 클로닝 실험에서 벡터가 숙주세포로 제대로 들어갔는지를 확인하는데 필요하다. 세 번째 구조는 MCS(multiple cloning site)라고 부르는 외래 유전자를 재조합하는 클로닝 부위이다. MCS 부분은 원래 *lac* operon의 β-galactosidase 유전자인데 염기서열을 조금씩 변형시켜서 가능한 여러 종류의 제한효소가 이를 자를 수 있도록 변형시켜 놓은 것이다. 물론 이때 β-galactosidase의 효소 기능은 그대로 살려놓은 채로 변형시키는 것이다. 예를 들어 인슐린 유전자를 사람의 DNA에서 *Eco*RI으로 잘라 내었다면, 그리고 이 유전자를 플라스미드를 벡터로 이용해 대장균에 클로닝하려면, MCS 부위에도 *Eco*RI 염기서열이 있어야 할 것이다. 또 헤모글로빈 유전자를 *Bam*HI으로 잘라 MCS 부위에 넣으려면 *Bam*HI 염기서열이 MCS에 있어야 할 것이다. 이처럼 MCS 부위가 더 많은 제한효소로 잘릴 수 있어야 외래유전자를 삽입해 넣기 좋은 벡터가 된다.

Blue-White 선별

외래 삽입유전자를 벡터에 재조합하고 이를 숙주세포에 형질전환 시킬 경우 실험 결과는 3가지로 예측된다. 첫째, 플라스미드 벡터가 아예 대장균에 들어가지 못한 경우, 둘째, 플라스미드 벡터가 대장균에 들어갔지만 MCS에 외래유전자 재조합이 실패한 경우, 셋째, 외래유전자가 MCS에 성공적으로 재조합되고 플라스미드가 대장균에도 들어간 경우이다. 물론 우리가 원하는 클로닝 결과는 세 번째가 될 것이다. 첫 번째 경우는 항생제 배지에서 키우면 플라스미드가 없으므로 자랄 수 없어서 배제될 수 있다.

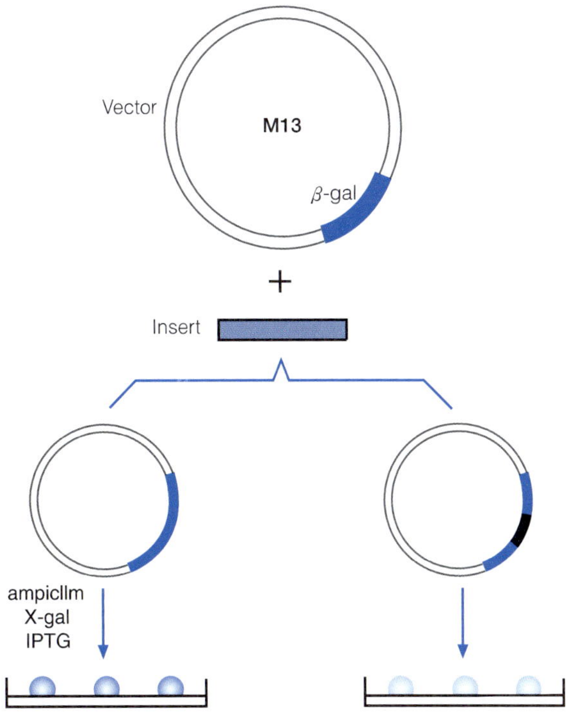

[그림 6.5] Blue-White 선별

그러면 두 번째와 세 번째는 어떻게 구별할 수 있을까? 이를 위해서는 *lac* operon의 원리를 응용하면 된다. 배지에 X-gal을 넣고 배양하면 대장균은 X-gal을 젖당인줄 알고 받아들인다. X-gal은 젖당과 유사하지만 투과효소(permease)가 없더라도 자연스럽게 세포막을 통과해 세균 속으로 들어갈 수 있다. 일단 들어가면 β-galactosidase(즉 MCS 부분) 유전자가 X-gal을 젖당인줄 알고 분해하려 하지만 X-gal은 분해되는 대신에 파란색을 나타내 보인다. 그러나 만약 MCS에 외래유전자가 재조합되어 들어가면 β-galactosidase가 완전히 깨어져버려 효소 활성이 없어지므로 X-gal은 아무런 색을 나타내지 않는다. 즉 외래유전자가 재조합되면 세균은 흰색의 콜로니(colony)를 형성하고, 재조합되지 않으면 파란색을 나타내게 된다. 우리가 원하는 것은 결국 항생제와 X-gal이 첨가된 배지에서 하얀색을 띠는 콜로니이다.

여기에서 배지(medium)란 세균이 자라는데 필요한 영양분을 배양접시에 고형으로 굳혀놓은 것이고, 콜로니는 균이 자라 군락을 형성하여 눈에 보이는 덩어리이다.

기타 벡터들

이외에도 박테리오파아지와 같은 바이러스도 외래 유전자를 가지고 숙주로 들어가기에 적합한 성질을 가지고 있다. 대표적인 예로는 λgt11이 있다. 박테리오파아지 벡터의 장점은 플라스미드보다 훨씬 큰 DNA 조각을 운반할 수 있다는 것이다. 때로는 20kb 이상의 DNA 절편을 클로닝할 수도 있다. 또 동물바이러스나 식물바이러스도 유전자 벡터로 이용되고 있다. 심지어는 AIDS의 병원균인 HIV 바이러스도 유전자 치료를 위한 벡터로서의 가능성이 실험되고 있다.

전기영동

전기영동이란 작은 아크릴 상자에 완충용액을 부어 넣고 DNA 시료를 한 쪽에 위치시킨 다음 전기장을 걸어 시료의 내용물이 스스로의 극성과 반대쪽으로 이동하는 성질을 이용하는 것이다.

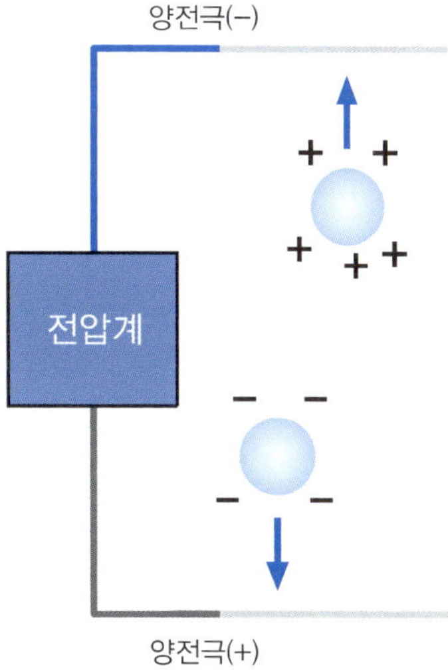

[그림 6.6] 전기영동의 원리

DNA를 "핵산"이라 부르는 이유는 핵에서 발견되는 산성물질이기 때문이다. 산성물질은 (−) 전기를 띠고 있기에 전기장 속에서 (+) 쪽으로 이동하게 된다. 전기영동실험을 하기에 앞서 먼저 겔(gel)의 네모판을 만들어 놓는다. Gel이란 고체이면서도 마치 두부처럼 흐늘흐늘한 상태이다. Gel은 아가로오스(agarose)라 부르는 일종의 녹말가루를 완충용액(buffer)에 섞어 끓인 다음 네모난 아크릴 주형에 부어 넣고 천천히 식히면 굳으면서 만들어진다. 이 때 콤(comb)이라 부르는 플라스틱 빗을 살짝 꽂아 같이 굳히면 시료를 얹기 위한 구멍(well)이 겔 판에 뚫리게 된다. 이제 세포에서 추출한 혼합시료를 구멍에 올려놓고 전기를 양쪽에 걸면 DNA가 Gel의 작은 격자구조를 통과하면서 이동을 시작한다. 같은 DNA라 할지라도 분자량이 작을수록 더 쉽게 격자를 통

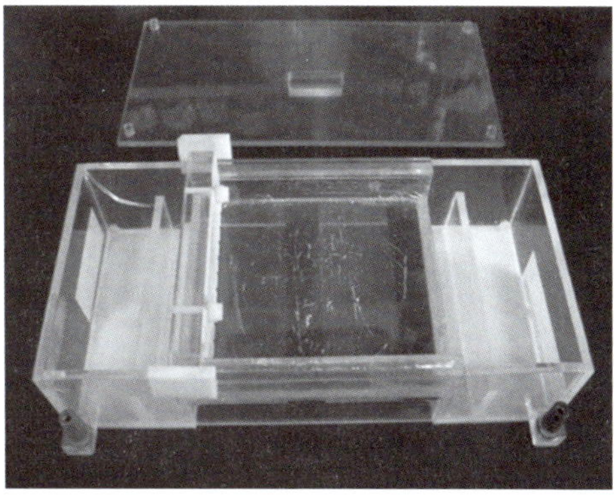

[그림 6.7] 전기영동장치

과하므로 일정 시간 후에는 작은 분자가 더 멀리까지 이동해 있게 된다. 이러한 원리로 전기영동은 DNA를 크기별로 순수하게 분리해낼 수가 있다. DNA는 EtBr (ethidium bromide)라는 특수 시약으로 염색한 뒤 관찰하고, 사진 촬영하여 결과를 보관한다.

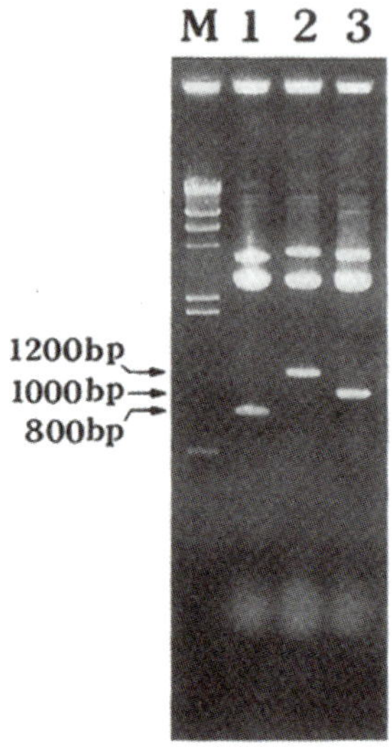

[그림 6.8] 전기영동결과

함께 생각해 볼 문제

1. 벡터(vector)와 삽입유전자(insert)를 설명하시오.

2. 형질전환(transformation)을 설명하고, 생물산업과 관련된 예를 찾아보시오.

3. 수퍼마우스(supermouse)의 탄생 원리를 설명하고, 동일한 기술이 어떻게 생물산업에 응용될 수 있는지 몇 가지 아이디어를 제시하시오.

4. 제한효소의 원리를 설명하고 예시로 몇 개의 이름을 말해보시오.

5. DNA ligase는 어떤 효소인지 설명하시오.

6. pBR322 벡터의 필수 구조 및 클로닝 부위 등에 대해 설명하시오.

7. 유전자재조합의 결과 원하는 유전자의 클로닝이 성공적으로 이루어졌는지를 색깔로 구별하는 방법을 설명하시오.

8. 전기영동 방법을 설명하고, DNA를 크기별로 구별하는 원리를 설명하시오.

9. DNA를 염색하여 관찰하는 시약을 말해보시오.

10. 유전자 클로닝이 실제 우리 생활에 어떻게 이용되고 있는지 찾아보시오.

제 7 장

PCR과 DNA sequencing

PCR과 DNA sequencing 기술이 개발되면서 친자 구별과 범죄현장에서의 용의자 확인, 그리고 유전질환의 신속한 진단이 가능해졌다. 개인차를 나타내는 SNP의 확인을 통해 개개인의 특성에 맞는 맞춤의학과 처방 또한 가능해졌다. 개인별 게놈을 신속하게 분석하기 위한 NGS와 DNA chip은 생물산업 중에서도 진단의학이라는 새로운 장을 열어주었다.

PCR (polymerase chain reaction)

겨우 몇 가닥의 머리카락에서 추출한 DNA의 양은 정확한 유전검사를 하기에 많이 부족하기 마련이다. 그래서 개발된 방법이 유전자증폭기술인 PCR (polymerase chain reaction)이다. PCR 기술을 이용하면 불과 두세 시간 만에 DNA를 100만 배 이상 증폭해낼 수 있기 때문에 환자로부터 아주 적은 양의 혈액을 채취하거나 심지어는 머리카락 한 올만 있어도 검사에 필요한 유전자를 확보할 수 있다.

PCR은 DNA 복제의 원리를 따른 것인데 두 줄의 DNA를 일단 끓여서(94°C) 변성시킨 다음(denaturation) 여기에 미리 제조한 짧은 DNA primer를 한 쌍 첨가하면서 반응 온도를 낮추어(37~70°C 사이) 주형에 붙여주고(annealing), 72°C로 온도를 올려 Taq DNA polymerase가 새로운 DNA를 합성하도록 해준다. 한 번의 반응 사이클이 끝나면 다시 94°C로 온도를 올려 변성시키고 동일한 과정을 되풀이 한다. 이처럼 매 회 반응 사이클이 되풀이될 때마다 DNA는 2n으로 증폭되기 때문에 불과 수 시간 만에 아주 적은 샘플에서 검사에 충분한 DNA를 확보해 낼 수 있다. 보통은 30~40 사이클을 되풀이하는데 전체 걸리는 시간은 불과 2시간 정도이다. 이처럼 빠른 시간에 DNA를 증폭시킬 수 있고 또 적은 양의 DNA도 증폭시

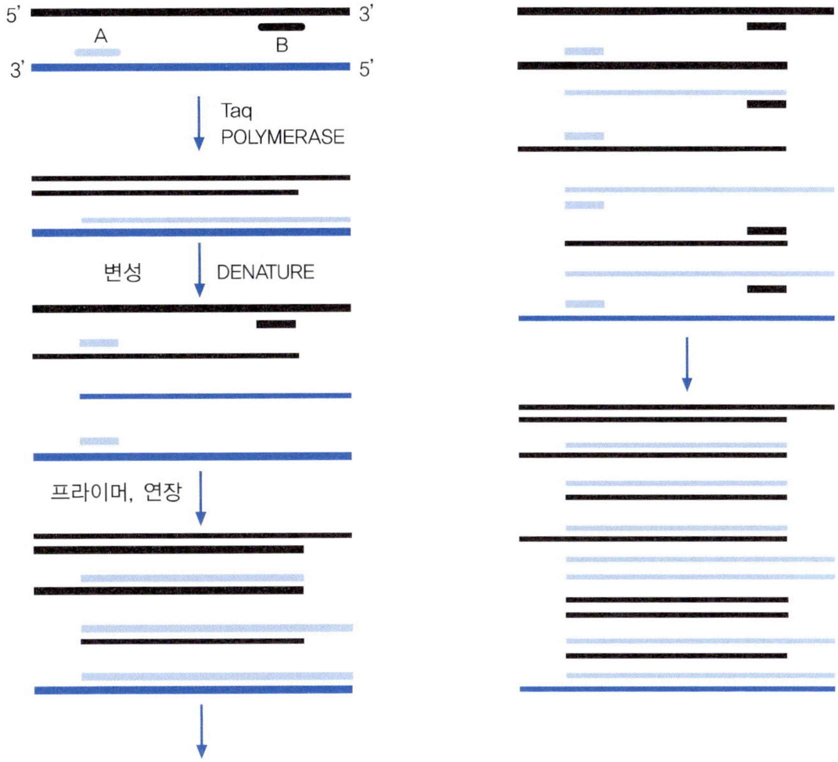

[그림 7.1] PCR 반응의 원리

킬 수 있기 때문에 유전자 검사 뿐 아니라 친자확인 내지는 범죄 용의자 확인에까지 널리 쓰이는 기술이다.

참고로 PCR은 두 개의 primer 사이를 증폭하기 때문에 자기가 증폭해서 뽑아내고자 하는 유전자를 정확히 겨냥해 primer의 위치를 잘 조절해 디자인해야 한다. Taq DNA polymerase는 온천 등지에서 서식하는 미생물인 *Thermophilus aquaricus*에서 추출한 것이기 때문에 고온에서도 견디는 성질이 탁월하다. Taq DNA polymerase 덕분에 연속적인 반응 사이클을 수행하는 것이 가능해졌다.

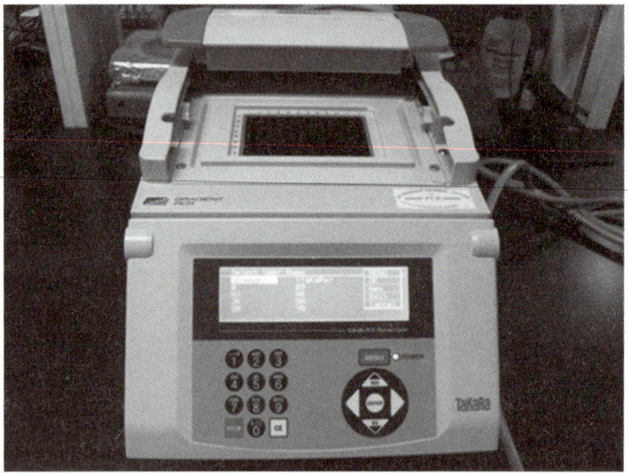

[그림 7.2] PCR 기계

PCR의 원리를 개발한 Mullis는 1993년에 노벨상을 받았다. PCR 기술은 이제 유전공학뿐만 아니라 여러 가지 생명현상을 다루는 영역에서 없어서는 안되는 필수적인 기술이 되고 말았다.

DNA sequencing

또 다른 핵심 기술은 DNA 염기서열결정법(DNA sequencing)이다. 이는 다른 말로 "dideoxy chain termination sequencing"이라고도 한다. 염기서열을 결정하는데 사용되는 기계의 이름은 DNA 염기서열결정기계, 즉 DNA sequencer이다. 유전 암호는 A, C, G, T라는 네 개의 알파벳으로 결정되는데 인간게놈프로젝트는 사람의 염기, 즉 3 X 109 개의 알파벳 서열을 모두 파악해내려는 야심찬 연구였다. 엄청난 예산과 작업량에도 불구하고 연구를 밀고 나갔던 이유는 건강한 사람의 염기서열을 알아야 특정 질환에 걸린 사람의 유전자 서열과 비교하여 원인이 되는 변이를 찾아낼 수 있기 때문이다. 또 원인을 알아야 치료도 가능하기 때문이다.

여하튼 인간게놈프로젝트는 비록 어마어마한 경비와 시간이 투자되었지만 언젠가는 우리가 반드시 해야 할 프로젝트였고 결국 2001년에 완성되었다. 그래서 지금 우리는 포스트게놈(post-genome) 시대에 살고 있다고 말을 한다. 사람의 염기서열을 흔글 프로그램 10 point로 A4 용지에 써 내려가면 약 250m 두께의 책이 될 수 있는 분량이다. 그만큼 사람의 유전자는 방대하고 또 정교한 것이다. 따라서 이제는 생물학만 발달해서는 이런 대규모 프로젝트가 절대 불가능하고 용량이 크고 빠

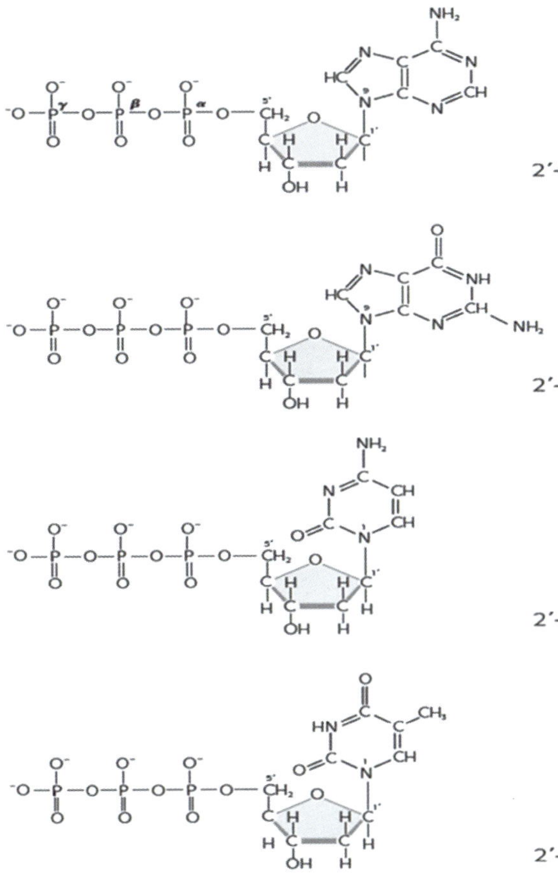

2′-deoxyadenosine 5′-triphosphate

2′-deoxyguanosine 5′-triphosphate

2′-deoxycytidine 5′-triphosphate

2′-deoxythymidine 5′-triphosphate

[그림 7.3] dATP, dCTP, dGTP, dTTP

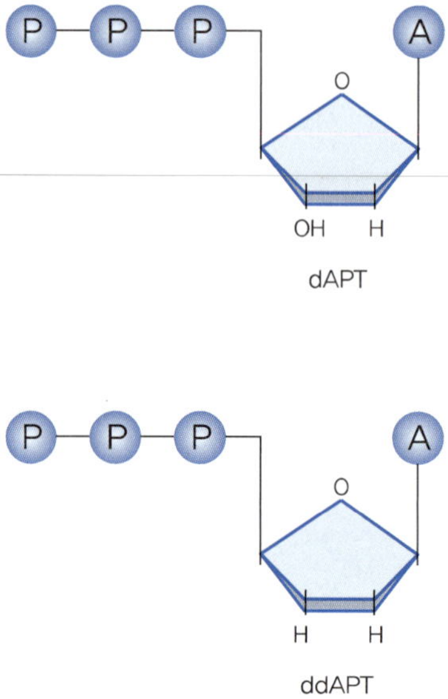

[그림 7.4] dATP와 ddATP

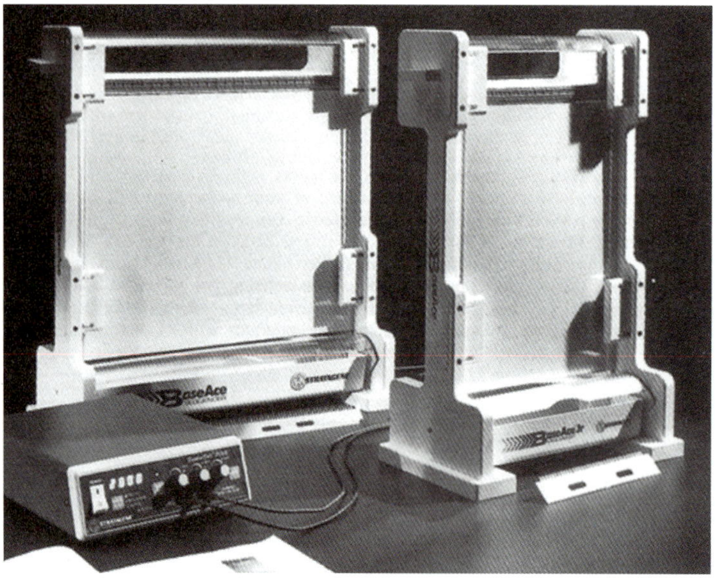

[그림 7.5] DNA sequencer

른 컴퓨터가 병행되어 개발되어야 하는 시대가 되었다. 이런 이유로 생물학과 정보통신을 합친 생물정보학(bioinformatics)이 21세기에 중요 학문으로 부상하고 있다.

DNA sequencing 방법과 원리는 다음과 같다. DNA의 재료는 뉴클레오티드

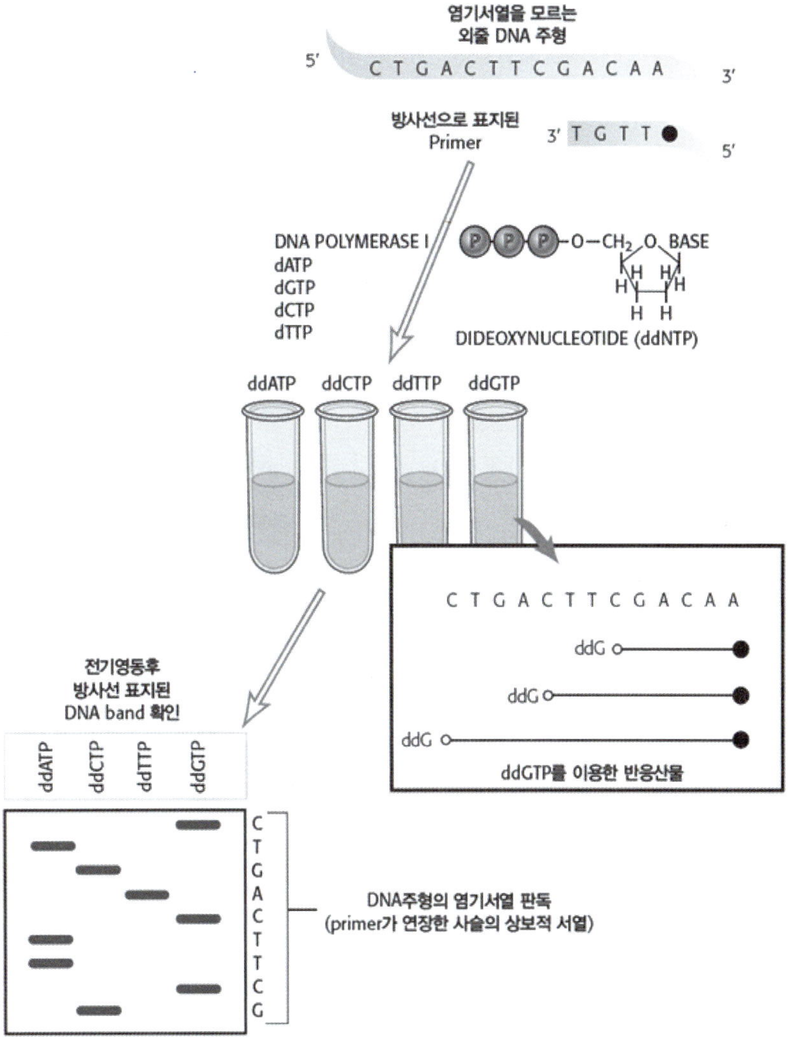

[그림 7.6] DNA sequencing 원리

(nucleotide)인데 이들은 각각 dATP, dCTP, dGTP, dTTP이다.

DNA의 뉴클레오티드는 2'-deoxyribose에 염기와 인이 붙은 구조이다. 즉 5탄당의 2' 탄소에는 수소(H)만이 결합해있고, 3' 탄소에는 수산화기(OH)가 결합한 구조이다. 3' 탄소의 OH기가 새로운 뉴클레오티드의 인과 결합함으로써 DNA의 사슬 연장이 이루어진다. 한편 ddATP의 경우에는 3' 탄소에도 수소만이 붙어있다. 그래서 이름이 두 군데 모두 산소가 빠져있다는 뜻에서 "dideoxy ATP"이다. DNA 복제시 재료가 ddNTP(여기에서 N은 A, C, G, T 중 하나를 의미함)로 주어지면 DNA polymerase는 상보적 염기서열에 맞추어 그 자리에 ddNTP를 집어넣을 것이고 그 이후의 DNA 사슬 연장은 더 이상 일어나지 못한다.

[그림 7.7] DNA sequencing 결과

실험과정은 구체적으로 다음과 같다. 먼저 시험관을 4개 준비한다. 그리고 각각의 시험관을 A, C, G, T로 표시해놓는다. 그런 다음 각 시험관에 DNA 복제에 필요한 모든 재료들, 즉 염기서열을 결정하려는 주형 DNA와 DNA polymerase, primer, 그리고 한 세트의 dNTP 및 해당 ddNTP를 넣어준다. 즉 C로 표시된 시험관에는 dATP, dCTP, dGPT, dTTP와 ddCTP를 넣어주는 것이다. 그러면 이 시험관에서 일어나는 반응은 주형 DNA의 G가 있을 때마다 그 자리에 상보적으로 dCTP 또는 ddCTP가 들어가게 될 것이다. dCTP와 ddCTP 중 어느 것이 그 자리에 들어갈지는 DNA polymerase가 고민을 하다가 선택하게 된다. 즉 어떤 때는 dCTP가, 또 어떤 때는 ddCTP가

들어가는데 만약 dCTP가 들어가면 사슬은 계속 연장이 될 수 있지만 ddCTP가 들어간다면 사슬은 그 자리에서 멈추게 된다. 결과적으로 "C"라고 표시된 시험관내에는 C가 들어갈 자리마다 연장이 정지된 다양한 길이의 DNA 절편들이 만들어질 것이다. 마찬가지로 A, G, T로 표시된 시험관에도 해당하는 길이의 DNA 절편들이 만들어지는데 이들은 모두 염기 하나만큼 길이가 다르기 때문에 정교하게 전기영동을 하면 그 길이의 순서대로 구별이 될 수 있다. 전기영동은 일반 아가로오스 겔(agarose gel)보다 더 격자구조가 정교한 폴리아크릴아마이드 겔(polyacrylamide gel)에서 수행을 하고, A, C, G, T 시험관에서 일어난 상기 반응물들을 나란히 위치시켜 전기영동 한 다음 짧은 순서대로(아래부터) 염기서열을 읽어 나가면 새로 합성된 DNA의 염기를 읽을 수 있다. 주의할 점은 새로 합성된 DNA와 주형 DNA는 염기서열이 상보적이기 때문에 다 읽은 후에 이를 뒤집어 줄 필요가 있다는 것이다.

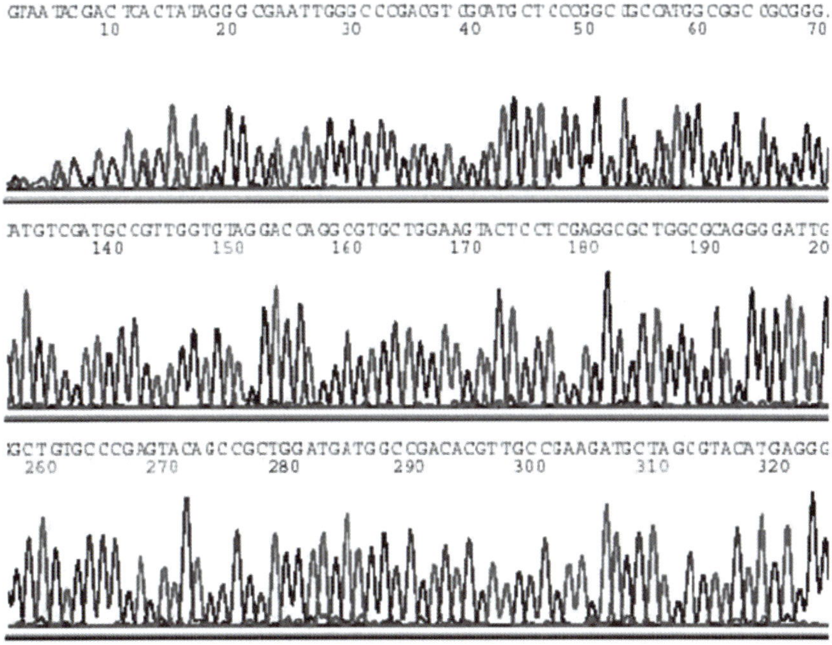

[그림 7.8] 자동 DNA sequencing 결과

실제로는 DNA가 무색투명하기 때문에 전기영동이 끝나도 그냥 육안관찰이 불가능하다. 그래서 primer에 방사성동위원소를 붙여 놓은 다음 polyacrylamide gel에서 전기영동이 끝나면 그 위에 X-ray 필름을 얹고 노출 후 인화시켜서 나타나는 DNA 밴드[band]를 차례로 읽어 나간다.

한 가지 떠오를 수 있는 질문은 전혀 염기서열을 모르는 새로운 DNA의 경우 어떻게 sequencing을 위한 primer를 제작하는가이다. DNA polymerase는 반드시 미리 primer가 있어야 거기에 새로운 뉴클레오티드를 연장해 나가기 때문에 생기는 질문이다. 다행스럽게도 상업적으로 판매되고 있는 pBluescript나 TA plasmid 같은 벡터는 전체의 염기서열이 알려져 있다. 따라서 MCS 부위에 염기서열을 결정하기 원하는 DNA를 클로닝한 다음 그 인접한 플라스미드의 염기서열에 준해서 primer를 만들면 된다.

최근에는 이러한 DNA 염기서열 결정 과정이 자동화되어 있다. 즉 primer에 방사성동위원소를 붙이는 대신 A, C, G, T별로 서로 다른 색의 형광물질을 붙여놓고 이를 기계가 자동으로 읽어 나간다. 과거에 사람이 수동적으로 실험할 때에는 한번에 200~300 bp 정도 읽었던 것을 지금은 자동화의 덕분으로 하루에도 수천 bp씩 읽을 수 있을 정도로 빨라졌고 이것이 인간게놈프로젝트가 계획보다 앞당겨질 수 있었던 원동력이다.

SNP

포스트게놈 시대에 주목받는 기술 중 하나는 SNP [single nucleotide polymorphism]를 찾아내어 질병에 걸릴 확률, 암 발생 빈도 등을 예측하는 것이다. 사람은 얼굴이 조금씩 다르듯이 유전자의 일부분이 차이를 보이게 마련이다. 이런 차이가 엑손[exon]에 있다면 돌연변이로 나타나겠지만 간혹 인트론[intron]이나 junk DNA에서 나타나기도 한다. 관습적으로 엑손은 일반적으로 유전암호가 있는 유전자의 부분을, 인트론이나 junk DNA는 유전암호가 없는 부분을 지칭해왔다. 오랫동안 이런 DNA들은 유전암호를 가지고 있지 않기 때문에 중요성이 없다고 생각해 왔지만 최근에 들어 분석한 결과에 의하면 이 부분에서의 염기서열 차이가 때로는 질병 빈도와 관련이 있다는 것이다. 이것이 바로 SNP이다. SNP는 개인적으로 차이가 있기 때문에 "단일염기다형성"이라고 번역을 한다. 그리고 이 차이로 인해 각종 질병에 걸릴 확률이 사람마다 다르다는 것이다. 벌써 여러 나라가 발 빠르게 자국민의 SNP 차이를 분석 중에 있다. 그 나라 사람들에게 더 많이 발생하는 특정 질병에 대해 빠르게 진단하고 치료할 수 있는 길을 찾자는 것이다. 우리나라도 당뇨병, 고혈압, 위암, 간암과 관련된 SNP를 발굴하는 데에 정부 차원에서 주력하고 있다. SNP는 인종, 개인에 맞추어 진단하고 치료하는 맞춤의학의 효시라는 점에서 중요하다.

NGS와 DNA chip

NGS (next generation sequencing)는 과거에 십여 년 이상 걸려 완성해야 하던 인간게놈 조사를 불과 몇 주일 안에 가능하도록 만든 새로운 차원의 DNA sequencing 기술이다. 이 방법에 의하면 각 개인의 유전자 염기서열을 보다 빠르게 분석할 수 있으므로 표준서열과 비교함으로써 질병의 유무 등을 빠르고 정확하게 알아낼 수 있다. 그리고 이를 통해 개인별 맞춤 신약 등을 개발할 수 있는 기반이 된다. DNA chip은 분석하고자 하는 유전자를 작은 슬라이드 위에 모아 탐침으로 조사하는 기구이다. 그리고 그 결과를 통계 분석하여 특정 질병의 유무, 발병 가능성 등을 미리 조사할 수 있다.

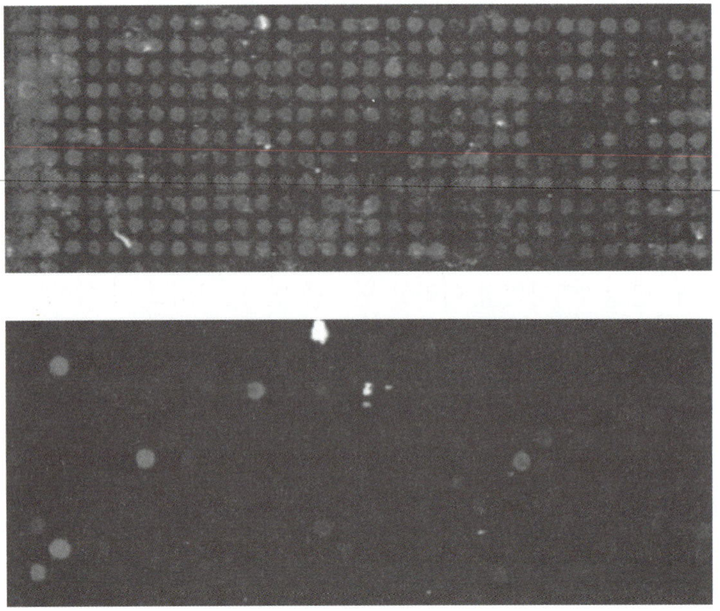

[그림 7.9] DNA chip 분석 예시

[표 7.1] DNA chip의 종류

DNA chip 제작 기술	특징	chip 종류
pin microarray	Pin을 이용한 microdotting (surface contact)	cDNA & oligonucleotide
Inkjet	Inkjet 원리를 이용한 microdropping	cDNA & oligonucleotide
Photolithography	Photolithography를 이용한 oligonucleotide 직접 합성	oligonucleotide
Electronic array	전기를 이용한 oligonucleotide addressing	oligonucleotide

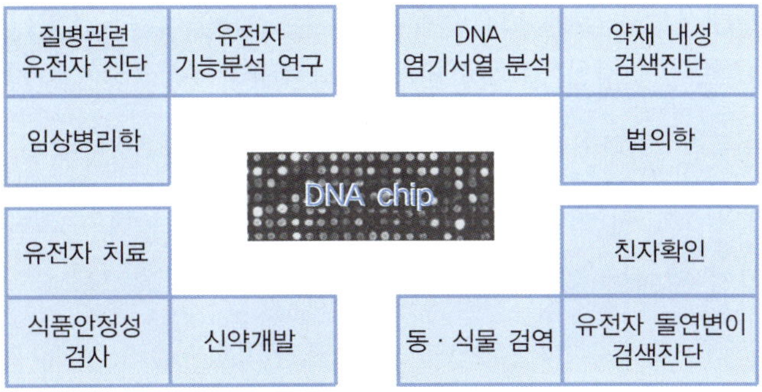

[그림 7.10] DNA chip의 활용

인간게놈프로젝트와 슈퍼컴퓨터

1990년 HUGO라는 국제 컨소시엄으로 시작한 인류 최대의 프로젝트인 인간게놈프로젝트는 생명의 신비를 밝히고 질병 극복과 수명 연장의 청사진을 제시하기 위한 것이었다. 그리고 당초 예정보다 빠른 2001년 2월에 드디어 완성되었다. HUGO와 민간 기업인 셀레라 지노믹스(Celera Genomics) 사이의 라이벌 관계가 촉매제 역할을 하여 처음 계획했던 시한보다 훨씬 더 빠르게 진행되었던 것이다. 셀레라는 HUGO보다 9년 정도 늦은 1998년에 시작하였음에도 불구하고 상상할 수 없을 정도의 빠른 속도로 게놈을 밝혀나갔고 이에 자극을 받은 HUGO도 빠른 속도로 게놈을 분석하게 되어 거의 동시에 완성할 수 있었던 것이다.

셀레라가 9년이나 늦게 시작하였음에도 불구하고 HUGO의 속도를 따라갈 수 있었던 데는 슈퍼컴퓨터의 역할이 절대적으로 컸다. HUGO와는 다른 분석방법을 택했던 셀레라는 그 복잡한 분석을 수퍼컴퓨터에게 맡김으로써 데이터를 빨리 처리할 수 있었던 것이었다.

지금까지 우리는 유전공학을 빠르게 성장시킬 수 있었던 몇 가지의 계기를 살펴보았다. 이러한 계기들을 통해 인간게놈프로젝트를 훨씬 빨리 완성시킬 수 있었고, 유전자재조합을 통한 의학과 산업의 발전을 이루어낼 수 있었다. 그러나 무엇보다도 이러한 기술들은 과학자들의 끊임없는 호기심과 헌신적인 열정, 그리고 보다 나은 미래를 향한 인류의 관심이 있었기에 가능했으며 앞으로도 계속 이어질 것이라는 사실을 잊지 말아야 할 것이다.

함께 생각해 볼 문제

1. PCR (polymerase chain reaction)의 원리를 설명하시오.

2. Primer는 어떤 것인지, 또 어떻게 디자인하여 만드는지 설명하시오.

3. Taq DNA polymerase는 어디에서 얻을 수 있는지 말하시오.

4. PCR을 이용하여 어떤 일을 할 수 있는지 설명하고, 실제 그런 예를 조사해보시오.

5. DNA sequencing의 이론적 원리를 설명하시오.

6. Post-genome 시대라는 것은 이전 시기와 어떻게 달라진 것인지 말해보시오.

7. SNP (single nucleotide polymorphism)란 무엇인가? 이것이 왜 그렇게 중요한가?

8. Exon과 intron을 구별해보시오.

9. 유전자 분석은 생물학적 분야이다. 여기에 왜 IT 기술의 발전이 필수적으로 선행되어야 하는지 설명하시오.

10. 인간게놈프로젝트의 진행 과정에 대해서 살펴보고, 정리해보시오.

제8장

인간게놈 프로젝트

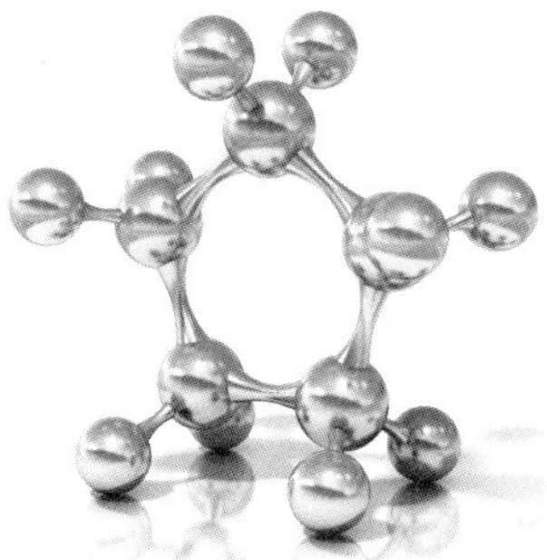

인간게놈프로젝트가 완성되었고, 우리는 이제 post-genome 시대에 살게 되었다. 프로젝트의 결과 25,000여개의 유전자 염기서열이 밝혀졌고, 표준 게놈의 지표가 우리 손에 놓이게 되었다. Pre-genome 시대와 달라진 점은 무엇일까? 인간게놈프로젝트의 완성으로 의학과 약학 분야에서는 어떤 변화가 오게 되었을까? 생물정보학과 proteomics는 우리 생활에 어떤 변화를 가져오게 될지 조명해본다.

인간게놈프로젝트

2001년 2월, 인류는 두 편의 논문에 흥분을 감추지 못하였다. 인간 생명의 미스테리를 풀기 위한 초거대프로젝트인 인간게놈프로젝트(HGP, Human Genome Project)의 완성본이 영국의 과학잡지인 '네이처(nature)'와 미국의 과학잡지인 '사이언스(science)'를 통해 발표되었기 때문이다.

인간게놈프로젝트란 말 그대로 인간의 게놈(genome)을 통째로 밝혀내는 프로젝트를 말한다. 그렇다면 게놈이란 무엇인가? 게놈(genome)이란 생명체를 형성하고 생명활동을 하기 위해 필요한 유전정보의 총칭을 말한다. 게놈은 "gene"(유전자)과 "chromosome"(염색체)의 합성어이며 '유전체'라는 용어로 번역된다.

인간게놈은 인간을 구성하는 전체 게놈이다. 인간 게놈의 염기 수는 약 30억 개에 달한다고 한다. 그러나 이 30억 개 중에서 실제 유전자로 작용하는 부분은 3%에 불과하며, 그 외에는 유전자를 조절 억제하는 부분, 아직 의미가 밝혀지지 않은 부분 등이 나머지인 97% 정도를 차지한다고 알려져 있다. 물론 이 수치는 학자들 간에 조금씩 차이를 보이는데 그래도 의미있는 부분이 10% 미만이라는 데에는 대부분 동의하고 있다. 따라서 각 염색체에는 어떠한 유전자들이 있으며, 각 염색체에 위치한 DNA의 전체 염기가 어떠한 순서로 배열되어 있는가를 알아내고, 그 배열을 모두 해독하는 작업이 바로 HGP인 것이다.

HGP의 역사와 뒷이야기

인류의 신비이자 생명의 비밀인 인간게놈프로젝트는 이렇게 99%의 완성본이 발표됨으로써 전 세계에 찬사와 우려를 한 몸에 받게 되었다. 그러나 인간게놈의 완성이 100%가 아니라 99%라는 것에 주목할 필요가 있다. 게놈이라는 것은 1%가 아니라 0.01%라도 틀리게 된다면 엄청난 문제를 일으키게 되는 것이다. 그런데 게놈의 전문가라 할 수 있는 이 사람들이 왜 100%가 아닌 99%의 완성만으로 발표를 하게 되었을까? 거기에 담긴 이야기들을 알아보고, 인간게놈프로젝트 전반에 걸친 역사를 살펴보자.

인간의 게놈 전체를 밝혀내겠다는 제안을 처음으로 내놓은 사람은 산타크루즈 캘리포니아대학(UC Santa Cruz)의 로버트 신샤이머(Robert Sinsheimer) 총장이었다. 신샤이머는 1985년 유전학계의 권위자들을 모아 놓은 자리에서 이 계획을 제안하며 지지를 호소하였다. 이 자리에는 하버드대학의 길버트(Gilbert) 박사도 있었다. 그러나 신샤이머의 야심찬 계획과 호소에도 불구하고 대다수의 학자들은 회의적인 반응을 보였다. 유전정보를 가지지 않는 'junk DNA'까지 해석하다보면 불필요한 노력만 소비하게 될 것이고, 투자한 자금에 비해 별 도움을 주지 못하는 결과만 얻어지리라는 것이 대체적인 반대의 이유였다. 더욱이 이 계획에 무려 30억 달러가 필요하다는 것이 알려지자 재원 조달의 어려움과 함께 다른 생물학 연구에 들어갈 연구비에까지 영향을 미칠 지도 모른다는 것을 걱정한 과학자들이 이 계획에 반대하게 되었다.

이러한 반대에도 불구하고 신샤이머의 계획에 절대적인 지지를 보여준 사람들은 DNA 염기서열분석법을 개발하여 노벨화학상을 받은 하버드대학의 길버트 박사와 DNA의 이중나선구조를 밝힌 왓슨이다. 특히 왓슨의 지지와 노력은 자칫하면 묻혀버렸을 수도 있었던 인간게놈프로젝트에 날개를 달아주었다.

인간게놈 연구를 맨 처음 시작한 곳은 미국 에너지성이었다. 에너지성은 2차 대전 당시 원자폭탄을 연구하던 연구소가 있고, 이곳에서 방사선으로 인한 유전자 돌연변이를 연구하던 과학자들이 게놈 연구를 시작하였던 곳이다. 이후 1987년부터 국립보건연구소가 인간게놈 해석에 참여하면서 인간게놈프로젝트는 본격적으로 진행되기 시작하였다.

1988년 9월 왓슨이 초대 책임자로 선정되면서 인간게놈프로젝트는 필요한 자금을 확보함은 물론 세계적으로 연구의 당위성을 인정받기에 이르렀다. 그러나 이러한 왓슨의 노력과 활약은 1991년 국립보건연구소의 소장이 바뀌면서 제약을 받기 시작하였다. 새로 부임한 소장과 왓슨의 의견이 서로 충돌한 것이다. 특히 그 논쟁의 중심에는 게놈 연구 결과를 정부 특허로 취득하여야 한다는 새 소장의 주장과, 특허가 과학 발전에 제한을 두게 해서는 안된다는 왓슨의 주장이 있었다. 이러한 논쟁과 서로간의 불신으로 인해 결국 1992년 4월 왓슨은 HGP의 책임자 자리를 그만 두게 되게 되었다. 이 때 게놈의 결과를 특허로 내어야한다고 주장한 쪽에 있었던 연구원 중 하나가 후에 셀레라 지노믹스를 설립한 크레이그 벤터(Craig Venter)였다. 그 후 인간게놈프로젝트의 책임자로서 미국 미시간대학교의 프란시스 콜린스(Francis Collins)가 선정되었으며, 콜린스 박사는 이후 인간게놈프로젝트의 책임자로서 2001년 게놈의 완성까지 이 프로젝트를 이끌게 되었다.

염색체상의 유전자의 위치를 먼저 파악하고, 염기서열을 밝히는 것을 목표로 한 인간게놈프로젝트의 처음 시작은 지금과는 비교할 수 없을 만큼 많은 비용과 노력을 필요로 했다. 지금은 염기 하나당 100원 미만의 비용으로 단일 실험실에서 1년에 100만 개 이상의 해독이 가능하지만 처음 시작 단계에만 하더라도 10,000원 이상의 비용이 들었으며, 하나하나 밝혀내는 시간도 오래 걸렸기 때문이다. 이렇게 복잡한 인간의 게놈을 밝혀내는 작업과 동시에 분석이 끝난 염기서열은 예정대로 모두에게 공개되었다. 특히 1996년 HUGO의 과학자들은 정리가 완료된 유전자의 자료는 24시간 내에 공개한다는 원칙, 그리고 모든 연구자가 자유로이 이용할 수 있도록 하는데 동의하는 '버뮤다 원칙'을 발표하였다.

인간게놈을 밝혀내는 작업에 또 다른 변수가 나타났는데, 유전자의 특허를 주장하며 왓슨과 맞선 사람 중의 하나인 크레이그 벤터가 1998년 5월에 설립한 셀레라 지노믹스 회사이다. 셀레라 지노믹스는 수퍼컴퓨터와 초고속 전자동 염기서열 분석기를 이용하여 HUGO보다 먼저 인간게놈프로젝트를 완료하겠다고 선언하였다. 더욱이 공적 자금으로 운영되던 HUGO와는 달리 유전자 정보를 유료로만 공개하겠다고 천명함으로써 HUGO뿐만 아니라 이를 지원하던 각국을 긴장시켰다. 버뮤다 회의는 사실 이를 중재하기 위해서 열렸던 것이다.

이에 자극받은 HUGO는 해독의 속도에 박차를 가하였고 더욱 신속한 분석 작업을 시작하기에 이르렀다. 결국 양측의 경쟁은 2000년 6월 26일 백악관에서 초안을 공개하게끔 하였고, 2001년 2월에 인간게놈프로젝트의 90% 완성본을 거의 동시에 발표함으로써 결실을 보게 되었다. 이후 프로젝트 수행 13년 만인 2003년 4월 12일 프로젝트가 일단 완료되었으며, 2006년에는 99.99%의 인간 게놈을 밝혀낸 논문이 발표되었다. 지금도 개인간 차이를 밝혀내어 보완하는 연구들이 계속 이루어지고 있다.

2001년 2월 15일, HUGO는 영국의 과학잡지인 '네이처(nature)'에, 2001년 2월 16일 셀레라는 미국의 과학잡지인 '사이언스(science)'에 각각 연구 결과를 발표하였다. 같은 주제를 가지고 비슷한 시기에 서로 다른 과학지에 발표하는 경우는 과학 사상 흔치 않은 일로서 이 사실만으로도 HUGO와 셀레라의 HGP의 결과와 발표를 둘러싼 자존심 싸움이 얼마나 치열하였으며, 무료공개를 천명한 HUGO와 유료로 자료를 제공함으로써 이윤을 추구하려는 셀레라의 소리 없는 전쟁이 지난 세월 동안 매우 격렬하였음을 실감할 수 있다.

HUGO와 Celera의 대결

HGP는 선발주자인 HUGO와 후발주자인 Celera가 2001년 동시에 인간게놈의 최종본을 발표했다. 그렇다면 HGP의 두 주역인 이들은 과연 어떠한 방법으로 HGP를 완성시켰을까? 그리고 9년이나 늦게 시작한 Celera는 과연 어떻게 같은 시기에 발표할 수 있었을까? HGP의 두 가지 해독방법을 알아보고, 그 차이를 살펴봄으로써 그 의문점을 풀어볼 본다.

먼저 HUGO의 경우 모든 염색체를 약 20,000 여개의 구역으로 나눈 후, 각각의 구역을 복제하여 컴퓨터를 통해 분석하였다. 이러한 염기서열의 분석을 수 차례 반복하여 수십 억개에 해당하는 염기쌍의 순서를 결정하였다. 그런 다음 맨 처음 나눈 구역을 차례로 재조합해 전체 게놈을 완성시켰다.

이에 반해 셀레라의 경우에는 염색체를 영역별로 나눈 후 먼저 수백 만 조각으로 자르고 각각의 조각의 염기서열을 분석하였다. 이렇게 분석된 조각의 염기서열을 슈퍼컴퓨터로 조사해 서로 겹치는 부분을 찾아 맞추는 방법을 택하였다. 그런 다음 이 모든 염색체를 재조합하는 방법을 사용하였다.

이와 같은 방법으로 인간게놈을 분석하면, HUGO의 경우에는 비록 그 속도가 느린 단점은 있으나, 정확성에 있어 훨씬 신뢰도를 높일 수 있는 장점이 있으며,

셀레라의 경우에는 신뢰도는 HUGO의 방법에 비해 좀 떨어지기는 하지만, 매우 빠른 속도로 분석을 할 수 있다는 장점을 가지고 있다.

HGP의 결과

HUGO와 셀레라는 각각 네이처와 사이언스에 인간 게놈의 초본을 발표하였다. 그들이 발표한 인간 게놈의 결과는 과연 인간의 미래에 청사진을 제공하게 될 것인가? 인간 게놈의 숨겨진 비밀은 무엇이며, 인간 게놈을 통해 우리가 알아낸 것은 무엇일까?

먼저 인간 게놈은 염색체 23쌍에 31억 6740만 개의 염기쌍으로 이루어져 있다는 것을 알게 되었다. 또한 이 염기쌍 속에서 하나의 유전자를 이루는 염기는 평균 3,000여 개 정도로 추정되며 그 중 가장 큰 유전자는 약 240만 개의 염기를 가진 것으로 알려졌다. 또한 확인된 SNP (single nucleotide polymorphism)는 약 140만 개 정도이며, 모든 개인 사이의 DNA 염기서열은 약 99.9% 정도 일치하는 것으로 밝혀졌다. 유전자를 보호하기 위한 반복 DNA 염기서열은 선충이 7%, 애기장대가 11%인데 비해 인간의 경우 전체 게놈의 50% 정도를 차지하며, 여성보다 남성의 유전자 변이가 2배 정도 많은 것으로 나타났다. 이는 세포분열의 횟수가 정자형성과정에서 난자보다 많기 때문에 상대적으로 돌연변이가 축적되었기 때문이라는 추정이 가능하다.

그러나 무엇보다도 HGP의 결과 중에서 가장 관심을 끄는 부분은 인간의 유전자 수가 25,000~30,000개 정도밖에 되지 않는다는 것이다. 이는 선충이나 초파리보다 겨우 2배 정도 많은 숫자일 뿐 아니라, 인간이 생명활동을 하는 데에 필요한 단백질의 수가 10만 개 정도이기 때문에 단백질을 만드는 유전자의 수도 대략 10만 개는 될 것이라는 이전의 예상을 뒤엎는 결과이다. 어떤 면에서는 인간이 만물의 영장이라는 자부심에 상처를 준 결과라고 볼 수도 있다.

그렇다면 30,000개 정도의 유전자와 10만개 정도의 단백질은 과연 어떤 관계를 가질까? 이는 하나의 유전자가 하나의 단백질만을 만드는 것이 아니고, 조직특이적 발현(tissue specific expression)에 의해 여러 개의 단백질을 만들 수 있음을 의미하는 것이다. 게다가 인간의 유전자는 다른 여타 생명체보다 더 복잡하기 때문에 여러 종류의 유전자가 서로 유기적으로 협동하여 발현해야 한다는 의견이 지배적이다.

HGP의 활용

HGP의 결과를 토대로 21세기의 생명과학은 이제까지와는 전혀 다른 방향으로 발전해갈 것으로 전망된다. 제일 기대되는 것은 당연히 질병 극복을 위한 노력이 결실을 맺게 되리라는 것이다. 각 개인의 유전정보를 알아내어 개인에 맞는 질병 치료나 의약품 개발로 이어져서 부작용이나 후유증이 적게 될 것이며, 치료 이전에 예방에 중점을 둘 수 있게 될 것이다. 더욱이 신약개발이 동물실험을 통한 장기간에 걸쳐 이루어지지 않고 실험실내에서 DNA chip의 사용이나 컴퓨터 시뮬레이션 작업을 통해 보다 빨리, 그리고 안전하게 이루어질 전망이다.

HGP와 미래

앞에서 살펴본 것처럼 HGP의 결과는 인류의 미래에 어떠한 영향을 미칠까? 게놈의 해독으로 인해 인간의 생명을 담당하는 유전자를 모두 파악하여 이를 바탕으로 각 유전자의 작용을 알아내 결함을 수정하고 기능을 강화하는 등 다양한 생물공학적 응용이 가능해질 것으로 기대된다.

먼저 인간 게놈에 대한 정보를 이용하여 유전자요법(gene therapy)과 같은 분야의 발전이 뚜렷해질 것으로 예상된다. 이는 인류 역사상 하나의 큰 전환점이 될 것이 분명하며 그와 더불어 생체기능과 생체기관에 대한 모방 및 응용기술에 대한 연구가 활발해질 것이다. 또한 인류 집단 간의 비교는 물론, 인류의 기원과 이동에 대한 정확한 연구가 가능하게 됨으로써 인류 탐구에 대한 새로운 출발점이 될 수 있을 것이다. 더욱이 인간게놈을 밝힘과 동시에 실시한 다른 생명체의 게놈과의 비교를 통해서 생물간 진화에 대한 구체적인 해답을 찾을 수 있게 될 것으로 기대된다.

그러나 염기서열을 모두 밝혀내었다고 하여도 모든 유전정보를 알아낼 수 있는 것은 아니다. 먼저 이들 중 유전자를 암호화하고 있는 부분이 어느 곳인지 확인해야 하며, 그 다음 유전자에 대한 기능 분석이 이어져야 한다. 대량적인 분석이 가능하고, 이를 통해 유전자 상호간 어떤 연관성을 가지고 있는지 알아 낼 수 있을 뿐 아니라, 그 유전자에 의해 나타나는 단백질 산물에 대해서도 알 수 있게 됨으로써 비로소 게놈의 분석이 인류에게 도움을 줄 수 있을 것이다. 즉, 인체 내에서 각각의 유전자가 어디에 위치하며 어떠한 역할을 하는지를 밝혀내고, 각각의 인종뿐만 아니라 개인들 간의 유전자가 서로 어떻게 다른지를 비교할 수 있게 되며, 이를 근거로 질병이나 유전적 질환의 원인이 되는 유전자를 밝혀내어 미리 예방할 수 있도록 하여야 한다.

HGP를 통해 비록 전체 게놈의 분석이 끝났다하더라도 이는 시작에 불과할 뿐이다. 상상하기 힘들만큼의 방대한 정보를 분석할 수 있는 데이터베이스의 구축은 말할 것도 없고 염색체마다 위치한 유전자가 상호 어떠한 작용을 하는지를 밝혀내어야 하며 이렇게 분석되고 저장된 유전자 자료가 사회 전반에, 그리고 각 개인에게 어떠한 역할을 하며, 혹시 있을지 모를 문제점에 대한 논의가 있어야만 할 것이다.

사실 게놈 연구로 인한 그 이후의 영향력과 파급 효과는 그 어느 누구도 전혀 예상하지 못한 방향으로 나아가게 될 수도 있다. 그 영향력이 인류의 행복과 삶의 질의 향상이라는 좋은 방향으로 나아갈지, 아니면 인류 역사 이래 그 어떠한 재앙보다도 더 치명적인 것이 될 지는 이제 우리 모두의 몫이라고 해도 과언이 아닐 것이다.

선진국과 우리나라의 HGP

잘 알려져 있듯이 인간게놈프로젝트는 미국을 중심으로 영국, 프랑스, 중국, 독일, 일본 등 6개국이 참여한 생물학 사상 최대의 프로젝트이다. 1977년 경, 미국의 맥삼(Maxam)과 길버트(Gilbert), 영국의 생거(Sanger)는 DNA의 염기서열을 밝힐 수 있는 DNA sequencing 방법을 개발함으로써 오늘날 인간게놈프로젝트가 완성될 수 있는 초석을 마련하였다. 이어서 1984년에는 캐리 멀리스(K. Mullis)에 의해 PCR 방법이 개발됨으로써 DNA의 대량 증폭이 가능해졌다. 이 두 가지의 기술을 발판으로 드디어 인간게놈프로젝트가 시작될 수 있었던 것이다.

산타크루즈 캘리포니아대학의 로버트 신샤이머 총장에 의해 맨 처음 인간의 게놈 전체를 밝혀낸다는 제안은 많은 생명과학자들과 정책책임자들의 반대와 우려를 이겨내고 1987년부터 첫 발을 내디디기 시작한 것이었다. 바로 앞에서 말한 길버트 박사와 왓슨의 지지가 큰 도움이 되었다. 인간 게놈의 연구를 맨 처음 시작한 것은 미국 에너지성이었지만 이후 국립보건연구소가 인간 게놈 해석에 참여하여 HUGO라는 공공단체를 만듦으로써 인간게놈프로젝트가 공식적으로 시작되었다.

1988년 9월에 초대 책임자로 왓슨이 선정됨으로써 자금의 지원과 프로젝트를 인정받게 되었으나 인간게놈프로젝트 내의 불화로 인하여 1992년 4월 책임자에서 사퇴하게 되었다. 왓슨의 후임으로는 프란시스 콜린스가 책임자에 선정되었다.

1998년 5월에 크레이그 벤터가 설립한 후발주자인 셀레라 지노믹스가 수퍼컴퓨터와 초고속 전자동 염기서열분석기를 이용하여 인간게놈프로젝트를 먼저 완료하겠다고 발표함으로써 경쟁적으로 연구를 진척시키기에 이르렀다.

HUGO는 게놈의 서열을 무료로 공개한다는 원칙을 기본으로 세웠으나 셀레라가 유전자 정보를 유료로만 공개한다고 발표함으로써 HUGO를 자극하게 되었고 이에 HUGO는 해독의 속도에 박차를 가하게 되어 결국 2000년 6월 26일 백악관에서 양측 공동으로 초안을 공개하게끔 하였고, 2001년 2월 12일 인간게놈프로젝트의 일차 완성본이 발표된 것이다.

인간게놈프로젝트가 완성됨으로써 여기에 참여했던 국가들은 연구의 결과를 이용하여 21세기 생명과학의 선점을 차지하기 위한 노력과 연구를 펼치고 있다. 게놈 정보가 모두에게 자유로이 공개된다고 하더라도 10년 이상 계속된 게놈프로젝트의 노하우와 기술력을 가진 쪽이 앞으로의 생물산업에서 더 유리하리라는 것은 두 말할 필요가 없을 것이다. 이들은 게놈프로젝트를 진행하면서 게놈 이후 즉, post-genome 시대를 겨냥하여 준비를 해왔기 때문에 그만큼 HGP에 참여하지 않은 다른 나라들과는 비교할 수 없을 만큼 비약적인 생명과학의 발전을 보일 것이 자명하다.

이에 비해 우리나라는 HGP에 직접적으로 참여하지 않았기에 그만큼 아쉬울 수밖에 없다. 그리고 자칫 생명과학 분야의 후진국으로 머무를 지도 모른다는 걱정이 되기도 한다. 21세기 생명과학의 후진국은 생명과학 한 분야의 후진성으로 그치는 것이 아니다. 이는 곧 여타 과학뿐만 아니라 문화·산업 전반의 후진국이 될 것이며, 경제적으로도 엄청난 피해를 입을 수 있기 때문에, 생명과학의 발전은 국가경쟁력이나 국가의 생존에 관계되는 매우 중요한 문제인 것이다.

다행히 우리나라가 HGP에 직접 참여하지는 않았으나 HGP의 연구에 우리나라

과학자들이 여럿 포함되어 중요한 역할을 많이 하였다. 22번 염색체의 지도를 완성시키는데 핵심적인 역할을 하였거나 HUGO의 염기서열 정보를 구축하는 GenBank에 도움을 준 전문 인력들이 여럿 있는 것이다. 이와 더불어 뒤늦게나마 국내에서도 게놈의 중요성을 인식하고 연구에 뛰어들기 시작하였다. 한국생명공학연구원의 경우는 국내에서 가장 폭넓은 게놈 연구를 수행하고 있는 곳이라고 할 수 있는데, 1996년에 게놈연구센터를 설립하였고, 1999년에는 10년 계획으로 1천억 원 규모의 인간게놈기능연구사업단을 유치하기도 하였다

인간게놈기능연구사업단은 뒤늦게 시작한 게놈의 연구 방향을 한국인이 잘 걸리는 위암이나 간암에 관련된 유전자 쪽으로 돌리는 등 인간 게놈의 틈새를 공략하는 데에 초점을 맞추고 있다.

포스트게놈시대의 생물산업

Post-genome 시대란 게놈프로젝트를 통해서 인간뿐만 아니라 우리와 밀접한 생명체의 유전자 정보를 모두 밝혀낸 이후를 말하는 것이다. 이것은 게놈 프로젝트를 통해서 얻어지는 각 생물체의 방대한 유전정보와 생명체의 정보를 이용한 생물정보학(bioinformatics)의 시작을 의미함과 동시에, DNA의 최종산물이면서 생화학대사의 기초물질인 단백질(protein)에 대한 연구인 프로테오믹스(proteomics) 시대로 이어지는 것을 의미하기도 한다. 즉, post-genome 시대에는 게노믹스(genomics)로 인해 얻어진 방대한 양의 정보를 이용한 분석이 필수이므로 DNA chip 등 정보의 대규모 분석 필요성이 높아졌다고 보아야 한다.

DNA chip

DNA chip은 기존의 분자생물학적 이론에 기계·전자공학적 기술을 접목해서 만들어진 유전자 분석에 있어 획기적인 도구이다. 기계 자동화와 전자 제어 기술 등을 이용하여 적게는 수백 개로부터 많게는 수십만 개의 DNA를 아주 작은 공간에 고밀도로 집어넣을 수 있게 만든 것이다.

게놈프로젝트의 완료와 함께 유전자에 대한 비밀과 기능들이 하나둘씩 밝혀지면서 유전자 연구가 가속화되었으며, 그에 따라 한정된 시간에 신속하고 정확하게 수많은 유전자의 기능에 대한 연구를 가능하게 하는 신기술이 필요하게 되었다. 그 결과 좁은 공간에 수 백 개에서 수십만 개의 유전자를 고밀도로 붙여 놓은 형태로 유전자의 검색 및 분석이 가능한 DNA chip이 탄생하게 되었다.

DNA chip은 유전자 분석의 대표적인 방법이었던 Southern blot이나 Northern blot, 돌연변이 검색 그리고 DNA sequencing 등을 대신해서 사용될 수 있다. 가장 큰 차이점은 기존의 방법들이 한 번에 고작 하나 내지는 수 개의 유전자를 검색하고 확인할 수 있는데 비해 수백여 개 이상의 유전자를 빠른 시간 안에, 그것도 동시에 손쉽게 검색할 수 있다는 것이다. 게다가 유전물질을 붙이는 매체로써 nitrocellulose 막을 사용하는 Southern blot이나 Northern blot과는 달리, DNA chip에서는 유리와 같은 고형체를 사용함으로써 아주 적은 양의 유전물질을 고밀도로 붙일 수 있게 되어 한 번에 많은 수의 유전자 검색이 가능하다는 장점이 있다.

DNA chip은 사용되는 유전물질의 크기에 따라 cDNA chip과 oligonucleotide chip으로 나눌 수 있다. cDNA chip에는 최소한 500 bp 이상의 유전자가 붙여져 있고, oligonucleotide chip에는 약 15~25개의 염기들로 이루어진 올리고뉴클레오티드(oligonucleotide)가 붙여져 있다. DNA chip에 붙여놓은 cDNA나 oligonucleotide 들은 특정 질병에서 발현되는 것들이며, 그 위에 형광물질을 붙인 환자 DNA를 미리 붙여둔 탐침자(probe)와 상보적으로 결합하면 형광에 의해서 관련된 유전정보를 가진 유전자가 존재하고 있는가 없는가를 알게 된다. 또 특정 질병에 걸릴 경우 몸속에 많이 존재하는 특정 단백질의 존재를 확인함으로써 그 질병 여부를 신속히 진단하게 된다.

처음에는 DNA chip으로 시작하였으나, 이제는 그 범위가 단백질 칩까지 확대되었다. 현재는 유전자 칩이라고 하면 작은 chip안에 각종 유전정보 및 생체 정보를 담고 있는 DNA 혹은 단백질 등, 원하는 분자생물학적 방법으로 분석(진단)을 할 수 있는 모든 장치가 이 범주에 포함된다. 또한 처음에는 유전자 분석 등 연구용 목적으로 이루어졌으나, 그 후 유전자 칩이 세계적으로 연구, 개발되면서 암, 유전질환, 바이러스 감염 등과 같은 질병진단이나 장기 이식 가능성 검사, 신약개발, 동식물 검역, 사람의 신원확인, 친자확인, 장기이식 가능 검사, 법의학, 고고학 등에서 널리 활용되고 있다.

생물정보학

앞에서 언급한 HGP나 DNA chip 등의 발전을 위해서는 무엇보다도 생물정보학(bioinformatics)의 발달이 선행되어야 한다. 게놈 프로젝트로 인해 이전까지와는 비교할 수 없을 만큼 넘쳐나는 데이터들과 그 데이터간의 유기적인 상호 연계, 보완 등 유전 정보의 효율적인 관리가 시급하기 때문이다. 또한 DNA chip으로 알아낸 결과들을 분석하고 게놈 프로젝트로 얻어진 데이터들을 이용한 결과를 도출하기 위해서도 생물정보학은 이제 한낱 생소한 학문이 아닌 꼭 필요한 학문으로 인정받고 발전해야만 한다.

생물정보학(bioinformatics)이란 생물학과 전산학, 그리고 정보기술이 하나로 합쳐진 학문을 말한다. 생물정보학은 게놈에 대한 총체적인 연구를 하는 학문으로 게놈의 염기서열에 대한 연구이외에도 단백질체의 2차·3차 구조를 연구하는 프로테오믹스, 기능유전체학, 게놈간의 계통연구, 세포간의 비교 연구 등 매우 다양한 분야들을 포함하는 학문이다. 생물정보학은 1990년대에 들어오면서 게놈 프로젝트 등에 의해 늘어난 데이터들로부터 유용한 정보를 얻어내고자 하는 노력으로 인하여 그 발전 속도가 더 빨라지게 되었다.

생물정보학은 bioinformatics, computational biology 또는 computational molecular biology 등의 용어로도 표현되고 있으나, 국내에서는 세계적으로 통용되고 있는 bioinformatics를 주로 사용하고 있다. 생물정보학에 대한 용어적 정의는 일반적으로 "생명현상 연구에 필요한 다양한 전산학·통계학·수학적인 장치"라고 할 수 있을 것이다. 따라서 생물정보학은 생물학적 데이터에 통계학적 방법과 전산시스템이 유기적으로 협동하는 학문이다.

그러나 이와 같은 특징 때문에 생물정보학을 포함한 게놈 연구 전산화의 가장 큰 문제점은 현재 연구 인력이 절대적으로 부족하다는 것이다. 즉 생물정보학을 위해서는 게놈 연구 등을 포함한 생물학, 생화학, 화학 등에 대한 전문지식과 전산학과 수학, 컴퓨터공학, 통계학 등의 지식을 고루 갖춘 전문 인력을 필요로 하지만 생물학으로 대변되는 생명과학과 전산학간에 학문적 교류가 이제까지 없었으며, 그러다 보니 이 두 학문 분야를 동시에 담당할 수 있는 전문 인력은 절대적으로 부족한 것이 현실이기 때문이다. 이는 다시 말해서 유전정보를 가지고 있으면서도 의미 있는 유전정보로 도출해 내지 못하고 있다는 이야기가 된다.

그러나 여기서 또 한 가지 잊지 말아야 할 것은 전문 인력이 부족하다고 해서 전산학계의 인력이 생물학적 데이터만 가지고 생물정보학을 다루어서는 안된다는 것이다. 생물은 매우 유기적인 시스템으로 이루어져 있으며 보편적인 면모도 가지고 있지만 굉장히 다양하기 때문이다. 근본적인 유기체에 대한 구체적인 이해도 없이 단순한 데이터만으로 생물정보학을 다룬다면 엄청난 오류를 범할 가능성이 생겨난다.

앞에서 몇 번을 언급하였듯이 게놈 프로젝트 이후로 생물정보학이 생명과학 연구에 있어서 필수적인 학문이 된 것은 분명하다. 생물정보학은 자료를 정리하고 관리하는 것뿐만 아니라 새로운 정보를 이용하여 실험을 보다 쉽고 빠르게 하며, 동시에 인터넷을 통해 다양한 데이터베이스를 구축하여 정보를 공유할 수 있게 해주기도 한다.

이러한 점에서 생물정보학은 생명공학이 다른 학문과 상호 접목하고 응용하는 가교적인 학문이라 할 수 있을 것이다.

프로테오믹스

게놈 프로젝트에 따라 인간게놈을 완전하게 해독함에 이어서 앞으로는 단백질을 본격적으로 연구하려는 움직임이 매우 활발히 전개될 전망이다. 즉 게노믹스(genomics)에서 유전자가 만들어내는 단백질을 연구하는 프로테오믹스(proteomics)로 옮겨가고 있다는 것이다. 게놈에 상대되는 의미로 하나의 세포나 조직, 기관에서 현재 존재하고 있는 단백질(protein) 전체를 프로테옴(proteome)이라고 한다. 따라서 프로테오믹스의 연구대상은 동물, 식물 그리고 미생물 세포 및 조직, 기관의 모든 단백질인 것이다.

프로테오믹스는 DNA의 산물인 단백질을 대상으로 하여 이를 분석하고 그 구조를 밝히고, 상호 어떠한 작용을 하는 지에 대한 지도를 작성하여 결국에는 특정단백질과 이를 만드는 유전자의 기능을 밝혀내는 학문으로서 게놈 프로젝트로 시작하여 프로테오믹스로 완결된다고 할 수 있다.

결국 게놈 프로젝트 역시 유전자 자체가 목적이 아니라 밝혀낸 각각의 유전자가 상호작용을 통해 어떠한 단백질 조합을 이루어 내는가 하는 것을 알아내는 것이 목적인 것이다. 현재 인체 내에서 나름의 기능을 가진 단백질은 약 30,000개에서 100,000개 정도로 추정하고 있다. 따라서 현재 진행되고 있는 "프로테움 프로젝트"를 통해서 아직 밝혀지지 않은 대다수의 인체 단백질에 대한 구조를 밝히고, 질병을 정복하며, 생명의 신비를 이해할 수 있을 것으로 기대된다.

우리나라의 Post-Genome 대책

앞서 언급한 바와 같이 우리나라는 인간게놈프로젝트에 직접적으로 참가하지 못했다는 아쉬움이 있다. 그러나 인간게놈을 밝히는 작업에 주도적으로 참여하지 않았다고 해서 post-genome 시대에서마저 뒤떨어질 수는 없는 것이 현실이다. 이에 우리나라도 post-genome 시대를 겨냥한 여러 정책과 연구를 시행하고 있다.

먼저 우리나라 post-genome의 연구 방향은 틈새를 공략하는 데에 있다. 바로 한국인 특유의 SNP를 알아내는 것이다. 게놈이라는 것은 각 개인마다 또 각 인종마다 조금씩 다른 특징이 있는데 다행히도 우리 민족은 단일민족으로 구성되어 있어서 한국인 특유의 게놈 연구가 용이하다는 장점을 가지고 있다. 이미 한국인 게놈 초안이 완성되었고, 이를 기반으로 한국인의 SNP를 알아내게 된다면 이를 이용한 연구와 의학적, 산업적 이용이 가속화될 것으로 기대된다. 이외에도 벼 게놈 프로젝트라든지 배추 게놈 프로젝트와 같은 농업과학에 필요한 게놈 분석과 김치 발효균(*Leuconostoc messenteroides*) 게놈프로젝트와 같이 전통식품에 이용할 수 있는 연구도 진행 중에 있다. 또한 의학적으로 한국인에게 많이 발견되는 헬리코박터 파이로리(*Helicobacter pylori*) 분석에도 박차를 가하고 있다.

또한 생물정보학 분야에서도 이제까지의 후진성을 벗어나기 위한 노력이 필요하다는 것이 post-genome 시대를 맞는 생명과학 관계자들의 공통된 의견이다. 즉 게놈프로젝트에 직접 참가하지는 않았어도 공개된 서열을 통해 누가 먼저 유용한 유전자를 가려내어 학문과 산업적으로 선점하느냐 하는 것은 다른 문제이기 때문에 이 분야에 힘을 기울여야 한다는 것이다.

마지막으로 지금까지의 연구 방향을 벗어나 게놈 시대에 맞는 연구와 지원이 이뤄져야 한다. 21세기 생명과학은 인간게놈프로젝트의 완성으로 이제까지의 방향과는 분명 다르게 진행될 것이다. 따라서 누가 먼저 그러한 과학적 분위기에 적응하고 살아남느냐 하는 것이 게놈을 밝혀내는 것만큼이나 중요하기 때문에 과학자들의 창의력과 적응력이 필요하며 정부의 장기적인 지원과 산학협동이 그 어느 때보다 절실하다고 할 수 있다.

Post-Genome 시대의 명암

이제까지 post-genome 시대에는 어떠한 연구가 필요하며, 그에 따라 우리의 생활이 어떻게 달라질 것인가에 대해 이야기하였다. 그렇다면 인간게놈프로젝트에 따른 문제점은 없는 것일까? post-genome 시대의 명암에 대해 알아보자.

① 개인의 유전정보를 보호하여야 한다.

게놈 프로젝트로 알게된 개인의 유전정보에 대한 문제점이 대두된다. Post-genome 시대가 열리면 앞으로는 개개인의 정보가 모두 밝혀질 것인데 이러한 개인의 신상과 정보는 반드시 보호되어야 한다.

주민등록번호와 같은 개인적인 정보가 유출됨으로써 나타나는 사회적인 문제와 이러한 범죄가 개인에게 얼마나 큰 피해와 정신적 고통을 가하는가 하는 점을 생각해보자. 또한 인터넷 해킹으로 인한 개인비밀번호 유출로 자신도 모르게 생기는 유형·무형의 피해를 생각했을 때 이보다 더 중요한 한 개인의 유전적 정보가 얼마나 완벽하게 보호되어야 하는가 하는 것은 더 말할 필요도 없을 것이다.

지금도 신입사원 채용이나, 보험 가입시 가계조사에 의해 유전적으로 질병을 일으킬 확률이 높은 사람들에 대한 불이익이 실제로 행해지고 있다고 한다. 더욱이 확률이나 통계에 의한 조사가 아닌 실제 검사와 같은 방법으로 알게 되는 개인의 유전정보는 한 개인이 사회의 구성원으로 활동하는데 있어서 많은 제약과 불이익을 줄 수 있다. 또한 이러한 개인정보나 유전정보가 유출됨으로써 상업적으로 이용되거나 범죄에 악용될 소지도 있으므로 미리 차단책을 마련해야 할 것이다.

이렇듯 post-genome 시대를 맞아 개인의 동의와는 전혀 상관없이 자신에 대한 정보가 적나라하게 공개될 수 있고 그로 인해 인류와 인류 사회의 근간이 밑바닥부터 흔들릴 수 있기 때문에 우리는 게놈 연구에서 얻어진 유전정보의 공개범위와 활용문제를 심각하게 검토하여야 한다.

② 유전자 변형에 따른 문제점과 남용, 오용, 악용.

두 번째로 유전자의 변형이라는 문제점을 생각해 볼 수 있다. 이미 걸린 유전질환을 고치기 위해서라든지, 유전검사를 통해 미리 알게 된 질환을 예방하기 위해 유전자요법(gene therapy) 등의 방법을 이용하여 건강을 되찾는 유전자 변형은 제외하고, 치료나 의료 이외의 목적으로 유전자를 변형하는 것에 대해서 생각해보자. 예를 들어 좀 더 나은 모습을 위해, 즉 키를 크게 한다든지, 쌍커풀을 만든다든지 하는 것이 굳이 수술이나 약물을 이용하지 않고서도 태어날 때부터 아주 쉽게 조절이 가능해진다면 어떨까? 현재의 외과적 시술방법으로는 쌍커풀이나 성형수술의 경우 비용의 문제도 있지만 그보다는 빈번히 일어나는 후유증이나 부작용의 문제가 매우 심각하다. 더욱이 이러한 시술 후에는 얼마간의 휴식기와 함께 시술 후 세심한 배려가 필요하다는 단점이 있다. 키를 늘리려는 경우 수술이나 약물치료만으로는 단지 얼마간의 효과를 볼뿐 가시적으로 만족할만한 효과를 얻지 못하는 것이 현실이다.

그러나 태어나기 이전에 몇 번의 간단한 조작만으로도 원래 부모의 형질과는 전혀 다른 모습과 형태를 가질 수 있다면 어떻게 될까? 키 크는 유전자를 주입시킨다든지, 미용 효과를 가진 유전자를 재조합하여 원하는 아기를 맞춤식으로 태어나게 할 수 있을 지도 모른다. 심지어는 이와 같은 유전자 변형이 남용되어 같은 병원에서 태어난 아기들은 모두 비슷한 모습과 비슷한 체형의 사람으로 자라날지도 모를 일이다. 또한 스포츠 스타들의 재능이나 운동신경, 천재의 사고능력, 세계적인 가수의 음악 실력과 관련된 유전자까지도 알아내어 조작을 하고 그러한 능력을 가진 맞춤아이를 만든다면 그것은 유전자 변형이라는 기술의 오용 내지는 악용이 아닐까 생각된다.

이와 더불어 유전자 변형이 기존의 생물체나 인간을 통제하도록 악용될 수도 있다는 것이 큰 문제점이다. 즉 지배층이나 특정 계층에서 유전자를 조작하여 일부 계층과 특정 생물체의 사고와 행동을 담당하는 유전자를 제어·조절함으로써 통제하는 것이 가능해질 수 있다는 것이다.

③ 계층간 갈등의 원인과 이윤 추구의 수단이 되어서는 안된다.

더욱이 유전자 조작으로 인하여 일어나게 될 사회의 계층화나 불평등 심화의 문제도 간과할 수 없다. 우량 유전자의 특허를 받은 연구자나 기업은 이익을 추구하기 위해 막대한 금액을 제시하게 될 것이고, 획기적인 유전자 조작 기술을 가진 병원이나 연구소는 시술과 조작을 하는 데에 많은 비용을 요구하게 될 것이다. 또한 유전자의 소유권을 가진 개인이나 단체는 이러한 소유권을 부동산처럼 사고팔게 될 것이 분명하다. 그렇게 된다면 유전자 조작은 소수의 특정계층에서만 가능해질 것이며, 빈곤층은 더욱 더 소외되어 계층 간 갈등의 원인이 될 것이다. 게다가 유전적 차이의 심화 역시 큰 사회적 문제로 남게 될 것이다. 기업이나 몇몇 연구자들은 유전자와 그 조작기술을 과학적 업적이나 공공의 이익의 측면에서 생각하지 않고 무조건적인 고부가가치의 산물로 보는 과오를 범할 수 있다는 것을 명심하여야 할 것이다.

④ 우생학적 목적으로 사용되어서는 안된다.

정치적으로 악용될 수 있다는 것 역시 게놈의 단점 중 하나라고 볼 수 있다. 개인 간, 인종 간에 존재하는 유전적 차이를 악용하여 인종차별이나 우생학적 목적으로 사용할 가능성이 존재하기 때문이다. 과거에도 여러 가지 이유 - 어떤 과학적 근거도 없는 - 로 인종을 차별하거나 우생학적 목적으로 차별이 있었던 역사를 간과해서는 안 될 것이다. 개인이나 인종, 민족 간에 존재하는 이러한 유전적 차이는 그 개인이나 집단에 해당하는 유전자가 다른 것일 뿐 그것이 우열의 기준이 되어서는 안된다. 또한 그러한 차이점에 대해 우열의 기준을 명확하게 내릴 수 없기 때문에 어설픈 기준이나 어느 한 개인이나 집단을 위한 잘못된 기준은 또 다른 역사적인 과오를 범할 뿐이다.

만일 다양성을 인정하지 않은 채 이러한 유전적 차이에 대해서 모호한 기준을 통해 우열을 판별하게 된다면 다양성이 무시된 유전적 계층의 심화현상이 사회적으로도 일어날 가능성을 배제할 수 없다.

⑤ 인류에게 효용성 있게 실행하자

마지막으로 엄청난 투자와 노력을 기울여 인류에게 이득을 주기 위해서 실행한 인간게놈프로젝트의 결과로 얻어진 유전정보가 인류를 위해 차별없이 효용성 있게 사용되는가 하는 문제가 있다. 과학은 그 자체만으로도 인정받을 수 있는 것이지만 그것이 인류에게 어떠한 영향을 미치는가 하는 점도 무시할 수 없으며, 그 영향이 얼마나 효과적으로 골고루 적용되는가 하는 것도 중요하다고 할 수 있다.

위에서 살펴본 문제점 이외에도 post-genome 시대에는 생각지도 못했던 심각한 문제들이 우리를 위협할지도 모른다. 따라서 이에 대한 대비책을 미리 세워서 이러한 문제점들을 예방해 나가야 할 것이다. 또한 게놈 시대와 post-genome 시대에 대한 사회적 공감대와 이해를 확산시켜서 모든 사람들이 이러한 시대에 뒤떨어지거나 소외받아서는 안 될 것이다.

그러기 위해서는 유전자 변형에 대한 확실한 기준과 신속한 심의가 필요하며, 이에 대한 규제와 함께 이를 집행할 수 있는 합리적인 법적 근거가 하루 빨리 정립되어야 한다. 또한 올바른 유전자재조합을 위해서 일반인들의 건강한 가치관 확립이 필요하다.

함께 생각해 볼 문제

1. 인간게놈프로젝트가 완성되었다는 것은 무엇을 의미하는지, 자신의 표현으로 정리하여 말해보시오.

2. 유전자(Gene)와 게놈(genome)을 구별해보시오.

3. 인간게놈프로젝트를 진행한 두 개의 경쟁적 그룹을 소개하시오.

4. 버뮤다 원칙이란 어떤 것인지 조사해보시오.

5. 세계적인 학술지인 Nature와 Science를 비교해보시오.

6. Celera Genomic가 HUGO를 따라잡을 수 있었던 비결은 무엇인가?

7. 인간게놈프로젝트가 우리에게 주는 이익과 문제점을 동시에 생각해보시오.

8. DNA chip의 원리와 구조 등을 설명하시오.

9. 생물정보학은 어떤 학문인가?

10. Proteomic에 대하여 설명하시오.

유전자 차원에서의 치료는 생명의 설계도인 DNA를 그 대상으로 하고 있다. 그만큼 강력하면서도 자칫 잘못하면 당대뿐 아니라 자손에 이르기까지 엄청난 부작용을 가져올 수도 있는 치료법이다. 때문에 아직은 대단히 조심스럽고 일부 환자들에게만 시술이 적용되고 있다. 원래 선천성질환을 대상으로 했던 유전자요법은 이제 암 치료를 위해서 더 많이 시행되고 있다. p53같은 종양억제유전자는 효과면에서 만족할 만한 결과를 보여주고 있다. 과학자들은 계속해서 새로운 프로토콜을 개발하고 있으며 안전성(safety)과 안정성(stability)에서 점차 개선되고 있어 가까운 장래에 꿈의 치료법으로서 자리잡을 것이 기대된다.

유전자와 게놈

유전자는 동물이나 식물, 또는 미생물에서 형태와 성질을 지정해주는 요소(factor)이다. 사람의 경우에는 약 25,000개 정도의 유전자가 있다고 알려져 있다. 이들은 각각 키, 눈동자의 색깔, 머리카락 모습, 내장의 기능 등 한 사람이 살아가는데 필요한 모든 형질을 결정해준다. 이러한 25,000개 유전자를 총합해서 게놈(genome)이라 부른다. 인간게놈프로젝트는 이처럼 사람에 존재하는 유전자를 모조리 밝혀내는 방대한 작업을 말한다. 그런데 때로는 선천적으로 특정한 유전자가 고장이 날 수 있다. 이럴 경우 선천적으로 해당 구조나 기능에 결함을 가지고 태어날 수밖에 없다. 이를 우리는 선천성질환 또는 유전질환이라고 지칭한다.

사람의 25,000개 유전자 중 유전질환과 관련된 유전자는 3,000여개로 추산하고 있다. 그럼에도 불구하고 정확히 어떤 유전자 때문에 그 질환이 생기는지 원인을 알고 있는 경우는 100개 미만이며, 이들에 대한 완전한 치료는 아직 불가능한 실정이다. 때문에 다양한 방법으로 이런 질환들을 치료하려고 노력하고 있고 최근에는 유전자 치료가 각광을 받고 있다. 그 중에서도 유전자가위인 크리스퍼(CRISPR) 기술이 가장 앞선 기술이다.

원래 유전자요법은 선천성질환을 치료하기 위해 개발된 기술이다. 그러나 선천성질환 대부분이 희귀한 질환이기 때문에 환자가 많지 않다는 점이 더 이상의 발전과 치료를 어렵게 하고 있다. 지금은 유전자요법이 암 치료를 위해 더 많이 응용되고 있다.

암 정복을 위한 유전자요법

"행복한 인생이란 어떤 것입니까?"라는 질문에 아마 대부분 사람들은 "건강하고 질병 없이 오래 사는 것"이라 대답할 것이다. 하지만 오늘날 산업의 발달과 함께 늘어만 가는 환경오염은 오히려 건강을 해치기 쉬운 실정이다. 우리는 예로부터 수많은 질병들에 시달려 왔지만 그 때마다 현명하게 대처해 왔다. 한때는 치료가 불가능하였던 천연두를 정복한 것도 오래 전 일이고 그동안 의학의 여러 분야에서 눈부신 발전을 이룩해 온 것도 사실이다. 그러나 한 편으로는 아무리 의학이 발달하더라도 질병이 근절되기는 커녕 오히려 치료가 더욱 힘든 형태로 새로 나타나기 마련인데 특히 암이나 에볼라(Ebola) 같은 질환들은 아직도 치료가 어려운 실정이다. 더욱이 이러한 질환들은 증상이 매우 심각하며 대개는 사망을 초래하기 때문에 환자 자신은 물론이고, 가정적으로나 사회적으로 불안의 요소가 아닐 수 없다. 따라서 어떤 질병이든지 종식시킬 수 있는 근원적인 치료법을 찾는 것이야말로 건강하게 살기 위해 반드시 필요한 선행 조건인 것이다.

이러한 요구에 부응하여 1990년 9월에 탄생한 것이 바로 유전자요법이다. 유전자요법은 탄생 초기부터 지대한 관심을 불러 일으켰으며 분자유전학의 발달과 더

불어 빠르게 발전하고 있다. 유전자요법은 우리가 경험하지 못했던 의학의 새로운 장르를 보여줄 것이며 궁극적으로는 "질병 없이 사는 행복한 인생"을 인류에게 선사할 것으로 기대되고 있다.

유전자와 유전자요법

생명과학자들은 근원적인 치료의 열쇠를 "유전자(gene)"에서 찾고자 한다. 우리에게 이미 "유전자"라는 단어는 낯설지가 않은데, 그 이유는 아마도 유전공학이 그동안 올렸던 성과에 대하여 들을 수 있는 기회가 많아졌기 때문일 것이다. 더욱이 유전자 조작을 통하여 백신 및 항암제를 개발 중에 있다는 소식은 우리에게 한층 희망을 안겨 주고 있다. "유전자요법"은 바로 유전자의 구조와 기능을 철저히 이해하는 데서 비롯될 수 있는 것이다.

유전자의 실체는 DNA이다. DNA에는 사람이 살아가는데 필요한 모든 유전정보가 들어 있으며 그 숫자는 대략 25,000개 정도일 것으로 알려져 있다. 이러한 유전정보의 형태적 단위가 곧 유전자이며 결국 DNA의 한 부분인 셈이다. 세포 하나에 들어 있는 DNA의 길이는 약 2m이고, 사람은 약 100조 개의 세포로 이루어져 있다. 만일 한 사람에게서 꺼낸 DNA를 모두 연결시킨다면 그 길이가 지구와 태양을 왕복하고도 남을 정도라고 하니 이것은 유전자의 규모가 얼마나 방대한 지를 단적으로 보여주는 것이라 하겠다.

유전자를 흔히 생명의 근본 물질, 또는 생명의 원동력이라 한다. 이는 사람이 부모를 닮는 것은 물론이요, 먹고 마시는 행위에서부터 태어나서 성장하고 아프고 늙어 가는 것 등 모든 일들이 유전자의 통제 아래 있다는 뜻이다. 이것은 곧 유전자의 부적절한 통제가 질병의 근본적인 원인이므로 이를 적절히 조절할 수만 있다면 인류를 위협하는 모든 질병들을 치료할 수 있다는 의미이기도 하다. 미국을 비롯한 여러 나라가 힘을 합쳐 이미 "인간게놈프로젝트(Human Genome Project)"를 완결지었다. 이는 신이 창조한 프로그램의 수수께끼를 인간의 힘으로 풀고자 하는 것과 비슷한 노력으로 앞으로 암과 각종 질병에 관련된 유전자들이 그 모습을 드러내게 될 것이다.

짧은 역사이지만 유전자요법이 우리에게 보여준 잠재력은 참으로 희망적인 것이 아닐 수 없다. 21세기 미래 의학으로서 유전자요법은 이미 우리 생활 속에 깊숙이 들어와 있다. 소위 유전공학이니, 유전자재조합 기술이니 하는 첨단 기법들과 함께 유전자요법은 금세기 최고의 의학기술 혁명이라 할 수 있다.

유전자요법의 본래 목적은 유전병을 치료하기 위한 것이었으나 지금은 오히려 암 치료에 더 많이 이용되고 있다. 통계로 보면 최초의 유전자요법이 시행된 1990년부터 지금까지 실시된 유전자 치료 사례 중 순수하게 유전병 치료를 위한 경우는 대체로 20% 정도에 지나지 않는 반면 오히려 50% 이상의 사례가 암 치료를 위해서 실시된 것들이다. 나머지는 에이즈 등 기타 질병들에 실시된 사례이다. 이렇듯 유전자 치료가 암 치료에 많이 이용되었다는 것은 유전병 환자보다는 암 환자가 더욱 많다는 뜻도 되겠지만 그보다는 유전자요법이 암 치료에 그만큼 희망적이기 때문이다.

보다 흥미로운 것은 암의 원인 역시 유전자의 변화라는 것이다. 즉 유전자의 부적절한 조절이 세포의 무절제한 증식을 유도하여 정상세포가 암세포로 변하게 되는 것이다. 물론 암이 발생하는 유전자 차원에서의 원인은 매우 복잡하기 때문에 아직도 정확히 알려져 있지는 않다.

보고에 의하면 암이 발생하는 것은 여러 단계에 걸쳐 일어나는데 각 단계마다 여러 종류의 암 억제 또는 암 유발 유전자들이 관계하는 것으로 알려져 있다. 이렇듯이 암은 암을 억제하는 유전자와 암을 유발하는 유전자들에서 일어나는 부적절

대상 유전질환의 원인 유전자 클로닝

↓

유용 유전자를 이식할 Target 세포를 조직 또는 혈액에서 추출

↓

바이러스 벡터에 유용 유전자 재조합(또는 비바이러스성 벡터 이용)

↓

Target 세포로 유용 유전자 운반 또는 치환

↓

유용 유전자 클로닝이 완료된 세포 선별

↓

혈액 또는 조직에 주사

[그림 9.1] 암치료의 단계

한 통제 때문에 발생하는 것이니만큼 근본적인 치료를 위해서는 유전자 차원에서의 치료법이 강구되어야 하는 것이다. 현재 암을 치료하기 위한 유전자요법으로는 p53같은 종양억제유전자를 암세포에 넣어 주거나, 안티센스 올리고뉴클레오티드(antisense oligonucleotide)로 암유전자의 발현을 억제하는 일, 자살유전자(suicide gene)를 암세포에 넣어 주는 일, 면역세포의 항암 효과를 증대시켜 주는 일, 암백신을 개발하는 일 등이 시험 중에 있거나 연구 중에 있다.

T 림프구 요법

우리 몸에는 종양이 발생하는 것을 막거나 이미 생긴 종양을 제거하는 T 림프구라는 면역세포가 있다. 이들 세포는 종양과 맞서 싸우기 때문에 암조직에서 많이 발견되는데 중요한 점은 이들이 자기가 맞서 싸우고 있는 암조직을 기억한다는 것이다. 암조직의 일부를 수술하여 떼내게 되면 암세포뿐만 아니라 T 림프구도 함께 얻을 수 있는데 이렇게 분리한 T 림프구에 인터루틴-2(interleukin-2)나 인터페론

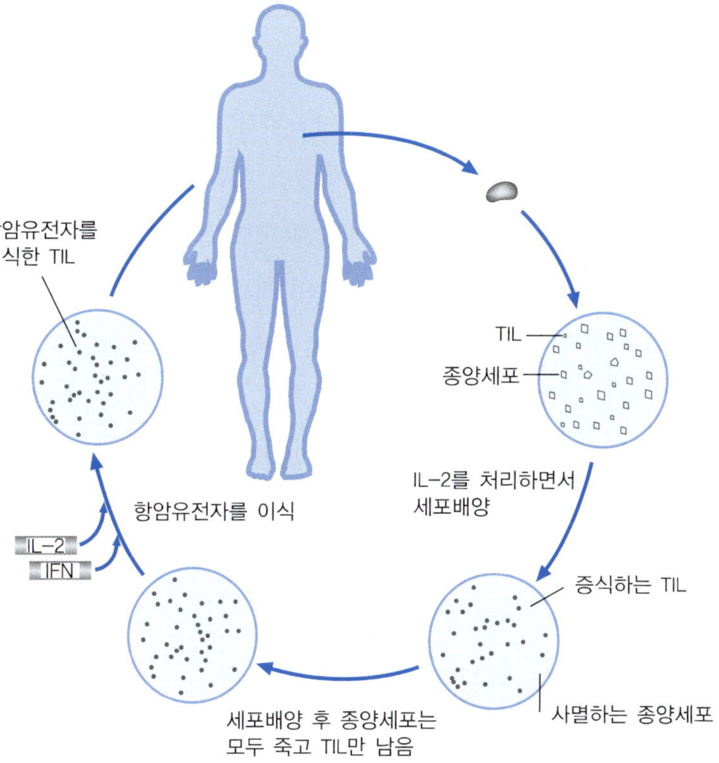

[그림 9.2] T 림프구 요법

(interferon) 등 항암유전자를 이식하여 암환자에게 되돌려 보내면 이 T 림프구들은 남아 있는 암조직을 다시 찾아가 강력한 항암효과를 발휘하게 될 것이다. 이 이론에 따르면 이미 전이가 일어난 말기의 암환자일지라도 T 림프구가 모든 암세포를 찾아가 죽일 수 있기 때문에 매우 희망적인 치료가 아닐 수 없다. 더욱이 이런 T 림프구들은 암조직에 가서 붙은 채로 항암물질을 만들게 되므로 그 효과가 국소적이라 인터루킨-2를 혈액에 직접 주사했을 때 생길 수 있는 부작용도 배제할 수 있다는 장점이 있다. 이렇게 암조직을 수술하여 분리한 T 림프구를 종양유래림프구 (tumor-infiltrating lymphocyte), 약어로는 TIL이라 부른다.

자살유전자 치료법

이 요법은 티미딘 키나제 효소(thymidine kinase)의 유전자를 가진 세포가 갱사이클로비어(gancyclovir)라는 항생제에 쉽게 죽는 특성을 이용하는 유전자 치료법이다. 즉 종양세포에 이 유전자를 집어넣고 환자에게 갱사이클로비어를 투여하면 종양세포들이 모두 죽는 효과를 바라는 것이다. 특히 이 치료 방법은 뇌종양 치료에 유효한 것으로 잘 알려져 있다. 먼저 티미딘 키나제 유전자가 재조합된 레트로바이러스(retrovirus)를 생산하는 세포를 자기공명영상장치(MRI)를 이용해서 뇌종양 부위에 직접 주사한다. 이렇게 하면 뇌종양 속에서 레트로바이러스가 계속 만들어질 것이고 이들은 주위의 종양세포들에 감염되어 퍼져 들어가면서 티미딘 키나제 유전자를 전달하게 될 것이다. 그런 뒤에 환자에게 갱사이클로비어를 투여하면 뇌종양 세포들만 죽게 만드는 것이다. 레트로바이러스는 분열하는 암세포에만 감염되므로 정상적인 뇌세포는 건드리지 않는다는 장점이 있다.

한 가지 문제는 종양에 바이러스를 감염시킬 때 감염율이 100%가 못된다는 점이다. 그러나 이 역시 연구에 따르면 큰 문제가 되지 않을 것으로 보이는데, 방관자효과(by-stander's effect)라 불리는 현상 때문이다. 이 효과에 의하면 전체 종양세포 중 60%만 바이러스에 감염되어도 미처 감염되지 않은 주위의 다른 종양세포들이 함께 죽는다는 것이다. 아직은 이 효과의 원인이 뚜렷이 밝혀지지 않았지만 같은 종양 내의 세포들은 서로 영양분과 산소를 긴밀히 주고받기 때문에 옆의 세포가 죽으면 자동적으로 이러한 공급이 제한되어 따라 죽는 것으로 생각된다. 이러한 자살유전자 요법으로 치료받은 사람들에게서 종양 크기가 현저히 줄어드는 것이 관찰되었으며 아직까지 아무런 부작용도 관찰되지 않았기 때문에 역시 앞으로 기대되는 유전자 치료 중 하나이다.

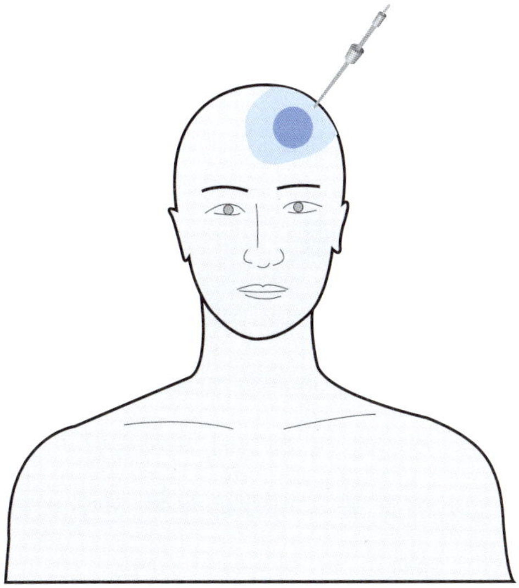

[그림 9.3] 자살유전자 치료

바이러스 치료

암은 분열하는 세포들로 구성되어 있으므로 레트로바이러스를 이용한 유전자 치료가 가능하다. 대개는 종양억제유전자가 재조합된 레트로바이러스를 환자의 종양 부위에 직접 주사하게 된다. 이 방법은 안전성때문에 아직은 화학요법이나 방사선 요법 등 일반적인 치료가 모두 실패한 일부 말기의 환자에게만 선택적으로 실시되고 있으나 동물 실험에서는 상당한 효과가 있는 것으로 알려져 있다. 가장 흔히 넣어주는 종양억제유전자는 역시 p53 유전자이다. 많은 보고에 따르면 상당수의 암이 이 유전자가 기능을 잃었을 때 유발되는 것으로 보고되어 있다. 따라서 암세포에다가 정상적인 p53 유전자를 이식하면 암 억제 효과가 되살아난다는 원리이다. 동물 실험에 의하면 종양 부위에 직접 p53 유전자를 재조합한 레트로바이러스를 주사한 결과, 종양의 크기가 현저하게 줄어든 것으로 알려져 있다. 때로는 p53를 재조합한 아데노바이러스를 사용하기도 한다. 한편 보다 확실한 치료 효과를 기대하기 위해서 종종 바이러스 치료는 화학요법과 병행하여 실시하기도 한다.

MDR-1 유전자 치료

MDR-1 (multidrug resistance type 1) 유전자는 각종 항암제에 대한 세포의 내성을 높여주는 유전자이다. 항암제를 강하게 투여할 때의 문제점은 암세포뿐만 아니라 정상 세포까지도 죽게 된다는 것인데 이 때문에 화학요법은 보통 그 투여량에서 제한을 받게 마련이다. 그러나 예를 들어 항암제 투여 전에 미리 골수의 간세포 등에 MDR-1 유전자를 이식하여 놓으면 이 세포들의 내성이 증가하므로 강하게 항암제를 투여할 수 있게 될 것이다. MDR-1 유전자 요법은 뇌종양, 진행성 난소암 등을 대상으로 현재 연구 개발 중에 있다.

종양 백신

이것은 암세포에 유전자 조작을 가하여 종양 백신으로 사용하고자 하는 전략이다. 암조직에서 분리한 종양세포에 항암성을 나타내는 사이토킨(cytokine) 유전자 등을 이식하여 사람에게 주사하면 이 종양세포에 대한 면역체계가 생긴다는 것이다. 동물실험에서 보면 이 방법이 어느 정도 효과가 있는 것으로 보이긴 하지만 이미 크게 발달한 종양을 완전히 억제할 수 있는지는 확실하지 않다. 사람에게는 보통 2주 간격으로 3회 정도 주사하는 것이 보통이다. 종양 백신의 결과에 대해서는 아직 뚜렷한 보고가 없으나 결장암, 유방암 등에 응용하고자 연구가 진행되고 있다.

안티센스 올리고뉴클레오티드

암 발생에 관여하는 유전자들이 모두 구조가 밝혀진 것은 아니지만 특정 유전자의 발현이 갑자기 증가하여 암이 유발된 경우라면 그 유전자의 안티센스 올리고뉴클레오티드를 이용하여 발현을 억제할 수 있을 것이다. 문제는 안티센스 올리고뉴클레오티드를 세포 내로 어떻게 넣어줄 것인가 하는 것이다. 현재로서는 유전자를 거꾸로 이식시켜 주어 안티센스 DNA를 발현하게 만들거나 안티센스 올리고뉴클레오티드에 화학물질을 결합시켜 안정성을 높인 다음 직접 체내로 주입하는 방법 등이 강구되고 있다. 후자의 경우 안티센스 올리고뉴클레오티드가 어떻게 목적하는 세포를 찾아갈 것인가 하는 문제점과 안티센스 올리고뉴클레오티드의 안정성의

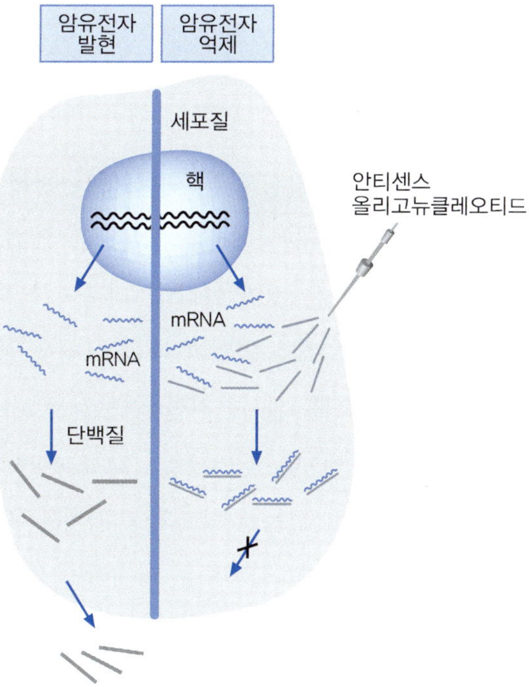

[그림 9.4] 안티센스 올리고뉴클레오티드 요법

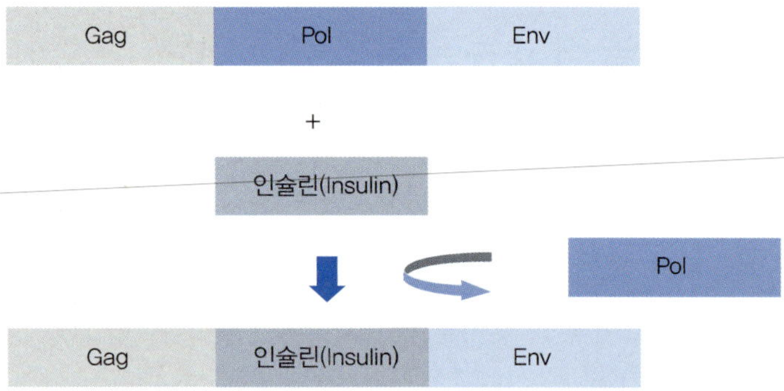

[그림 9.5] 바이러스 벡터를 이용한 유전자요법

문제 때문에 아직도 많은 연구가 필요한 요법이다. 안티센스 올리고뉴클레오티드는 특히 k-ras 암유전자의 발현을 억제하는데 효과적일 것으로 기대가 된다.

유전자요법과 안전성

유전자요법은 인류가 예전에 직접 경험해 본 적이 없는 전혀 새로운 시도인 만큼 그에 거는 기대도 크지만 한 편으로는 예측하지 못하는 위험도 있을 수 있기에 그 실시 여부를 놓고 여간 조심스러운 것이 아니다. 더욱이 역사가 짧아서 부작용을 살필 만큼의 충분한 시간적 여유조차 없었기 때문에 더욱 불안한 마음을 감출 수 없다. 미국에서는 유전자 치료를 실시하려면 처방전을 미리 마련하여 RAC (Recombinant DNA Advisory Committee)와 FDA (Food and Drug Administration)라는 두 기관에서 반드시 허락을 받도록 하고 있다. RAC는 과학자와 비과학자 20여 명으로 구성된 국립보건원에 설치되어 있는 기구이다. 실제로는 아직까지 RAC에 의해서 부결된 처방전은 거의 없었고 또한 유전자요법의 부작용도 구체적으로 보고된 것이 거의 없다. 이 때문에 어떤 사람들은 RAC가 과연 필요한 기구인지에 대해 매우 회의적

[표 9.1] 암치료를 위한 유전자요법의 사례

암의 종류	유전자요법 실시횟수	대상조직 및 사용 유전자	
뇌종양(Brain tumors)	6	종양세포	Thymidine kinase
뇌종양(Brain tumors)	1	종양세포	Antisense oligounucleotide for IGH-1
뇌종양(Brain tumors)	1	간세포	MID-1
유방암(Breast cancer)	1	섬유모세포	Interleukin-4
유방암(Breast cancer)	2	간세포	MDR-1
결장암(Colorectal cancer)	2	종양세포	Interleukin-2 또는 Tumor nectosis factor
결장암(Colorectal cancer)	2	섬유모세포	Interleukin-2 또는 Interleukin-4
결장암(Colorectal cancer)	1	종양세포	HLA-B7+β2-microglobulin
악성흑색종(Malignant melanoma)	1	섬유모세포	Interleukin-4
악성흑색종(Malignant melanoma)	1	종양세포	γ-Interleukin-4
악성흑색종(Malignant melanoma)	1	종양세포	B7 co-stimulatory molecule
악성흑색종(Malignant melanoma)	2	종양세포	HLA-B7 또는 HLA-B7+β2-microglobulin
신경모세포종(Neuroblastoma)	1	종양세포	Interleukin-2
난소암(Ovarian cancer)	2	간세포	MDR-1
난소암(Ovarian cancer)	1	종양세포	Thymidine kinase
신세포암종(Renal cell carcinoma)	4	종양세포	Interleukin-2, Tumor nectosis factor 또는 GM-CSF
신세포암종(Renal cell carcinoma)	1	섬유모세포	Interleukin-4
충실성양종(Soild tumors)	1	종양세포	HLA-B7 with β2-microglobulin

인 반응을 보이기도 한다. 환자에 대한 치료가 신속히 이루어져야 함에도 불구하고 처방전이 RAC를 거쳐야 하는 만큼 시간적 소비가 크기 때문이다. 그럼에도 불

구하고 아직은 유전자요법이 사람을 대상으로 하고 있으며 우리에게 충분한 경험이 없었다는 사실 때문에 당분간은 다소 지나치더라도 충분한 주의를 기울일 필요가 있을 것으로 보인다. 유전자요법에 가장 널리 쓰이는 레트로바이러스만 하더라도 새로운 암을 유발시켰다는 보고가 없음에도 불구하고 체외 유전자 조작법(*ex vivo* therapy)만을 허락하고 있는 이유가 바로 이 때문이다. 유전자요법은 이제 겨우 그 걸음마를 시작했을 뿐이다. 유전자요법의 처방전은 대부분 아직도 연구 개발 중이며 그 치료 효과조차도 미지수인 경우가 상당수이다. 하지만 언젠가는 유전자요법이 보편적인 치료법으로 자리잡을 날이 분명히 올 것이다. 그러기 위해서는 예측 가능한 위험은 철저하게 파악하여 피해야 할 것이다. 어쩌면 지금은 지나친 우려인 것처럼 보일지 몰라도 모든 면에 충분히 주의하면서 단계별로 발전시켜 나간다면 유전자요법에 대한 우리의 신뢰감은 더욱 높아질 것이다.

유전자 검사와 유전상담

유전자 요법과 유전자 검사가 비록 건강한 아기와 행복한 가정을 보장하는 과학적 발달의 산물이라 할지라도 다음과 같이 몇 가지 문제점을 안고 있다.

① 유전자 검사를 누구한테 적용하느냐의 문제이다. 35세 이상 임산부에게 적극 권장되는 양수천자라도 본인이 원하지 않으면 강제로 시술할 수 없기 때문이다. 사람에 따라서는 35세가 안되었더라도 아기에 대해 지나치게 걱정하여 검사를 여러 번 되풀이해 받으려는 경우도 있다. 이런 것들을 종합해 볼 때 검사 자체가 강제적으로 이루어져서는 안된다는 것이 분명하다. 게다가 의료보험 등의 여건으로 인해 어떤 사람은 쉽게 검사를 받을 수 있는 반면 어떤 사람에게는 경제적으로 굉장히 어려울 수도 있다. 게다가 어떤 사람은 유전자 검사의 결과를 믿지 않으려는 경향을 보일 수도 있다. 심지어는 국가가 대부분의 비용을 지불한다 하더라도

검사를 원하지 않는다면 강요할 수 없기에 이는 전적으로 개인적 결정일 수밖에 없다.

② 검사 결과가 부정적일 때 낙태를 결정하는 문제이다. 이것은 윤리적 문제이기도 하고 법적 문제이기도 하다. 그리고 전적으로 생명의 시작을 언제로 간주할 것인가와 관련되어 있다. 가톨릭에서는 수정과 동시에 생명이 시작된다고 보고 있다. 반면에 발생학자들은 14주까지는 아직 완전한 착상이 이루어지지 않았기에 세포 덩어리로 간주하려는 경향이 짙다. 사람의 수정란을 실험실에서 14일까지 배양하도록 허용하는 이유도 이 기준에 의한 것이다. 초기 기독교 시절에는 태아에게 영혼이 들어가는 시기가 남자아이는 40일, 여자아이는 80일이라고 규정되어 있었다. 이것은 발생에 대해 지식이 부족했던 결과이기도 하지만 남자와 여자를 구별 지은 것도 전혀 맞지 않다. 중요한 것은 생명의 시작을 언제로 보느냐에 따라 낙태 시기의 합법적 기준이 달라진다는 것이다.

현대 의학에서는 대체로 24주 이후에 태아가 모체로부터 분리되어도 살아갈 수 있기에 그 이전에 임신 상태를 인위적으로 중단하는 것을 유산으로 본다. 이처럼 아직 통일된 의견이 없기 때문에 유산을 결정하는 것 역시 개인적 상황에 거의 달려 있다. 비록 낙태를 법으로 금지한 나라도 있지만 질환을 뻔히 가지고 태어날 아이를 생각한다면 그냥 출산하기도 쉬운 결정이 아니다. 정신적 준비뿐 아니라 경제적 준비도 함께 뒤따를 수 있어야 하기 때문이다. 법으로 낙태를 금지해놓고 막상 태어난 장애아에 대해서는 아무런 사회적 보호 장치가 없다면 그것은 오히려 태어남이 더 고통일 수도 있기 때문이다.

그러면 어떤 아기들이 낙태의 대상이 아닐까? 물론 질병의 경중을 따지기는 무척 어렵지만 분명하게 치유할 수 있는 질환들도 있다. 예를 들어 언청이는 성형수술이 발달했기 때문에 거의 구별이 불가능할 정도로 치유할 수 있다. 손가락이나 발가락의 숫자 정도가 문제라면 살아가는 데 아무런 지장이 없다.

성감별에 다른 낙태도 문제다. 원래 신생아의 성비는 1 : 1임에도 불구하고 보수적인 성향의 지역에서는 이 성비가 완전히 어긋나는 경향이 짙다. 이런 것은 검사 기술과 낙태 기술이 음성적으로 사용된 잘못된 예이다. 치유가 분명하거나 온전한 생명체임에도 불구하고 선택적 출산을 원하여 낙태를 결정한다면 그것은 생명의 소중함을 경시한 행위임에 틀림없다.

어쨌든 최종 낙태를 결정하는 당사자는 의사가 아니라 전적으로 부부 본인들이어야 한다. 의사는 결정을 내리는데 필요한 의학적 정보만 최대한으로 제공하고 낙태와 출산의 장단점을 설명해 주어야 한다. 절대로 강권하거나 어느 한쪽으로 몰고 가서는 안된다. 의사는 부부에게 편안함 마음으로 천천히 시간을 두고 생각하되 확고히 결정할 수 있도록 도와주어야만 할 것이다. 예전 같으면 검사조차 되지 않았을 경미한 질병도 요즈음은 기술이 발달하여 미리 알게 되었다. 그러기에 결정을 내리기는 더욱 힘들어졌다. 생명을 존중하면서, 경제적 상황과 아기에 대한 확고한 의지 등 제반 여건을 충분히 고려하고, 필요한 사회적 지원과 제도 등도 함께 검토하여 어디까지나 부부의 의지로 현명한 판단을 할 필요가 있다.

모자보건법

최근에 젊은 산부인과 의사들을 주축으로 낙태 근절운동이 일어나고 있다. 모자(母子)보건법에 따르면 임신부에 유전학적 정신 장애가 있거나, 전염성 질환이 있거나, 근친상간 또는 강간 등에 의한 임신이거나, 임신이 지속되면 산모의 건강이 위험해지는 경우만을 낙태의 법적 허용 범위에 넣고 있다. 즉 미혼 임신이나 터울 조절, 태아 기형 등으로 인한 낙태는 불법으로 간주하고 있다. 만약 불법 낙태가 이루어지면 원칙적으로 의사와 산모 모두 징역 2년 이하의 처벌을 받게 되어 있다.

인간에 대한 유전자 조작

과학자들의 초창기 관심은 유전자를 어떻게 조합하여 인류에게 유용한 새로운 생명체를 만들어낼까, 그리고 어떻게 자르고 붙이는 것이 효율적일까 하는 방법을 개발하는 데에 집중되었다. DNA를 인위적으로 재조합하여 생명을 재창조하는 유전공학의 개념이 확립된 것이다. 이와 동시에 DNA를 자르고 붙이는 여러 종류의 효소들이 차례로 개발되었는데 각 효소별로 DNA의 일정한 부분만을 자르기 때문에 이들을 제한효소라 부른다. 대표적인 예로 *Eco*RI, *Hin*dIII 같은 것들이 있다. DNA를 붙이는 효소는 DNA ligase이다.

1977년에는 사람의 성장호르몬 유전자를 대장균에 재조합해 넣는데 성공하였고, 1982년에는 유전자재조합기술(recombinant DNA technology)로 만든 인슐린이 휴뮬린(Humulin)이란 이름으로 생산, 시판되었다. 1983년에는 사람의 성장호르몬 유전자를 생쥐에 재조합하는데 성공하였고, 그 결과 몸집이 3배나 커진 수퍼마우스(super-mouse)가 탄생하였다. 1980년대는 또한 여러 가지 암유전자 및 선천성대사 이상에 관련된 유전자들이 분리된 시기이다. 그래서 간혹 이 시기를 인체유전학(human genetics)의 전성기라 부르기도 한다.

1980년대 후반에는 유전자 검사를 통해 출생 전에 미리 선천성질환 여부를 진단(prenatal diagnosis)할 수 있게 되었고, 기형 어린이의 출생을 예방할 수 있게 되었다. 1990년대 초에는 단순 진단과 예방 차원을 넘어 건강한 유전자를 직접 사람 몸에 재조합해 넣어주는 유전자 치료(gene therapy)가 시행되었다.

사람에 대한 직접적인 유전자 조작은 근본적으로는 허락을 받지 못한 상태이다. 다만 사례별로 검토를 거쳐 일부 치료 목적의 유전자 치료만 허가하고 있다. 우선 사람에게 직접 유전자 조작을 가하기 위해서는 그동안의 생물학적 지식뿐 아니라 물리, 화학, 통계적인 자료까지 종합적으로 발달해야 하는 것이다. 또 새로운 기술이 나타난다 하더라도 사람에게 그 치료를 적용하거나 예방 차원에서 시술하는 단계까지 가려면 반드시 예비 실험을 거쳐야 한다.

실험은 간단하게는 세균이나 곤충 등에서 이루어질 수도 있다. 초파리나 대장균이 그 대표적인 예이다 그러나 이런 것들은 사람과 생리적 차원에서 차이가 많기 때문에 궁극적으로는 그보다 고등한 동물, 즉, 포유동물이나 영장류를 대상으로 실험을 하는 것이다. 실험실에서 가장 널리 이용되는 포유동물은 쥐다. 그러나 이 역시 실험 결과가 사람의 경우와 꼭 들어맞는 것은 아니다. 한때 입덧 억제재로 사용되었던 탈리도마이드(thalidomide) 같은 경우 쥐에서는 아무 문제가 없었지만 사람에게서는 임신 기간에 복용했을 때 사지 기형을 일으키는 불행한 사고가 있었다. 그렇다면 궁극적으로 가장 좋은 실험 대상은 인간일 수밖에 없다. 그러나 인간을 대상으로 하는 실험을 하였을 때 잘못되면 돌이킬 수 없는 불행을 초래하기 때문에 신중해질 수밖에 없다. 게다가 긴급한 치료를 요하는 경우에는 조금 더 상황이 복잡해진다. 환자에게 또 다른 치료법이 없을 때 마지막 치료 방법으로써 검증되지 않은 유전자 조작 치료를 해야 되는건지, 또 환자 본인만 승낙하면 시도해도 괜찮은 것인지 등의 문제를 따져보아야 한다. 하나의 사례가 생기면 또 다른 경우에 영향을 미칠 수 있기 때문이다. 임상 실험은 일단 동물 시험을 거치고, 절차를 거쳐서 그 다음에 사람을 대상으로 (자원자들을 우선 대상으로 해서) 이루어지는 것이 순서이다.

암 치료 목적으로 유전자를 직접 조작하는 것은 지금 유전자요법이라는 이름으로 시도되고 있다. 유전자요법은 유전자 진단과 함께 병행되어야 한다. 예를 들어 전에는 당뇨병 환자에게 인슐린을 간접 투약하였다면 이제는 직접 해당 건강한 유전자를 환자에게 넣어주는 형식이다. 사람의 유전자에 의해서 만들어진 인슐린일지라도 대장균이 만드는 것은 구조가 다르기 때문에 효능이 떨어지는데다가 시간이 지나면 점차 면역거부반응을 일으키기 때문에 효과가 점점 더 떨어진다는 단점이 있다. 이 때문에 아예 유전자를 넣어 주는 것이 그만큼 효과가 더 있게 마련이다.

체세포와 생식세포

유전자 치료는 대상 세포에 따라 분류가 된다. 유전자 조작을 가하는 대상이 체세포인가 생식세포인가 하는 것이다. 현재 생식세포에 유전자 조작을 가하는 것은 금지되어있다. 한때 정자에 칼슘을 처리하는 아주 간단한 방법으로 원하는 유전자를 넣어 주었고, 그 정자로 난자와 수정시켜 수정란을 만들고, 다음 세대로 건강한 유전자를 전달해준다는 실험이 있긴 했지만 검증단이 검토한 결과 실험 자체가 되풀이되지 않아서 그 효능이 인증되지 않았다. 생식세포를 건드리는 것은 굉장히 위험하다. 만에 하나 잘못된 유전자가 세대를 거쳐 내려가다 보면 인류가 통째로 멸망할 수도 있기 때문이다. 때문에 신중에 신중을 기하고, 또 몇 번씩 확인을 거쳐서 시도하는 것이다. 물론 RAC (Recombinant DNA advisory)라고 하는 기구와 FDA (Food and Drug Administration) 허가를 거치는 공식 승인 절차도 마련되어있다. 그만큼 사람에 대한 직접적인 유전자 조작은 어렵기도 하고 위험하기도 하기에 신중하게 접근해야 하는 것이다.

성체줄기세포

재생 프로그램에는 우리 몸에 있는 다양한 세포들이 대부분 해당된다. 간세포 (liver cell) 또는 피부세포(skin cell) 등이 모두 재생 가능하다. 그중에서도 줄기세포를 사람들이 찾는 이유는 줄기세포에 유전자를 넣어주면 그 다음에 만들어지는 모든 세포에 그 유전자가 전달될 수 있기 때문이다.

생각해 봐야 되는 것들이 또 몇 가지 있다. 어떤 사람의 병원 기록들에 대한 보안 문제이다. 질병에 관한 기록이 외부로 노출되면 이 사람은 결혼이라든가 취업 등에서 손해를 볼 수 있다. 언제, 얼마나 그 사람이 아플지 예측할 수 있고, 그로 인해 보험회사에서는 의료보험 처리해 주기를 망설이게 되는 것이다.

또한 우리가 어떤 유전자 조작 실험을 한다고 할 때는 근본적으로 건강과 질병을 없애고 예방, 치료하기 위해서 실험을 하는 것에 국한되어야 한다. 우생학적 목적을 위한 유전자 조작은 금해야 한다는 것이다. 예를 들어 아프지 않은 사람이 콧대를 높이기 위해서 유전자 조작을 한다든가, 신체의 어느 부분을 더 강화시키기 위해서, 다른 사람보다 더 강하게 만들기 위해서 조작을 가한다면 미래 사회에는 다양성이 사라지고 말 것이다. 뿐만 아니라 모든 유전적 열성을 제거한 맞춤아기까지도 나오게 될 것이다. 인류 사회의 다양성을 해치는 일이 바람직한가라는 질문을 다시 한 번 던질 필요가 있다. 유전자 조작은 대상자에게 분명한 이득을 줄 수 있어야 실시 가능할 것이다. 유전자 조작 후 환자에게 있을 수 있는 정신적 스트레스나 트라우마에 대한 대책도 마련해야 한다. 법적으로도 문제가 없고, 사회 모든 분야가 동의할 수 있도록 절차도 깨끗해야 할 것이다. 금전적으로 어려운 사람들에게 자유 의사에 반해서 억지로 동의하게 만들어서는 안 될 것이고, 스스로 판단이 어려운 어린이 또는 수감자, 정신적으로 약한 사람들은 유전자 조작의 대상에서 제외 시켜야 한다.

유전자 조작에 마지막 희망을 걸고 있는 환자의 경우를 생각해보자. 환자에게는 어떠한 방법으로라도 치료를 받고 싶기에 의사와 신약을 개발한 연구원의 말 한마디가 절대적으로 중요하다. 그렇기 때문에 유전자 조작을 위해서는 환자에게 절대적인 신뢰를 주는 것과 책임감 있는 설명이 필요하다. 그리고 연구자들은 철저히 자기 양심에 따라 신중히 판단해서 정확하게 모든 정보를 환자에게 주고 이미 질병으로 인해 고통받는 환자에게 실망이라는 또 다른 고통을 남겨서는 안 될 것이다. 되풀이되는 말이지만 가계에 유전질환이 있다고 해도 유전자 조작은 정자와 난자 같은 생식세포에 가해져서는 안된다. 수정란에 대한 유전자 조작도 원칙적으로 금지되어있다. 그럼에도 불구하고 출생 전에 자궁내 배아에게 유전자 조작을 통해 선천성질환을 치료하려는 시도도 있기는 하다. 수정란은 잠재적 인간이기 때문에 개별화된 인간으로서의 실험을 할 때는 신중하게 접근해야 한다. 그뿐 아니라 유전자 조작을 통해서 파킨슨 질병이나 알츠하이머병 같은 정신 질환을 치료하기 위한 시도도 많이 있다. 이런 질환을 치료하기 위해 발생중인 세포를 필요로 하게 되는데 이를 위해 불법적으로 낙태를 한다든지 노인을 치료하기 위해 인위적으로 임신과 낙태를 되풀이하거나 여성을 이를 위한 도구로 이용하는 문제도 조심해야 될 윤리적 문제이다.

사람에 대한 인간 실험은 오용되거나 남용되면 그 결과가 아주 참혹할 수 있다. 유전자 조작은 분명히 21세기의 현대 의학의 새로운 장르이다. 그러나 어떤 한 두 과학자의 욕심이나 야심, 또는 제약회사의 금전적 목적으로 인해 부도덕한 일들이 벌어지는 것은 철저하게 피해야 한다. 이를 위해 사회적으로 보호 장치가 이뤄져야 될 것이며 또한 의사나 연구자 또한 그 유용성과 위험의 양면을 잘 평가에서 상반되는 이 두 가지를 환자에게 잘 설명할 수 있어야 한다. 유전자를 조작한다는 것은 근본적으로 생명의 청사진을 변경한다는 말과 똑같다. 생명체를 바꾸게 되면 그 유전자는 다음 세대로 이어질 가능성이 높고 또한 생명의 기본 구조를 완전히 바꿔 버릴 가능성이 높다. 그래서 더욱 신중하게 다루어야 할 명제이다.

유전자 치료의 문제점과 미래

유전자 치료는 용어조차 새로우며 상대적으로 짧은 역사를 가지고 있다. 그럼에도 불구하고 유전자 치료에 대한 우리의 기대가 엄청나게 큰 이유는 건강에 대한 현대인의 불안감이 그만큼 크기 때문일 것이다. 유전자요법의 대상이 암이나 유전병처럼 종래의 방법으로는 완치될 수 없는 질병들이라는 것도 그 이유 중의 하나일 것이다. 생명현상의 근본은 유전자이므로 유전자 차원에서의 치료야말로 가장 궁극적인 치료라는 것이 유전자요법의 기본 개념이다. 그러나 아직 유전자 차원에서의 치료는 해결해야 할 숙제를 많이 안고 있다. 가장 큰 문제는 안전성(safety)의 문제이다. 유전자요법의 대표적인 도구인 레트로바이러스조차 제 2의 암을 유발할 수 있는 가능성이 여전히 존재하기 때문이다.

한 편으로 완벽한 치료가 되기 위해서는 이식한 유전자가 체내에서 거의 영구적으로 발현되어야 하지만 아직은 충분한 숫자의 줄기세포를 얻는 것이 어려워 해결하지 못하고 있는 형편이다. 최근에 일부 학자들이 제대 혈액에서 줄기세포를 얻기 위한 연구를 진행 중에 있다. 제대 혈액 속에는 발생 중인 줄기세포가 가득 차 있기 때문이다. 게다가 이런 세포들은 남에게 이식할 때 면역부적합성을 나타내지 않는 장점이 있어 가까운 시일 내에 좋은 연구 결과가 있으리라 예상된다.

유전자요법의 또 다른 문제점은 사회적인 측면에서 야기되는 것들이다. 가장 염려스러운 것은 유전자요법이 우생학적 목적을 위해 악용되지 않을까 하는 것이다. 만일 어떤 개인이나 집단이 질병 치료를 목적으로 하지 않고 단지 남보다 우수해지기 위해서 유전자요법을 사용한다면 이는 자연 법칙에 위배될 뿐만 아니라 인류의 진화를 인간이 마음대로 유도할 수 있느냐 하는 윤리적인 문제마저 제기시키는 것이다. 특히 우려되는 것은 정자나 난자 등 생식세포에 유전자요법이 시행된다면 자손의 형질을 마음대로 변화시키게 될 것이고 이 역시 걷잡을 수 없는 도덕적 문제를 야기시킬 것이다. 이처럼 유전자 치료에 대하여 긍정적인 면이 강한 것은 사실이지만 아직은 부정적인 시각도 무시할 수 없다. 긍정적이라는 것은 유전자 치료가 그동안 보여준 잠재력이 기대 이상으로 컸기 때문에 우리에게 희망을 안겨준다는 뜻이고 반면 부정적이라는 것은 잘못 사용할 경우 인류 스스로가 자멸하는 위기를 초래할 수도 있다는 뜻이다.

이미 유전자 치료는 그 첫걸음을 내디뎠다. 이 첫 발자욱은 밝은 미래를 창조하기 위한 힘찬 걸음이며 건강한 인류 사회를 만들기 위한 우리의 굳은 의지인 것이다. 분자유전학의 발달과 함께 기술적인 면을 보완하면서 적절한 규제를 통해 현명하게 이를 사용한다면 멀지않은 장래에 유전자 치료는 "질병 없이 오래 사는 것"을 실천하기 위한 "꿈의 치료법"으로서 우리에게 다가올 것이다.

21세기 생물산업의 핵심 분야는 신약개발과 맞춤의학이다. 생명공학의 발달과 유전공학의 발달로 인해 과거의 합성 의약품보다 부작용도 적고, 약효도 강력해진 신약의 개발이 가능해졌다. 그리고 부작용에 대한 검증 시스템도 유전자 차원에서 가능해졌다. 개인별로, 또 인종별로 예방과 진단이 가능해졌으며 이에 대한 기술들은 앞으로도 더욱 빠르게 발전할 것이다. 여기에 빅데이터의 구축과 이를 상호 연관지어 비교· 처리할 수 있는 인공지능의 발달은 이 분야의 성장을 기대하게 만들어준다. 물론 특허나 비용의 문제는 정부의 지원과 함께 지속적으로 개선되어야 할 것이다.

개인간, 인종간 SNP 차이

인간게놈프로젝트(HGP, human genome project)가 완료된 이후 연구의 방향은 두 가지로 집약되었다고 볼 수 있다. 비교유전체학과 기능유전체학이 바로 그것이다. 비교유전체학은 개개인의 염기서열의 차이를 규명하는 것이며, 기능유전체학은 유전자의 기능을 밝히는 것을 말한다.

이 중에서 비교유전체학은 개인간, 인종간의 게놈을 비교하여 생체적으로 어떠한 차이점이 있는 지를 조사하는 것으로서, 단일염기변이(SNP, single nucleotide polymorphism)를 밝혀낼 수 있다는 점에서 주목받고 있다. 단일염기변이는 개인간 염기의 차이를 말하는 것으로 유전적 질환을 일으킬 수 있으며, 개인간의 생체적 차이를 나타낼 수 있기 때문이다.

이러한 SNP의 연구는 개인간 생체 작용의 차이를 밝혀냄으로써 유전적 질환을 치료할 수 있음은 물론이며, 유전적 질환이 아니더라도 개인에게 더 효과적이고 부작용이 없는 약을 투여할 수 있는 맞춤의약의 시대도 가능하게 만들 것으로 기대된다. 즉 개인별 유전정보를 이용하여 환자에게 어떠한 치료법이 가장 효과적인지, 최적의 약은 어떠한 것인지를 여러 가지 복잡한 검사를 거치지 않고서도 처방 가능하다.

인종간 유전자 비교 연구

지구상에는 다양한 인종이 살고 있다. 그리고 각 인종간의 유전자 차이를 비교 연구하려는 노력은 이미 오래 전부터 있어 왔다. 유전자를 비교함으로써 현대인이 어디에서부터 유래하였는지, 그리고 어떤 경로로 지구상 전 지역으로 퍼져 나갔는지를 연구했던 적도 있다. 이 연구는 한때 미토콘드리아의 모계 유전을 바탕으로 이루어졌기 때문에 연구 결과 아프리카 지역에서 살았다고 믿어지는 최초의 여성을 "미토콘드리아 Eve"라고 부르기도 한다. 물론 모든 사람의 유전자는 기본적으로 동일하다. 그러나 얼굴이 조금씩 다르듯이 분명 인종별로 비교될 수 있는 유전자와 형질이 존재한다. 유대인에게 전형적인 Tay-Sachs 질병 유전자가 바로 그런 케이스이다. 물론 모든 인종은 나름대로의 개성과 특성이 있기 때문에 어떤 집단이 더 우수하고, 덜 우수한지를 결정하거나 누구의 유전자가 "표준 유전자"라고 말할 수는 없다. 그럼에도 불구하고 다양한 인구 집단 사이에 나타나는 유전적 차이를 결정하면 인종별로 맞춤 의약과 신약 개발이 가능하기 때문에 이 또한 생물산업에서 중요한 지표이다. 다만 나타난 결과가 인종적 차이인지 또는 개인 차이인지를 구별하기 어렵다는 문제는 항상 남아있다. 더구나 이런 연구의 샘플이 보통은 사회적으로 약한 사람들을 대상으로 이루어진다는 것도 문제점이다. 이런 연구가 현대판 우생학적 문제를 야기 시킬 것이라는 우려 또한 배제할 수 없다.

이러한 것들은 post-genome 시대에 들어서 약리학이 약리유전체학(parmacogenomics)

로 바뀌어 갈 것임을 의미한다. 약리유전체학은 앞에서 언급한 것과 같이 환자들의 개인적 유전자 성향의 차이를 감안한 약리학이라고 이야기할 수 있을 것이다. 약리유전체학의 또 다른 기대감은 바로 신약 개발에 있다. 이제까지의 신약 개발은 천연물질을 추출하게 되면 이들이 질병균이나 바이러스에 일일이 어떻게 작용하고 어떠한 효과를 보이는지 등을 조사하여 효과가 있는 것을 선택한 후 선택된 물질을 동물실험과 임상실험을 통해 신약으로 결정하는 것이 주된 절차이고 방법이었다. 이 과정에서 막대한 자금과 엄청난 시간과 노력이 필요한 것은 두말할 필요가 없을 것이다. 그러나 약리유전체학이 본격적으로 발달하게 된다면 이러한 자금과 시간을 획기적으로 줄일 수 있을 것으로 기대된다.

HGP를 통해 얻어진 질병에 관련된 유전자를 찾아낸 후 이들의 발현작용과 상호 관련성 등에 대한 연구로 질병 발생시 발현되는 단백질의 기능과 구조를 알아낸다면 보다 효과적인 신약물질을 찾아내는 것이 빠르고 정확하게 진행될 것으로 예상되기 때문이다.

예방의학과 진단의학

인간게놈프로젝트의 결과로 인간의 유전정보가 모두 밝혀지고, 각 유전정보가 무엇을 의미하는지 밝혀지게 되었다. 동시에 혈액 한 방울로 개개인의 유전정보를 알 수 있는 기술도 발달하였다. 이렇게 사람들의 유전정보가 데이터베이스화된다면 이를 이용한 의학의 발전도 기대할 수 있다는 것이 인간게놈프로젝트의 장점이다.

이렇듯 post-genome 시대에 기대되는 의학 분야가 바로 예방의학과 진단의학이다. 즉 출생 전이나 출생 직후 DNA 검사를 통해 모든 질병의 가능성을 판단하여 이를 예방할 수 있게 되는 것이다. 현재도 유전병 검사들을 실시하고는 있지만 이는 어디까지나 일부 유전적 질환에 해당할 뿐이고, 인간의 유전정보가 모두 밝혀지게 된다면 모든 영역의 질병과 질환을 미리 알아내어 진단할 수 있을 것으로 기대된다.

바이오의약품과 유전자 치료

미국의 식품의약국인 FDA에서는 2017년에 노바티스(Novartis) 회사가 개발한 유전자 치료제인 "라이어"란 이름의 급성림프모구백혈병 치료제 판매를 승인하였다. 이는 유전자 치료제가 미국 내 판매를 승인받은 첫 번째 사례가 되었다. 그리고 이어서 또 다른 림프종 치료제인 예스카르타가 판매 승인을 연속적으로 받게 되었다.

유전자 치료제는 이전의 화학약품이나 합성신약과 전혀 양상이 다른 신개념의 바이오의약품이다. 보통은 환자의 세포 안으로 특정 유전자를 투입해서 치료하게 되는데 간단히 설명하면 림프절에서 면역세포를 끄집어내고 여기에 유용한 기능 유전자를 재조합한 다음 세포배양을 통해 숫자를 늘려서 환자에게 재투여하는 방식이다. 쉽게 말하면 일종의 면역강화제인 셈이다. 사실 이 방법은 이론적으로 꽤 오래된 면역치료요법이다. 그러나 그동안 적극적인 치료에 활용되지 못했던 이유는 원하는 유용 유전자를 염색체의 정확한 위치에 집어넣는 기술에 허점이 있었기 때문이다. 만약 넣어주는 유전자가 암억제 부위를 파손시킨다면 가공된 면역세포로 인해 오히려 새로운 암이 유발될 수도 있기 때문이다. 따라서 유전자 치료는 안전성(safety)과 안정성(stability)이 언제나 쟁점화되어 왔다.

유전자 치료는 이미 1990년대부터 활발하게 논의되어왔다. 특히 안티센스(antisense) DNA를 이용한 치료는 동물실험과 임상실험에서 놀라운 효과를 보이기도 했다. 그럼에도 불구하고 여전히 그 효과가 완벽하지 못하고 미미하거나 아니면부작용 때문에 제대로 승인받지 못하는 경우가 흔한 상태이다. 때로는 승인 절차가너무 길어 환자에게 별 의미가 없었던 것도 사실이다. 이제 FDA에서 유전자

치료제에 대한 승인을 적극 검토하였다는 것은 그만큼 유전자 차원에서의 치료 방법이 빠르게 상용화되고, 보다 다양화해질 수 있음을 시사하는 것이라서 무척 고무적이라 할 수 있다. 임상 실험을 통해 보면 다른 어떤 방법으로 큰 효과를 보지 못하는 환자의 경우에도 이 방법으로 큰 효과를 얻은 것으로 보고되어 있다. 물론 이 역시 부작용은 있지만 다른 치료제에 비하면 미미한 편이다. 현재 알려진 부작용이라면갑작스럽게 면역세포를 몸 안에 많이 집어넣기 때문에 생기는 고열 정도이다. 그럼에도 불구하고 아직은 안전성을 위해서 제한된 기준에 맞는 환자만 치료 대상으로 삼고 있다.

바이오의약품의 문제점

문제는 치료비가 아직까지는 비싸다는 것이다. 따라서 정부의 재정 지원이라든가 의료보험의 합리화가 절실하게 요구된다. 아무리 치료 효과가 높다 해도 환자의 부담이 크게 되면 그림의 떡이기 때문이다. 제약 회사 입장에서도 환자가 없으면 연구개발에 투자만 하고 경제적 이익을 추구할 수 없어서 더 이상의 개선 노력을 기울이지 않게 될 것이다.

면역세포에 유전자를 전달하는 방법은 그 세포에 기생하는 바이러스를 이용하는 것이 가장 보편적인 방법이다. 흔히 쓰이는 것은 아데노바이러스(adenovirus) 같은 감기바이러스, 또는 렌티바이러스(lentivirus) 같은 것들이다. 이것들은 약간의 조작을 통해서 독성을 완화시킬 수 있고, 또한 특정 조직에만 주로 감염되기 때문에 그 조직을 타겟트 삼아 치료할 수 있다는 것이 장점이다. 게다가 바이러스의 가장 큰 특징인 분열하는 세포에만 감염된다는 점을 활용하면 항암 유전자를 자라나는 암세포에만 전달할 수 있는 것도 장점이다.

유전자 치료의 단점도 있다. 환자 자신의 치료는 가능하지만 유전적으로 세대를 넘어 자손에까지 전달되는 유전병은 아직 고칠 수 없다는 것이다. 이것은 보는 관점에 따라 장점이면서 또한 단점이기도 하다. 왜냐하면 아직까지는 유전자 치료가 체세포만을 대상으로 허용되고 있으며, 예측 불가능한 위험 때문에 생식세포에 대한 시술은 허용되지 않고 있기 때문이다. 최근에 유전자가위인 크리스퍼(CRISPR)가 개발되면서 자궁내 태아의 유전자까지도 편집할 수 있는 가능성이 엿보이기 시작하였다. 이는 질병 유전자를 태어나기도 전에 미리 제거해버릴 수 있다는 의미이다. 다만 치료 목적이 아닌 성형이나 우생학적 목적으로 사용될 가능성 때문에 세계 각국은 적극적인 "허용"을 늦추고 있다.

암 치료는 일반적으로 3단계로 나누어진다. 1세대 항암치료는 수술, 그리고 화학요법 및 방사선 요법이다. 2세대 치료는 암세포를 찾아서 죽이는 표적치료, 그리고 3세대 치료는 면역세포를 이용한 면역치료, 즉 유전자 치료 단계이다.

빅데이터와 맞춤의학

유전자 차원에서의 치료가 가능하려면 게놈에 대한 정보를 많이 축적하는 것이 중요하다. 그럼으로써 유전자의 어느 부분이 고장이 나면 이런 결과를 일으키는지를 정확히 진단할 수 있는 자료가 있어야 하겠고, 또한 고장난 부분을 정확하게 읽어내 조정할 수 있는 가위가 필요한 것이다. 이것 때문에 여러 나라들이 자기 국민의 유전자 데이터를 모아서 빅데이터를 만들어 내려고 최근에 활발한 노력을 기울이고 있다. 일단 빅데이터가 구축되면 질병을 예측할 수 있는 질병예측지도를 만들 수 있고, 인종별로 유전자의 변이를 차단하는 맞춤의학이 가능하기 때문이다.

한편 개개인의 유전자 전체를 빠르고 저렴한 경비로 분석해주는 벤처 회사도 늘어나고 있다. 이런 기술들은 21세기 신기술이라고 불리지만 아직 우리나라의 연구는 초기 상태에 머물러 있어 아쉬운 점이 많다. 한국인을 대상으로 한 공식적인 자료가 부족하기 때문이다. 어떤 사람이 어떤 돌연변이를 가지고 있으며 그로 인해 특정한 유전질환에 노출되어 있는지, 그리고 어떻게 치료를 해야 되는지에 대한 자료가 아직 전무한 것이다. 정부에서는 향후 수년간에 걸쳐 유전체 의학의 부문에 많은 연구비를 투자한다고 공식 발표하였지만 이런 연구는 단시간에 이루어질 수 있는 것도 아니며, 의사들에 대한 교육도 필요하고, 임상과 진료를 어떻게 연결시켜야 할지 또한 연구해 봐야 될 문제이다. 현실적으로 유전체만을 전적으로 연구하는 의과학 교실의 수가 매우 부족한 실정이다.

세포는 정교하고 복잡하다. 생명의 근본 설계도인 유전자는 더욱 그러하다. 만약 한 개인의 유전자를 통째로 읽고 분석해낸다면 그 사람이 앞으로 어떻게 살아갈 수 있을지 의학적인 차원에서 조명해볼 수 있다. 어떤 질병을 어느 시기에 겪게 될지를 대체적으로 알 수 있고 동시에 이에 대해 예방과 치료 방안을 미리 준비해서 건강한 미래를 보장할 수 있게 되는 것이다. 유전체 정보를 활용하는 것은 그만큼 첨단 장르이다. 우리나라에서도 최근 벤처기업들이 개개인의 유전정보를 분석해 주기 위해 서비스를 제공하기 시작하였다. 얼굴이 서로 다르듯이 유전자 정보도 조금씩 개인차를 보일 수밖에 없다. 따라서 저 사람에게 잘 듣는 약물이 나에게도 잘 듣는다는 보장은 없는 것이다. 이럴수록 유전자 정보는 빛을 발한다. 수년 내로 개인의 유전정보를 전체적으로 밝히는 비용도 10만 원 이하가 될 것이라는 예측은 맞춤의학의 전망을 더욱 밝게 해주고 있다. 실제로 개인마다 특정한 맞춤약품은 2008년 이후에 폭발적으로 수요가 증가하고 있다. 그리고 이 때문에 수십 개의 글로벌 기업들이 여기에 뛰어들고 있다. 유전자 분석 시장만 해도 이미 1조 원 이상의 규모이다.

유전자 다형성, 빅데이터, 인공지능

유전자 검사를 할 때 생각해야 될 용어는 "변이"와 "다형성"이다. 변이라는 용어는 흔히 돌연변이와 혼용되어 사용되지만 엄밀하게는 조금 다른 의미를 가지고 있다. 돌연변이는 오랜 시간에 걸쳐 누적된 유전자 변화로서 대개는 부정적인 결과를 초래하는 반면, 변이는 사람들의 얼굴이 조금씩 다르고 음성의 높낮이가 달라도 모두 정상인 것처럼 다양성을 말하는 용어이다. 여기에 추가로 생각해야 될 단어는 "다형성"이다. 다형성은 영어로 SNP (single nucleotide polymorphism)라고 표현하는데 사람마다 특정한 유전자 염기서열이 차이를 보이는 것을 의미한다. 우리 유전자는 A, C, G, T라는 네 개의 알파벳 염기서열로 이루어져있다. 대개는 근본적으로 모두의 유전자 염기서열이 비슷하지만 간혹 생존을 해치지 않고 개인차를 보일 경우 우리는 다형성이라고 한다. 즉 다형성은 얼굴이 조금 달라도 건강에 문제가 없듯이 염기서열이 조금 다르다 하더라도 살아가는 데는 문제가 없는 경우이다.

문제는 다형성과 질환을 야기하는 변이를 구분하는 것이 쉽지 않다는 데에 있다. 예전에는 어떤 환자에게서 특정한 변이가 발견되면 그것을 바로 질환의 원인으로 생각하였고, 그 가족이나 친지에게서 동일한 변이가 있는지를 파악하여 발병 여부를 예측하는 것이 유전자 진단의 최고 기술이었다. 그러다보니 동일한 변이가 발견되었지만 아직 증상이 없는 사람도 잠재적 환자로 분류되었던 것이 사실이다. 그 질환이 암이나 난치성 질환일 경우라면 이렇게 진단받은 사람의 정신적 고통은 극도로 클 수밖에 없다.

최근에 인간게놈프로젝트가 완성되었고 또 각 개인의 염기서열을 쉽게 파악할 수 있도록 가격도 내려갔다. 분석에 걸리는 시간도 빨라져서 조금 서두른다면 불과 일주일 이내에 자신의 유전자 전체에 대한 데이터를 받아볼 수도 있게 되었다. 이러다보니 많은 사람들을 대상으로 한 빅데이터(big data)가 만들어지게 되었고, 앞서 말했듯이 특정 질환을 가진 부모에게서 발견된 변이가 예전 같으면 당연히 그 병의 원인이라고 생각했겠지만, 빅데이터를 통해 건강한 많은 사람에게서도 다형성으로 흔히 발견되는 변이라는 것을 종종 접한다는 것이다. 즉 건강한 사람에게서도 흔히 발견되는 다형성은 질병의 직접적인 원인이라 볼 수 없다는 것이다. 과거에는 한사람 한사람의 유전자 정보를 분석하는 것이 어려웠기 때문에 변이 하나가 발견되면 이를 즉시 진단과 치료에 응용하였지만, 이제는 기술이 발전되고 시대가 바뀌어서 빅데이터를 통해 수 천, 수 만 명의 데이터를 비교 분석하는 것이 가능해진 것이다. 그리고 그런 만큼 더욱 정확한 진단을 내리는 것과 환자 맞춤형 진료가 가능해진 것이다.

빅데이터와 인공지능

예를 들어 유방암의 원인이 되는 어떤 유전자에서 변이가 하나 발견되었다고 해서 예방적 조치로 미리 유방 절제 수술을 받기보다는 이 변이가 정말 암의 원인 요소인지, 아니면 집단 내에 보편적으로 퍼져있는 다형성인지를 빅데이터에서 파악할 필요가 있다는 것이다.

빅테이터의 단점은 방대한 자료를 서로 연관지어 분석해야하는 어려움이다. 그러나 지금은 이 또한 4차 산업혁신을 통해 인공지능(AI)이 도입됨으로써 간단하게 해결되었다. 그만큼 과거에는 비용이 비싸고 시간이 오래 걸려서 하지 못했던 일들이 이제는 가능해지고 있는 것이다. 이렇듯 과거보다 다양하고 많은 질환들이 출생 당시에 검색(screening)될 수 있게 되었고 맞춤형 진료와 치료로 증상을 완화시키거나 완치될 수 있는 계기가 마련되었다.

그럼에도 불구하고 여전히 비용 문제 등을 원인으로 아기가 태어나면 거쳐야 되는 일반적인 검사에 모든 유전질환을 포함시킬 수는 없다. 발병 빈도가 매우 낮다든지 아주 심각한 증상을 일으키지 않는 경우라면 굳이 포함시킬 필요가 없다는 것인데, 검사를 받는 입장에서는 꼭 필요한 질환에 대해서만 저렴한 가격으로 정보를 구하고 싶은 반면, 병원이나 의료업체는 많은 질환을 포함시켜서 영업 이익을 취하려 들것이다. 이처럼 기술이 있다는 것 자체만으로 도움이 되기보다는 오히려 불필요한 비용 부담을 안기게 되는 것은 아닌지 검토가 필요한 시점이다. 의료보험이나 정부 차원에서 이를 지원하는 것도 고맙기는 하지만 개개인의 중요한 정보가 외부로 새어나갈 우려로 인해 보안 문제를 함께 고려해야할 것이다.

NGS와 맞춤 신약

유명한 여배우 안젤리나 졸리는 2013년 5월 14일, 뉴욕타임스에 "의학적인 나의 선택"이라는 제목으로 컬럼을 기고하였다. 안젤리나 졸리는 말하기를 유전자 검사를 통해 자신의 유전자에 돌연변이가 있다는 사실을 확인하였고, 난소암에 걸려 10년간 투명한 끝에 일찍 타계하신 모친을 떠올리면서 유방절제술을 결정했다고 밝혔다. 안젤리나 졸리의 선택은 유전자 정보를 바탕으로 한 예방 차원의 치료라는 점에서 의미를 찾을 수 있을 것이다.

지금은 게놈의 염기서열 분석 비용도 많이 싸졌다. 심지어 100만원이면 하루 만에 한 사람의 염기서열을 모조리 해독해 낼 수 있는 수준에까지 도달하였다. 앞으로도 비용은 계속 떨어질 것이고, 해독에 필요한 시간은 점점 짧아질 것이다. 차세대 염기서열 분석 기술인 NGS (next generation sequencing)는 이런 점에서 기여하는 바가 크다. NGS의 구체적인 원리를 이해하는 것은 일반인들에게 어렵겠지만 분명한 것은 NGS로 인해 약물 반응에 대한 개인차를 이해하게 되었고, 그만큼 정확한 신약 개발의 전환점이 마련되었다는 것이다.

인간게놈프로젝트는 미국, 프랑스, 영국, 중국, 일본, 독일 등이 컨소시엄을 형성하여 시작한 거대 프로젝트이다. 처음에는 염기서열을 일일이 수동으로 읽어야 했기에 하루에 고작 200 bp (base pair, 염기쌍) 정도밖에 읽을 수 없었지만 기술이 점차 자동화되고 보편화되면서 2001년에 초안이 마련되었고 2003년에 최종 마무리되었다. 지금은 대용량을 처리할 수 있는 차세대염기서열분석, 즉 NGS로 까지 기술이 발전하였다.

한편 특허와 소유에 대한 개념도 많이 달라질 것이다. 예를 들어 내 몸에서 만들어지는 특정한 "방어 단백질"이 있는데 그것을 의사가 나를 치료하는 과정에서 발견하고 특허 등록해 버리면 내 몸에서 만들어지는 단백질에도 불구하고 그것을 활용할 때마다 나는 오히려 그 의사에게 권리 비용을 지불해야 될 것이다.

이제 질병 차원을 넘어 생물산업은 인간사회에 모든 분야에까지 영향을 미치고 있다. 그 중에서도 특별히 맞춤의학은 유전자와 단백질 간의 관계를 깊이 이해할 수 있게 해 주었고, 대부분의 의약품이 단백질 차원에서 합성되는 것이라는 것을 생각할 때 앞으로는 전혀 부작용 없는 처방이 가능하게 될 것이다.

함께 생각해 볼 문제

1. 비교유전체학과 기능유전체학, 약리유전체학을 비교해서 설명하시오.

2. 인종별로 특이한 유전질환에 대해서 조사해보시오.

3. 모든 인류에 기준이 되는 "표준유전자"를 설정하는 것이 가능할까? 이에 대해 의견을 정리해보시오.

4. 현재 개발되어 있는 바이오의약품들을 조사해보시오.

5. 바이러스를 이용한 바이오의약품의 문제점은 무엇인가?

6. 암 치료의 3단계를 설명하시오.

7. 맞춤의학과 맞춤의약을 설명하시오.

8. 빅데이터와 4차산업, 그리고 유전자검사에 대해 종합하여 말해보시오.

9. NGS를 통해 무엇이 가능해질 것인지, 그리고 이전의 바이오신약 시대와 무엇이 달라질지에 대해 자료를 찾아 정리해보시오.

10. 바이오의약이 발달하면서 발생할 수 있는 특허분쟁에 대해 조사하시오.

인간의 수명이 늘어나면서 필요한 장기를 수급하는 문제가 21세기 의학의 핵심이 되고 있다. 이를 위해 인공장기를 만드는 다양한 방법들이 선을 보이고 있지만 모두 장점과 함께 단점을 지니고 있다. 새롭게 소개된 방법은 줄기세포와 복제를 활용한 장기의 수급이다. 이 역시 문제점을 가지고 있지만 점차 개선 과정을 거치면서 나아질 것으로 전망된다. 어느 장기를 이식하느냐, 그리고 얼마나 많은 장기를 이식하느냐에 따라 인간의 정체성이 훼손될 수 있다는 지적은 모두가 함께 지켜보아야할 윤리적 문제이다.

인공장기

장기이식은 인류의 복지 차원에서 매우 중요한 일이라 할 수 있다. 그러한 점에서 장기이식은 의학이 인류에게 선사하는 또 하나의 선물인 셈이다. 제 기능을 발휘하지 못하는 심장이나 간, 신장, 췌장, 연골 등을 기능을 발휘할 수 있는 것으로 갈아 끼움으로써 한 사람의 생명을 살릴 수 있는 것이다. 그러나 이러한 장기이식에는 매우 큰 문제가 있다. 바로 이식할 장기가 절대적으로 부족하다는 것이다. 이식을 기다리는 사람들은 많고, 필요로 하는 장기의 수요도 많으나, 이식할 장기가 태부족 상태이기 때문에 이식을 받으면 살 수 있는 사람들도 미처 맞는 장기를 구하지 못해서 죽는다든지, 혹은 암거래로 장기를 매매하는 부작용이 생기기도 하는 것이다. 이러한 문제점을 해결하기 위해 의료진과 과학자들은 생명공학과 조직공학 등을 이용하여 인공장기를 만드는 일에 관심을 가지게 되었고, 점차 그 결실을 보고 있다.

기계공학적 인공장기

최근에 들어와 인공장기를 만드는 방법은 크게 기계공학을 이용한 인공장기와 생체조직공학을 이용한 인공장기, 형질전환동물을 이용한 인공장기, 배아줄기세포(ESC, Embryonic Stem Cell)를 이용한 인공장기로 나눌 수 있다.

기계공학을 이용한 인공장기는 신소재와 기계공학이 결합된 결과물이다. 그러나 아직까지도 신체 적응 문제가 풀어야할 과제로 남아있다. 이러한 기계적 인공장기로써 인공심장, 인공판막이 대표적이다.

심장은 몸에서 가장 중요하며 잠시도 쉴 수 없는 장기이지만 그 중요성에 비해 구조가 비교적 간단하다. 인공심장은 크게 심실보조장치와 완전이식형 인공심장으로 구분되는데, 완전이식형 인공심장은 자연심장의 전체 기능이 회복되지 못한 상태일 때 사용하는 장치이다.

판막의 경우에는 늘어나는 것도 문제이지만, 줄어드는 것도 문제이다. 판막이 늘어나게 되면 나간 혈액이 도로 역류되는 상황이 벌어지지만, 그 반대로 줄어들게 되면 혈액이 정상적으로 나가지 못하는 부작용이 생긴다. 인공판막은 이런 기능을 상실한 판막을 대신할 수 있도록 개발된 것으로 현재까지 약 60여종이 개발되었다.

그 외에도 인공심장혈액펌프, 인공후두, 인공췌장, 인공신장, 인공요관, 인공심폐기, 인공관절 등의 인공장기가 개발 중이거나 개발되어 있다.

생체조직공학(조직배양)을 이용한 인공장기

생체조직공학을 이용한 인공장기는 최근 들어 급속한 발전을 보이고 있다. 이론적으로는 모든 장기의 재생이 가능하기 때문에, 조직공학을 이용한 인공장기의 개발은 희망적이라 할 수 있다. 조직공학을 이용한 인공장기란 인간의 신체 각 부위 조직을 배양해서 이식용 장기나 근육, 뼈와 같은 구조물 등을 만들어 내는 것을 말한다. 환자 조직의 일부를 떼 내어서 분해성고분자재료에 뿌린 후, 필요한 장기의 모양으로 배양하는 것이다. 배양이 끝난 장기를 환자의 몸에 이식하게 되면 고분자재료는 체내에 흡수되고 세포만 장기조직으로 커나가도록 하는 것이다. 조직 배양은 자궁의 원리를 이용한 것으로 배양기 내의 온도, 영양, 산소 등을 자궁과 같게 만들어 자궁 속에서 태아가 자라듯 배양한다.

토끼의 귀에서 연골과 뼈세포를 분리해 체외에서 대량으로 조직을 배양한 뒤 각각 코와 귀 모양의 생체분해성 고분자틀을 만들고 이곳에 연골세포를 배양해서 인공적인 코와 귀를 만들 수 있다. 생분해성 고분자틀은 인체 내에서 일정기간이 지나면체내에 흡수되어 없어지게 된다.

또 한 예로써 인공피부를 들 수 있다. 이전에는 피부에 상처가 생기면 환자 자신의 피부조직을 떼어 이식을 하였다. 하지만 외상이나 화상과 같이 피부의 상당 부분이 손실되었을 때에는 피부조직을 떼어 내어 이식하기에는 한계가 있다. 만일 이러한 경우 환자 본인의 피부조직을 떼어 내어 바로 이식하지 않고, 일정 시간동안 배양한 뒤 이식한다면 상당 부분의 손실도 치료가 가능할 것이다. 이러한 인공피부는 아직 실험 단계에 머무르고 있지만 실용화된다면 환자들에게 많은 도움을 줄 수 있을 것으로 기대되고 있다.

이렇게 조직공학을 이용한 인공장기는 살아있는 조직을 사용하는 것이기 때문에 이제까지의 플라스틱 등을 이용한 인조물과는 달리 인간의 몸에 이식이 되면 원래의 형태대로 자라난다는 장점을 가지고 있다. 또한 소량의 조직을 배양하여 대량으로 사용할 수 있다는 장점도 가지고 있다.

형질전환동물을 이용한 인공장기

인공장기를 확보하는 또 다른 방법 중 하나는 동물의 장기를 이용하는 것이다. 현재 동물의 장기 중에서 사람의 장기와 비슷한 크기이며, 유사한 유전자 배열을 가지고 있는 돼지가 집중적 연구 대상이다. 그러나 돼지처럼 다른 종의 조직을 환자에게 이식하면 사람의 면역시스템에 의해 그 조직은 수 시간 내에 급속히 파괴된다. 지금까지는 이식받은 환자가 이식받은 조직이 면역적으로 파괴되지 않도록 하기 위해 무균실에서 오랜 기간 동안 면역억제제를 계속 주사해왔으나, 이는 근본적인 치료법이 될 수 없다는 단점이 있다. 이처럼 일반적인 동물의 장기를 이식하게 되면 면역거부반응을 일으키기 때문에 이를 극복하기 위해 형질전환동물을 이용하려는 연구가 진행 중이다. 인체 내의 급속한 면역작용은 항체와 결합해 항원을 퇴치하는 물질인 보체라는 단백질 때문에 주로 발생한다. 따라서 인체 내에서 보체가 만들어지지 않도록 하는 효소의 유전자를 뽑아내 돼지의 수정란에 이식하여 형질을 전환시키는 연구가 진행 중이며, 이렇게 만든 동물을 체세포 복제를 통해 복제한다면 많은 수의 장기를 손쉽게 얻을 수 있을 것이다.

그러나 위와 같은 방식으로 면역반응을 일으키지 않는 돼지의 장기가 개발된다고 모든 것이 해결되는 것은 아니다. 돼지의 장기가 비록 인간의 것과 크기가 비슷해도 네 발로 다니는 짐승의 장기와 직립인간의 장기가 비슷한 기능을 발휘할 수 있는가 하는 문제점이 남아 있다. 더욱이 돼지가 인간과 오랜 시간 함께 생활해 왔기 때문에 다른 동물에 비해 인간에게 해를 끼치는 병균이나 바이러스가 거의 없다고는 하지만, 아직 밝혀지지 않은 치명적인 병균이나 바이러스가 인간에게 영향을 미칠 가능성도 배제할 수 없다는 문제점이 남아있다.

배아줄기세포를 이용한 인공장기

앞에서 알아 본 인공장기들은 몇 가지 기술·의학적인 문제점을 가지고 있다. 그러나 줄기세포(stem cell) 배양법을 사용하면 자신의 세포로 만든 장기를 이식할 수도 있다.

줄기세포란 특정한 자극을 주면 혈액, 근육, 신경조직 등은 물론 심장이나 간 등

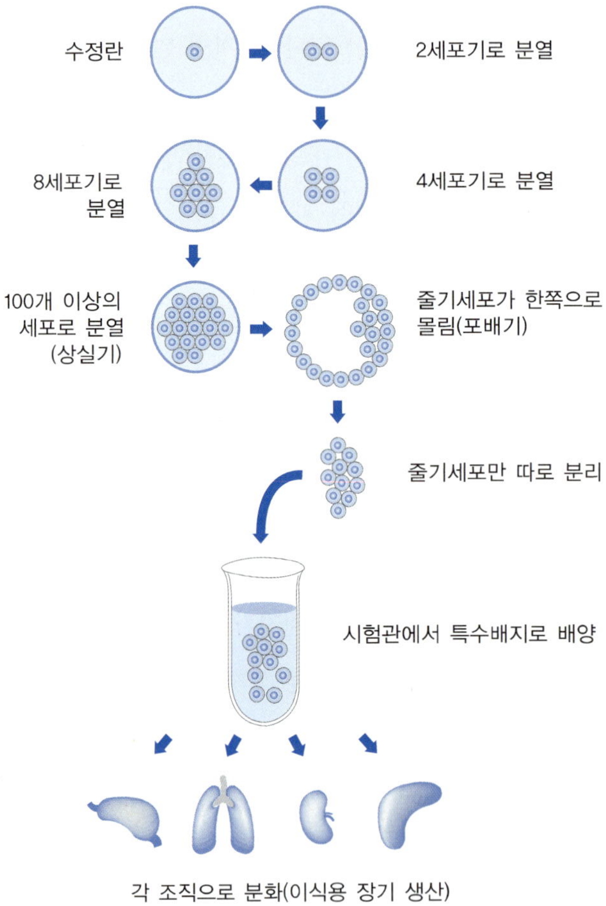

[그림 11.1] 배아줄기세포를 이용한 인공장기 제작 과정

모든 형태의 조직으로 분화가 가능한 세포다. 따라서 장기 이식을 필요로 하는 환자의 건강한 세포를 채취해 줄기세포를 만든 다음 일정한 배양조건에서 원하는 장기를 만들어 환자에게 이식하는 것이다. 1998년 미국의 연구진들은 이미 인간의 배아 줄기세포를 만들어 내는데 성공하였다. 그러나 인간의 배아세포에 대한 연구는 배아가 다시 자궁으로 들어가면 인간으로 성장할 수 있다는 윤리·도덕적인 문제가 뒤따르기 때문에 제한을 받을 수밖에 없으며, 세포의 분화에 대한 연구는 시작 단계에 불과하기 때문에 원하는 장기를 만들기 위한 여러 가지 조건과 환경에 대한 실용화는 아직도 많은 시간과 노력을 필요로 한다.

먼저 핵을 제거한 난자와 환자의 체세포를 융합시킨 후 분열을 거듭하여 포배상태가 되면 외부층은 제거하고 내부의 세포덩어리 부분만을 따로 배양한다. 일정시간이 지나면 배아줄기세포가 형성되고, 이를 원하는 장기에 맞는 배양조건에 두어 장기를 만들어낸 후 환자에게 이식시키는 것이다.

형질전환동물

형질전환이란 인위적으로 외부 유전자를 주입하여 본래의 유전형질을 목적에 따라 변화시키는 것을 말한다. 형질전환은 말 그대로 인간이 필요로 하는 목적에 부합하는 또 다른 형질을 만들어 내는 것으로 가장 일반적인 형질전환의 예는 바로 형질전환동물이다. 형질전환동물은 동물이 원래 가지고 있지 않은 외부의 유전자를 재조합하여, 이를 동물의 염색체에 인위적으로 삽입시킴으로써 그 형질의 일부를 변화시킨 동물을 말하며, 최초의 형질전환동물은 대량으로 증폭된 성장호르몬 유전자를 주입한 '수퍼마우스'이다.

형질전환동물은 이식용 장기의 생산, 고가의 의약품 생산, 가축의 생산성 증대 등을 위한 목적으로 연구되고 있다. 즉, 인체가 돼지의 장기를 자신의 장기로 인식시킬 수 있도록 유전자를 조작한 형질전환돼지를 생산하려는 연구와 형질전환 동물을 이용하여 혈전증치료제, 조혈촉진제, 암치료제 등과 같은 고가의 치료용 의약품이나 호르몬을 생산하는 기술의 개발, 그리고 성장촉진, 축산물의 품질향상을 위한 형질전환 가축의 생산이 바로 그것이다.

초기의 형질전환동물은 기초실험을 위한 목적에 그쳤으나, 생명공학의 급속한 발달과 함께 형질전환동물의 이용범위는 매우 광범위하게 확대되었다. 우수한 가축을 생산할 수 있고, 유용단백질이나 생리활성물질 등을 생산할 수 있으며, 질병치료의 동물모델을 만들 수 있고, 인공장기를 만들어 낼 수도 있다.

선진국에서는 형질전환을 산업적으로 이용함으로써 고부가가치를 낼 수 있다는 측면에서 국민의 삶의 질 향상과 국가경쟁력 확보를 위해 형질전환동물 연구에 집중적인 지원을 하고 있다. 그러나 우리나라는 형질전환동물 분야에서 선진국에 비해 다소 뒤쳐져 있고 지원이 매우 부족한 현실이다. 그러나 늦은 출발에도 불구하고 단시간에 형질전환된 젖소·흑염소, 돼지 등을 만들어내는 데 성공하였다. 이렇게 축적된 고도의 기술을 바탕으로 우리나라도 형질전환동물을 이용한 고부가가치 산업에 뛰어들어 국가경쟁력을 가진 바이오선진국으로서 발돋움할 수 있어야 할 것이다.

형질전환동물은 결국 인간에게 유용한 물질을 만들어내는 동물을 만들어내는 기술이다. 형질전환동물로부터 얻은 물질은 다른 산업에서 쉽게 얻기 힘든 고부가가치의 상품이 된다. 뿐만 아니라 형질전환동물을 통해 매우 구하기 힘든 의약품을 만들어냄으로써 의료비 절감 및 국민보건증진이라는 측면에서도 유용하기 때문이다.

형질전환동물 제조방법

이러한 형질전환 동물을 만드는 방법에는 크게 다섯 가지가 있다. 수정란의 핵에 유전자를 주입하는 미세주입법, 배아줄기세포를 이용하는 방법, 바이러스 벡터를 이용하는 방법, 직접 정자를 사용하는 정자매개법, 생식세포가 아닌 체세포를 이용하는 체세포 핵이식 복제 방법 등이다. 이 중에서 수정란의 핵에 유전자를 주입하는 미세주입법과 배아줄기세포를 이용하는 방법, 체세포 핵이식 복제 방법에 대해 간단히 살펴보자.

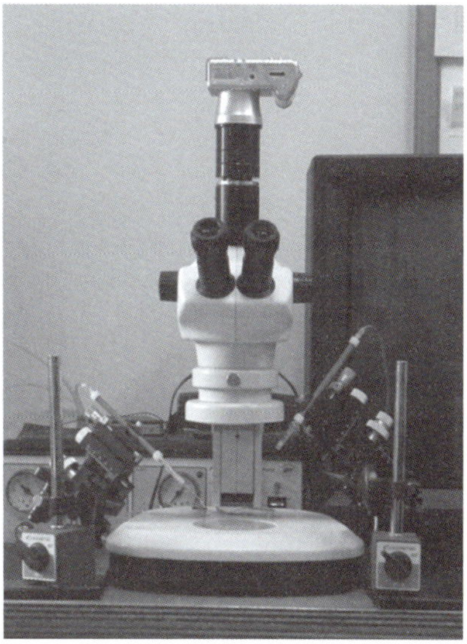

[그림 11.2] micromanipulator

미세주입법(microinjection)은 유용 유전자를 마이크로매니퓰레이터(micromanipulator)라는 장치로 직접 수정란으로 찔러 넣는 방식이다. 암수 동물에서 각각 난자와 정자를 얻은 후 시험관에서 수정시키고, 현미경으로 살펴보며 핵이 서로 융합되기 직전(전핵이라고 부른다)에 정자핵이나 난자핵에 미세한 피펫 주사기로 삽입하는 방식이다. 이렇게 유전자를 이식받은 수정란을 대리모의 자궁에 이식하며, 자궁에 착상시켜 새끼를 여러

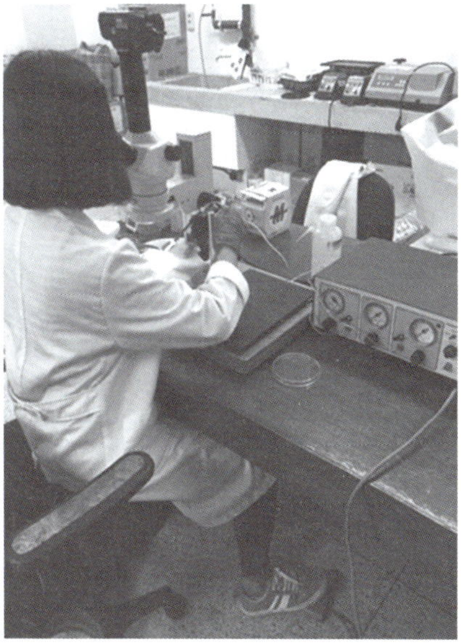

[그림 11.3] 미세주입기로 실험하는 모습

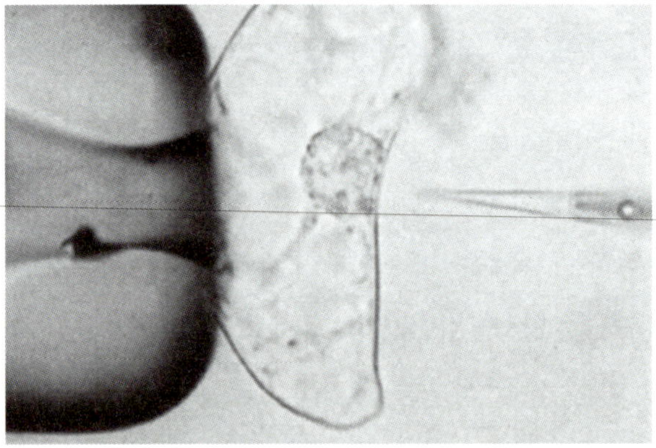

[그림 11.4] 미세주입 실험

마리 출산시킨다. 이 가운데 목적한 유전자를 가졌는가를 조사하여 형질전환동물을 골라낸다. 이 방법은 다양한 동물에 응용될 수 있는 장점은 있으나 아직은 성공률이 낮아서 막대한 비용이 들 뿐 아니라 세심한 조작이 어렵다는 단점이 있다. 그러나 복제기술이 발달함으로써 단 한 마리의 형질전환동물만 만들게 되면 이로부터 여러 마리를 생산해낼 수 있게 되었다.

두 번째로 배아줄기세포(embryonic stem cell)를 이용하는 방법이 있다. 이는 효율성이 높을 뿐만 아니라 목적하는 유전자에 조준을 맞추는 유전자 표적법이라는 방법으로 고도의 조작도 가능한 방법이다. 배아줄기세포란 수정란의 발생초기에서 다양한 조직으로 분화 발생이 가능한 세포를 말한다. 이러한 배아줄기세포에 유용한 유전자를 전이하고 이들 중 안정적으로 전이된 세포만 선별하여 발생 초기의 배아에 재주입하게 되면 형질전환 개체를 만들어 낼 수 있다. 그러나 아직까지 줄기세포를 이용할 수 있는 동물은 인간과 쥐 등 몇몇 종에 한정되어 있어 줄기세포를 이용한 형질전환동물이 많지 않다는 단점이 있다.

최근 들어 가장 주목받고 있는 체세포 핵이식 방법은 1997년 영국에서 태어난

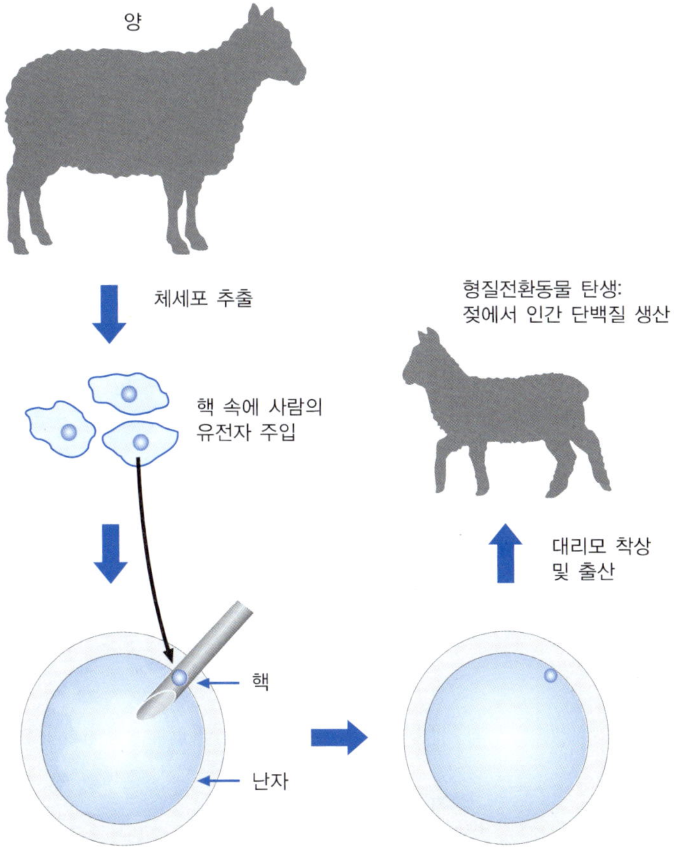

[그림 11.5] 형질전환동물을 만드는 과정

복제양 돌리에 처음으로 적용이 되었다. 체세포 핵이식 복제는 난자와 정자가 결합하는 수정과정 없이 생명체를 만드는 과정이다. 즉 생명체를 만들어내는데 생식세포를 이용하지 않고, 체세포의 일부를 떼어내서 복제하는 것을 말한다. 체세포 핵이식 방법은 미세핵주입법의 단점을 보완하여 형질조절작업이 크게 향상된 방법이며, 태어난 형질전환 동물은 거의 100%의 형질전환율을 보일 정도로 높은 효율성을 자랑한다.

[표 11.1] 주요 형질전환동물들

국내	국외
• **형질전환 돼지 새롬이** : 사람의 조혈촉진 유전자를 돼지의 수정란에 주입시켜 빈혈 치료제, 조혈 촉진제를 생산 • **형질전환 흑염소 메디** : 사람의 백혈구 증식인자를 생산 • **젖소 보람이** : 사람의 초유에 많이 함유되어 있는 락토페린(lactoferin) 유전자 도입 • **형질전환 닭** : 단백질 주사제인 알부민을 생산 • **형질전환 돼지** : 체세포 복제기술을 이용해 사람의 장기를 생산	• **사람의 O형 혈액형 함유 돼지** : 1992년 일본 나고야대학에서 개발 • **형질전환 쥐** : 1993년 영국 Biogen사, 유로키나제를 함유한 형질전환동물 개발 • **형질전환 돼지** : 1995년 미국 Neztrans사, 이식용 인공 간을 생산하는 형질전환동물 개발 • **형질전환 쥐** : 1998년 미국 USDA, 사람 성장호르몬을 함유한 형질 전환동물 개발

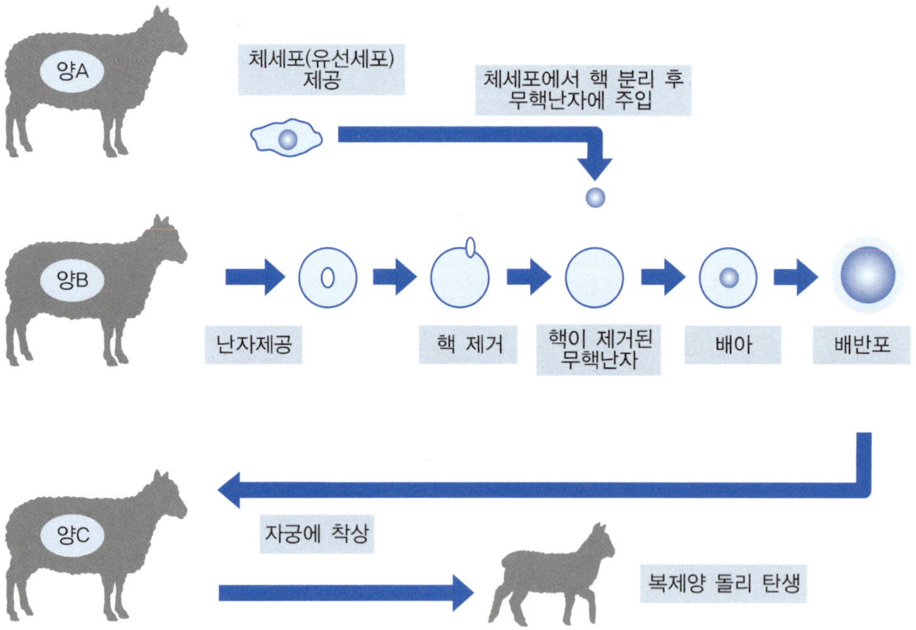

[그림 11.6] 체세포 핵이식 복제 원리

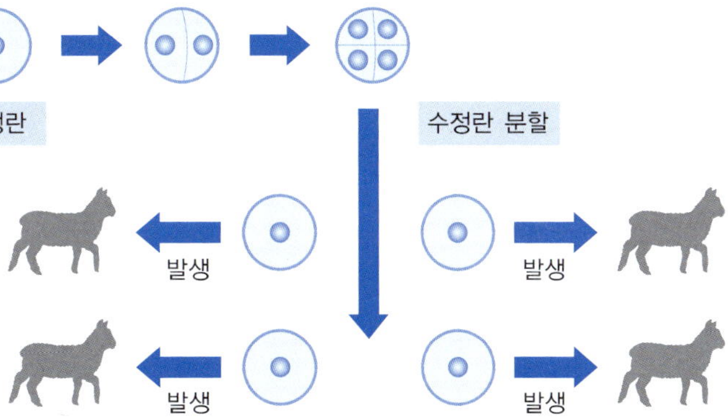

[그림 11.7] 수정란 복제

그러나 이러한 장점과 함께 문제점도 존재한다. 먼저 핵을 이식하는 과정 자체가 매우 어려우며, 복제된 수정란이 발달하는 과정 중에서 돌연변이가 생기기 쉬워 유산할 가능성도 높다. 또한 형질전환되어 태어났다 하더라도 생명을 유지할 확률이 매우 낮다는 문제점이 있다.

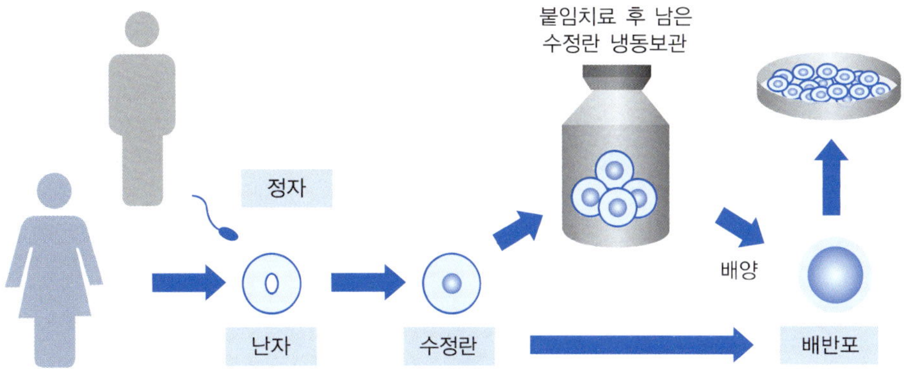

[그림 11.8] 냉동수정란을 이용한 줄기세포

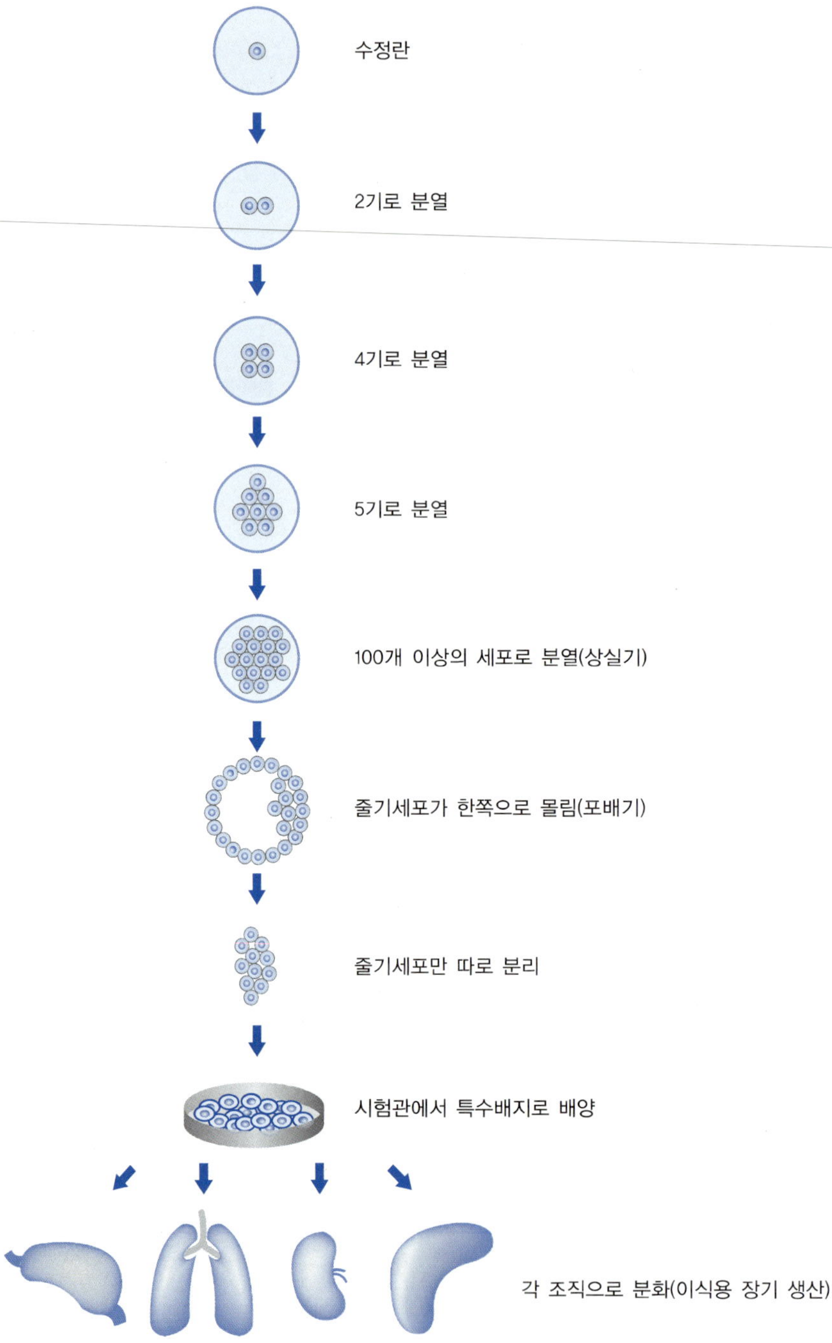

[그림 11.9] 배아복제와 줄기세포를 이용한 장기생산

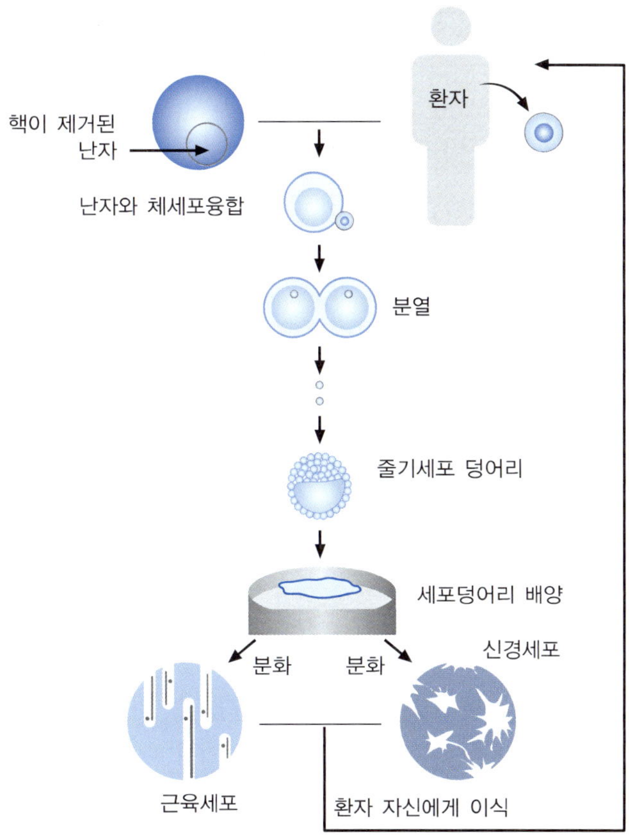

[그림 11.10] 자가 체세포를 이용한 장기생산

역사와 현황

국내에 선보인 형질전환동물의 현황을 살펴보면, 사람의 조혈촉진 유전자인 에리트로포에틴(erythropoietin)을 돼지의 수정란에 주입시켜 빈혈치료제 및 조혈촉진제를 생산하는 세계 유일의 형질전환돼지 "새롬이"가 개발되었다. 또한 사람의 백혈구 증식인자가 생산되는 형질전환 흑염소 "메디"와 사람의 초유에 많이 함유되어 있는 락토페린(lactoferin)유전자가 도입된 젖소 "보람이" 를 만들어내었다. 그리고 단

백질 주사제인 알부민을 생산해 내는 형질전환 닭이 연구 중이며, 체세포 복제기술을 이용해 사람의 장기를 생산하는 미니돼지(minipig)도 만들어졌다.

해외의 경우 1992년 일본 나고야대학교에서 사람의 O형 혈액형을 함유한 돼지를 개발한 것을 시작으로 1993년 영국 Biogen 회사에서 유로키나제(urokinase)가 함유된 형질전환 쥐를, 1998년 미국 USDA에서 사람 성장호르몬을 함유한 쥐를 개발하였다.

형질전환동물과 복제

앞에서 인간의 복지향상이나 질병 치료 등에 이용할 수 있는 형질전환동물에 대해서 알아보았다. 그러나 형질전환동물을 만드는 데에는 많은 시간과 비용이 든다. 더욱이 현재까지의 기술로는 형질전환동물을 만들어내는 성공률이 매우 낮다는 문제점이 있다. 그러므로 이러한 낮은 효율을 해결할 수 있는 방법으로 복제기술이 부각되고 있다. 유전자재조합이나 전이를 통해 탄생한, 성공률이 낮은 형질전환동물을 한 마리만 만들고 난 후 복제기술을 이용하여 이 형질전환동물을 다수 생산함으로써 그 결과를 몇 배로 증대시킬 수 있다는 것이다.

그 예로 영국의 PPL 셀러퓨틱스사에서 1997년 7월에 만든 복제양 '폴리'를 들 수 있다. PPL사는 로슬린 연구소와 공동으로 '돌리'를 만든 곳으로, '폴리'는 혈액응고 성분이 들어 있는 혈우병 치료약의 유전자를 주입시킨 복제양이다.

또한 인공장기를 만드는 데에도 형질전환동물을 이용하려는 움직임이 활발해지고 있다. 여기에도 복제 기술을 적용하여 형질전환방법을 한 단계 높일 수 있을 것으로 기대된다.

미국 국립보건원에서는 예전에 사람의 줄기세포를 또 다른 영장류의 배자에 주입하는 키메라 실험을 전적으로 금지한 적이 있었다. 놀라운 것은 예측할 수 있는 위험에도 불구하고 점차 규제를 풀고 허용하는 쪽으로 지금 방향을 선회했다는 것이다. 실험의 중요성과 발전 속도를 감안해 볼 때 2017년 이후에는 어떤 형태로든지 난치병과 불치병 치료를 위한 유전자 치료가 가능할 것으로 충분히 전망할 수 있다. 다만 잘못하면 반인반수가 탄생할 가능성을 배제할 수 없는데 어떤 조직을 이식해 주느냐와 얼마만큼의 조직을 이식했느냐에 따라서 사람과 동물과의 경계가 분명하지 않을 가능성을 조심해야 할 것이다. 지금도 돼지의 심장이나 췌장 등 일부 장기를 인간에게 이식하고 있기 때문에 이런 논란은 핵심적인 문제가 될 수밖에 없다. 앞으로 인간의 줄기세포를 동물에게 넣어 만든 장기를 적출하여 사람에게 이식을 한다면 더욱 구별이 어려울 것이다. 인간의 정자나 난자를 이식한 동물을 만든다면 그 동물의 다음 세대는 어떻게 취급해야 할지도 확대해서 생각해야 할 문제로 계속 남을 것이다.

현재 우리나라에서는 약 3만 명 정도가 장기 이식을 기다리고 있는 현실이다. 보통은 대기시간이 5년 이상이라고 하니까 어떻게든지 장기를 구하기 위해 필사적인 노력을 벌이는 것이 사람의 본성이다. 건강한 미래를 위해서는 이러한 실험들에 대해 적합한 규제와 동시에 합리적 근거를 마련하는 현명한 판단이 필요하다.

복제양 돌리가 탄생하고 사망한지 벌써 꽤 오랜 세월이 흘렀다. 처음 포유류 복제 소식을 들었을 때의 경외감과 함께 몰려왔던 장기 수급에 대한 희망도 처음보다는 많이 가라앉은 상태이다. 오히려 복제 기술이 너무 쉽고 단순해서 인간복제의 우려가 도를 넘기도 하였다. 급기야 어떤 회사에서는 자신들의 종교적 주장을 관철하기 위해 거짓 발표를 하기도 하였다. 그럼에도 불구하고 멸종 위기에 내몰린 동식물을 보존하고, 우수 형질을 지닌 가축을 급격히 번식시키며, 식량 문제를 해결하는 등 여전히 복제의 장점은 많다. 생명복제는 생명 그 자체를 담보로 하는 기술이다. 사회적, 윤리적 공감대를 형성할 수 있는 제도를 잘 정비하여 현명하게 발전시키도록 노력해야 하겠다.

생명복제와 줄기세포

복제 또는 개체복제(individual cloning)는 한 생명체와 유전적으로 100% 동일한 다른 개체를 만들어내는 것이다. 복제에는 수정란분할을 이용한 수정란 복제와 체세포 핵이식을 이용한 체세포 복제의 두 가지 방법이 있다.

수정란분할법이라고도 불리는 수정란 복제는 수정란을 4-8개의 세포로 분열한 상태에서 각각의 할구들로 분리해 내는 기술이다. 이렇게 분리된 세포들 역시 다시 하나의 완전한 개체로 분화할 수 있는 능력이 있으므로 분리한 할구 각각을 자궁에 착상시켜서 인공적인 일란성쌍둥이들이 나오게 하는 것이다.

그런 반면 체세포 핵이식을 통한 체세포 복제는 복제양 돌리(Dolly)를 만드는 데 사용된 방법으로 성체의 체세포를 이용하는 방법이다. 성체의 체세포에서 핵을 분리해 내어 핵이 제거된 난자와 수정시켜서 새로이 분화하게 만드는 방법이다. 이

수징란을 자궁에 착상시켜서 핵을 제공한 성체와 동일한 새로운 개체가 탄생하는 것이다.

수정란 복제는 형제간의 복제를 의미하지만 체세포 복제는 세포를 제공한 성체와 복제된 생물이 부모 자식 관계를 이루게 된다는 차이점이 있다.

최초의 포유류 복제-돌리

1996년 7월 5일 오후 5시, 영국 에딘버러 근교에 있는 로슬린 연구소(Roslin Institute)의 이안 윌머트(Ian Wilmut) 박사에 의해 체중 6.6kg의 복제 양 '돌리(Dolly)'가 태어났다. '돌리'는 체세포를 이용한 최초의 복제 포유동물인데, 이 때 사용된 체세포는 여섯 살짜리 암컷 양의 유선세포였다. 돌리는 이 유선세포를 이용해 수정란과 똑같은 세포를 만들어 대리모 양의 자궁에 이식하는 방법으로 탄생되었다. 즉 돌리는 수컷을 배제한 채 암컷 세 마리만으로 복제된 것이다. 이는 암수의 구별 없이 무성생식만으로도 새로운 생명이 발생할 수 있다는 것을 시사한다.

돌리의 탄생은 이미 분화가 끝난 세포는 더 이상 분화되거나 다른 기능의 세포로 전환될 수 없다는 이제까지의 발생학 기초를 흔들어 놓기에 충분하였다. 돌리 이전의 복제동물들은 모두 체세포로부터가 아닌 수정란으로부터 발생한 것이었다. 그러나 돌리는 유선세포라는, 분화가 끝난 체세포를 이용하여 복제하였기 때문에 분화된 세포라 하더라도 유전정보를 새로이 변환시키거나 발생 초기 상태로 돌려놓을 수 있다는 것을 증명해준 것이다.

더욱이 이러한 점 때문에 돌리의 탄생은 사람도 체세포를 이용해 이론적으로는 얼마든지 무성생식적 복제가 가능하다는 것을 시사함으로써 인간복제에 대한 우려를 현실화시키는 계기가 되었다.

동물복제의 역사

최초의 핵 이식 실험은 1952년 로버트 브릭스(Robert Briggs)와 토마스 킹(Thomas King)이 개구리 배아에서 얻은 핵을 다른 수정란에 이식하는 핵치환 기술을 성공시킨 것이다. 1984년에 양의 6~8세포기 배아에서 핵치환이 성공하였고, 이어서 1987년 캐나다의 바이오사이언스(Bioscience) 회사는 32개로 분열한 소의 수정란의 할구를 분리해 미리 핵을 제거한 난자에 넣는 수정란 복제 방법을 통해 여덟 마리의 일란성 쌍둥이를 탄생시키기도 하였다. 1993년에는 일란성 쌍둥이의 원리를 이용하여 제리 홀(Jerry Hall) 박사가 다정자 수정된 2세포기의 인간 배아를 분리하는데 성공하였으나 이들의 연구 결과가 인간복제를 몰고 올 지도 모른다는 우려를 낳는 바람에 인간 배아를 대상으로 한 연구는 더 이상 진전되지 못하였다. 그럼에도 불구하고 다른 포유류에 대한 복제 연구는 계속되어서 1994년에 미국의 위스콘신 대학에서는 소의 배아를 이용해 4마리 송아지를 복제하는데 성공하였다. 그러던 중 1996년 7월에 체세포를 이용한 복제양 '돌리'가 영국 로슬린 연구소의 이안 윌머트 박사 등에 의해 탄생하기에 이르렀다. 돌리의 탄생 이후 유사한 방식으로 전 세계적으로 다수의 복제동물이 탄생하였고 지금은 형질전환동물을 복제하기에 이르렀다.

1997년에는 미국에서 복제 원숭이가 만들어졌는데, 이때는 수정란이 8세포기 상태일 때 핵을 빼내어 핵이 미리 제거된 난자에 넣은 뒤 이를 자궁에 옮겨 복제시키는 방법을 사용하였다. 우리나라에서도 1995년에 수정란 복제 방법으로 복제 송아지가 탄생하였고, 1999년에는 체세포 복제 방법으로 다시 복제 송아지가 탄생하기도 하였다.

수정란 복제

앞에서 이야기했듯이 수정란분할법은 수정란이 4-8개의 세포로 분열한 상태에서 각각의 할구들을 분리해 내는 기술이다. 이렇게 분리된 세포들 역시 다시 하나의 완전한 개체로 분화할 수 있는 능력이 있으므로 분리한 할구 각각을 자궁에 착상시켜서 수정란 복제를 하게 된다.

체세포 복제

체세포 복제는 분화가 끝난 성체의 체세포를 이용하는 방법이다. 복제양 돌리를 탄생시킨 기술이다. 성체의 체세포에서 핵을 분리해 내어 핵이 제거된 난자와 수정시켜서 새로이 분화하게 만드는 방법이다. 이 수정란을 자궁에 착상시켜서 핵을 떼어낸 성체와 유전적으로 동일한 새로운 개체가 탄생하게 하는 것이다. 이 때 체세포의 핵은 이미 분화가 끝난 상태이므로 이 핵을 발생 초기 상태로 돌려놓는 것이 기술의 핵심이라고 할 수 있다. 핵을 발생 초기 상태로 돌려놓기 위해 영양분을 제거하여 세포의 휴면상태인 G_0 상태로 유도시킨 다음 무핵난자와 세포융합시킴으로써 체세포 복제를 성공시키는 것이다.

복제의 장·단점과 문제점

동물복제가 수정란 복제에서 점차 기술이 발전하면서 체세포 복제방법으로 바뀌어 감으로써 인간복제에 대한 우려가 차츰 커져가고 있다. 그렇다면 이러한 우려와 비난에도 불구하고 복제를 하려고 하는 이유는 무엇일까? 복제를 통해 우리가 얻게 되는 것은 무엇일까?

먼저 동물복제는 인간에게 필요한 물질이나 생명체를 대량으로 생산할 수 있다는 장점을 가지고 있다. 대다수의 동물복제는 이러한 이유와 목적으로 계획되고 진행된다. 보다 우수한 품종의 가축을 대량으로 생산하기 위해서 우리는 오래 전부터 생식단계에서 조절하는 방법을 사용하여 왔고, 복제가 가장 적절한 방법이라는 것이다. 실제로 수정란 복제의 경우에는 우수한 품종의 가축을 높은 성공률로 대량 생산해낼 수 있는 장점을 가지고 있다.

그러나 체세포 복제의 경우에는 우량 가축의 대량생산보다는 유용한 물질을 생산해 내는 형질전환동물을 대량으로 생산하는 데 그 목적이 있다고 할 수 있다. 인간에게 유용한 물질이나 의약품을 생산해내는 형질전환동물을 만드는 데에는 수많은 비용과 시행착오가 필요하다. 즉 생산해내는 것에 비해 수익성이 맞지 않는다는 것이다. 더욱이 만들어진 형질전환동물의 경우 생식능력에 문제가 생겨서 2세를 낳을 수 없을 뿐만 아니라 기존의 수정란 복제를 할 수 없는 문제점이 있다. 그러나 체세포 복제 기술을 이용하여 형질전환된 동물의 체세포를 복제하여 똑같은 개체들을 만들 수 있다면 형질전환동물과 유전적으로 100% 동일한 유전자를 가지고 태어나기 때문에 유용한 물질을 그대로 만들어 낼 수 있는 것이다. 실제로 1997년, 돌리를 만들어낸 로슬린연구소 내의 PPL 세러퓨틱사에서는 '폴리'라고 하는 형질전환복제동물을 만들어 내는 데 성공하였으며 우리 나라에서도 형질전환동물을 이미 만들어 내었다.

또 하나 복제를 찬성하는 입장에서는 복제기술이 불임부부에게 새로운 희망을 줄 수 있다는 장점을 가지고 있다고 주장한다. 즉 정자에 문제가 있어서 정상적인 방법으로는 수정이 불가능한 부부를 위해 체세포 핵이식술을 이용하면 정자가 없이도 수정이 가능하므로 불임문제를 해결할 수 있는 길이 된다는 것이다. 물론 여기서 윤리적인 문제는 배제한다는 전제하에서 이야기할 수 있다. 어머니의 난자에서 세포질만 이용하고 핵은 어머니, 혹은 아버지의 체세포를 이용한다면 어머니와 꼭 닮은 딸, 혹은 아버지와 꼭 닮은 아들을 낳을 수도 있는 것이다. 또 수정란의 분리 기술을 이용하면 자궁에 이식하기 전에 수정란을 검사하여 결함이 있는 것을 걸러 내거나 혹은 그 유전자만을 교정하여 건강한 아기를 얻을 수 있다는 것이다.

그렇다면 이러한 장점을 가지고 있는 복제에는 문제점이 없는 것일까? 있다면 과연 어떠한 문제점일까? '돌리'의 예를 보았을 때 체세포 복제 동물의 경우에는 출산시의 과체중이나 출산 후에 사망률이 높다는 점, 복제동물의 세포 나이가 제공되어진 동물 세포의 텔로미어(telomere)에 의해서 정해짐으로써 일찍 죽을 수 있다는 문제점 등이 있다. 윤리적·사회적 문제점은 기회가 될 때 다시 논의하도록 하고 여기서는 기술적인 문제점만 살펴보도록 한다.

첫 번째로 지금까지 복제된 동물 모두가 암컷이라는 문제가 있다. 이는 복제가 젖을 통해 치료용 단백질과 같은 물질을 생산해 내고 새끼를 출산시키기 위한 목적에서 시작되었기 때문이기도 하지만, 여러 가지 문제점과 기술의 부족으로 인하여 수컷의 복제는 거의 실패한다는 것이다.

두 번째 문제점은 복제 성공의 확률이 너무 낮다는 것이다. 돌리만 하더라도 227번의 시도 만에 한 번 성공을 하였으며, 그 이후의 복제동물들도 마찬가지로 낮은 성공률을 보이고 있다. 따라서 개체를 복제하기 위해서는 체세포 핵을 이식받은 난자를 착상시킬 대리모가 수 십에서 수 백까지 필요할 수 있다는 이야기가 된다.

세 번째 문제점은 복제된 새로운 개체의 노화가 핵을 제공한 개체의 노화속도와 비슷하다는 것이다. 돌리의 경우에도 6년생 암양을 복제한 후 약 3년이 지나서 세포의 노화를 알아보았더니 노화의 정도가 3년이 아닌 9년이었다는 것이다. 즉 제공된 세포의 핵이 이미 6년 만큼 염색체상에서 노화가 진행되었기 때문이라는 것이 전문가의 견해이다. 이것은 윤리적인 문제를 배제한 채 만일 인간을 복제하였다 하더라도 불로장생하는 데에는 기술적으로 어렵다는 뜻이 된다.

줄기세포 복제

배아줄기세포(embryonic stem cell)는 수정된 후 배아상태에서 분열이 활발히 진행되지만 아직 채 분화되지 않은 세포를 말하는 것으로, 이론적으로는 인체를 구성하는 모든 세포로의 분화가 가능하다. 이러한 이유로 배아줄기세포는 미래 의학의 핵심연구과제로 기대되고 있으나 착상만 하면 개체로 분화될 수 있는 배아를 희생시켜야 얻어지기 때문에 윤리적 논쟁의 핵심에 서있기도 하다.

배아줄기세포 복제는 기술적으로는 개체 복제와 유사하지만 개체를 얻으려는 것이 아니라 완전히 분화되기 이전의 배아줄기세포를 얻거나 분화되어 가는 과정을 연구하려는 것이다. 발생학에서 인간의 수정란은 수정 후 약 14일 정도에 배아 단계로 들어간다. 이때부터 모든 기관이 형성되는 8주 째 까지를 배아기(embryonic period)라고 부르며 이후부터를 이미 형성된 기관과 신체부위가 자라는 태아기(fetal period)라고 한다. 그러나 배아복제에서 말하는 배아는 엄밀하게 따져서 착상 이전의 수정란을 말한다. 즉 임신 시작에서부터 원시선이 출현하는 수정 후 약 14일(2주)까지의 배아를 전배아라고 부르고, 배아복제는 착상 이전까지의 전배아 상태에서의 복제를 의미한다.

배아의 형성과정은 발생학뿐만 아니라 임상의학 및 기초 생물학의 발전에 매우 중요하기 때문에 많은 학자들이 여기에 관심을 보이고 있으며, 배아줄기세포는 유전자요법으로 알츠하이머나 파킨스씨병 등의 난치성 질환과 당뇨병 등의 질환을 치료하는 데 매우 획기적인 방법으로 기대되고 있다. 현재 백혈병, 파킨슨병, 당뇨병 등에 걸린 환자에게 장애가 생긴 세포를 대신하는 정상 세포를 외부에서 배양하여 주입하는 유전자 치료가 면역학적으로 거부반응을 일으킬 수 있다는 문제점에 대한 답을 배아줄기세포에서 찾을 수 있다는 것이다.

즉 배아복제 연구를 통하여 환자 자신의 세포를 역분화시켜 사용할 수 있으므로 면역학적 거부반응의 문제나 배아 세포를 사용하는 데 대한 윤리적인 문제를 줄일 수 있다는 것이다. 아울러 배아복제에 대한 기술과 이론이 발전한다면 이를 이용하여 손상된 장기나 신체 부분을 배아줄기세포 하나로부터도 충분히 재생시킬 수 있는 장점을 가지고 있다. 즉, 이식용 장기들을 원하는 양만큼 대량으로 생산하여 현재 이식용 장기의 수급불균형을 어느 정도 완화시킬 수 있다는 기대를 가지게 한다.

배아복제와 줄기세포

개체복제만큼이나 전 세계적으로 뜨거운 윤리논쟁을 불러일으키는 것이 줄기세포를 얻기 위한 배아복제이다. 앞에서 이야기하였듯이 배아복제를 통한 배아줄기세포의 확보는 각종 난치병을 치료하는데 있어서 획기적인 계기가 될 수 있으며, 이식용 장기의 심각한 부족현상을 해소할 수 있다는 여러 가지 장점이 있다. 그러므로 배아복제는 경쟁적으로 진행되고 있으며, 배아복제연구를 적극적으로 육성하여야 한다는 측은 이와 같은 의학적 이득을 근거로 하고 있다. 그러나 이러한 의학적·산업적·과학적 이득을 현실화하기 위해서는 해결되어야 할 윤리적·법적·사회적 문제가 매우 많은 것도 사실이다.

먼저 배아복제연구의 허용의 근거는 세포의 분화가 일어나기 이전 단계인 수정 후 14일 이내의 인간배아가 아직 원시생명선이 나타나기 이전이라는 데 있다. 그러나 그 주장은 수정 후 14일 이내의 배아는 온전한 생명체로 간주하지 않는다는 것이기에 논란의 여지가 생긴다. 그러나 종교적 특히 기독교적 관점에서 보았을 때 인간의 생명은 수정되는 순간부터 시작되는 것이므로 수정 후 14일 이내의 배아라 하더라도 생명체로 간주하여 인간배아복제연구는 결국 인간을 실험대상으로 삼는 것이 된다. 더욱이 배아복제는 하나의 개체를 연구나 어떠한 목적의 대상과 수단으로 삼는 것이기 때문에 더욱 허용할 수 없다는 입장을 보이고 있다.

또한 배아복제연구가 인간복제로 이어질 수 있다는 점에서 배아복제를 금지시켜야 한다는 주장도 만만치 않게 제기되고 있다. 인간복제를 허용하지 않은 채 배아복제만을 허용하였을 때 배아복제를 표면상 명분으로 하여 인간복제에 대한 연구와 복제를 행할 수 있는 가능성도 배제할 수 없다는 것이다.

물론 '인간 생명의 시작을 언제부터로 보는 것인가' 하는 것은 오랜 시간동안 논쟁의 핵심에 서있던 문제로서 수많은 과학자와 이론가들이 여러 학문적 입장에서 풀어왔지만 아직도 해답을 얻어내지는 못했다.

따라서 연구의 자유를 박탈당할 수 없고, 배아복제를 통해 난치병이나 불치병을 치료할 수 있는 의학적 이득과 장기수급 해결이라는 사회적 문제를 동시에 해결할 수 있는 배아복제연구를 포기할 수 없다는 연구지지자들과, 생명의 존엄성과 생명의 질서를 지키려는 반대자들 간의 배아복제에 대한 윤리적인 논쟁과 자율과 규제의 움직임이 매우 복잡한 실정이다.

또 한 가지, 배아복제를 통해서 이식용 장기를 대량 생산하여 장기이식을 기다리다 목숨을 잃는 환자들이 수 만 명을 헤아리는 안타까운 현실을 타개할 수 있다는 주장에 대해서도 한 번 생각해 보아야 한다. 배아복제가 허용이 되고 그 기술의 발달로 이식용 장기가 생산된다고 하더라도, 이러한 과학의 성과가 이를 필요로 하는 모든 사람들에게 과연 아무런 차별과 제한 없이 제공될 수 있을까 하는 것이다. 현재도 이식용 장기를 얻기 위해 어두운 곳에서 매매가 행해지고 있으며 고가에 장기가 거래되기도 한다. 그런데 배아복제와 같은 첨단의학으로 만들어진 이식용 장기 역시 당분간은 허용이 된다하더라도 소외된 계층에 돌아가기는 힘들 것으로 생각된다. 만일 그렇다면 배아복제에 의한 장기 역시 돈과 사회적 권력에서 소외된 계층에게는 또 다른 차별로 다가갈 것이 분명하다.

그렇다면 이러한 찬성과 반대의 논쟁으로 인하여 모든 연구를 중단하여야만 할 것인가? 물론 인류의 복지증진과 과학의 발달을 위해서도 그렇게 해서는 안될 것이다. 대안을 찾고, 허용과 규제의 범위를 명확하게 하여 규제할 것은 규제하고 허용할 것은 분명히 허용하여 이러한 과학이 우리에게 희망으로 다가올 수 있도록 하여야 할 것이다.

그 좋은 예가 배아를 이용하지 않은 줄기세포연구이다. 줄기세포는 태아의 조직뿐만 아니라 성인의 골수 등에서도 발견된다. 따라서 배아복제를 통한 줄기세포의 사회적·윤리적 논쟁에서 피할 수 있는 대체 방법이 될 수 있을 것이라 생각된다. 로마 교황청에서도 인간배아의 의학적 연구의 대안으로 탯줄과 태반을 통한 연구를 지지하고 있다. 탯줄과 태반에도 제대혈에 포함된 조혈모세포가 포함되어 있어서 윤리적인 문제점 없이 탯줄과 태반을 통한 줄기세포의 연구가 가능하다는 이야기이다.

인간복제

체세포 복제 양 "돌리"가 태어난 이후 전 세계는 복제연구에 경쟁적으로 뛰어들게 되었고, 그 이후 몇몇 복제동물이 세상에 모습을 보이기 시작하였다. 이렇게 복제에 대한 관심이 높아지면서 그와 함께 복제를 둘러싼 윤리 논쟁도 뜨거워지기 시작하였다.

복제를 찬성하는 측에서는 현실적으로 보았을 때 복제 기술이 산업이나 의학 등의 분야에서 긍정적인 이점이 너무 크기 때문에 윤리적인 잣대만으로 연구를 중단해서는 안된다고 이야기를 하고 있다. 복제를 반대하는 측에서는 자연의 법칙을 깨뜨린 복제동물들은 그것들이 내포하고 있을 문제점만으로도 위험성을 가지고 있으며, 종교적으로는 신의 영역을 침범하는 행위라고 하여 반대하고 있다. 또한 대다수의 일반인들은 복제 기술이 결국에는 인간복제로까지 이어져 SF 영화에서나 볼 수 있던 것들이 현실화되지 않을까 하는 우려를 하고 있는 것이 사실이다.

그런데 2002년 7월 23일, 인간복제전문회사인 클로나이드사(社)의 한국지사가 '6개월 내 복제인간을 탄생시키겠다'고 선언하였고 2003년 1월에는 세계 최초의 복제인간이 태어났다고 발표함으로써 인간복제의 시대가 실제로 온 것이 아닌가 하는 우려를 낳게 하였다. 비록 복제인간에 대한 발표가 신빙성의 문제로 인하여 더 이상 확대되지는 않았지만 이 사건으로 인하여 인간복제에 대한 경각심을 가져오기에는 충분하였다.

잘 알려진대로 클로나이드사는 인간이 외계인의 유전자 조작으로 탄생했다고 주장하는 종파인 라엘리안무브먼트에 의해 설립된 인간복제회사이다. 인간복제가 가능함을 입증해야만 외계인 이주설이 설득력을 얻기에 거짓 주장을 한 것이었다. 그럼에도 불구하고 이들은 기형아가 태어날 우려에 대해서는 다른 태아와 마찬가지로 유전자 진단을 통해 기형, 또는 선천성 질병 여부를 알아내 낙태할 수 있다는 입장을 밝혔으며, 20여 년 전 시험관 아기가 탄생할 때도 생명 윤리와 관련, 격렬한 반대가 있었으나 지금까지 25만여 명의 시험관 아기가 태어났다는 것을 상기시키며 인간개체복제를 금지하는 법도 결국 사라질 것으로 믿는다고 말함으로써 우리에게 많은 것을 생각하게 하였다. 이와 같이 이제 인간복제는 윤리적인 기준만으로 금지하기에는 그 기술과 과학적 업적에 관한 경쟁이 너무 가까이 다가왔음을 느낄 수 있다.

위의 사례에서 보았듯이 대리모만 구할 수 있다면 그리 어렵지 않게 인간을 복제할 수 있는 기술이 있고, 각국의 금지법이 나오기까지 걸리는 시간보다 인간을 복제할 수 있는 시간이 더 짧으며, 설령 규제가 있다하더라도 나라마다 규제의 범위와 정도가 틀려서 그 나라의 법망을 피해 다닌다면 얼마든지 법적 제재 없이 복제가 가능하다는 것이 실질적인 우려이다.

섣부른 인간복제는 여러 가지 또 다른 당면 문제를 낳게 될 것이다. 먼저 복제에 관한 연구를 위해서는 대리모를 이용하여야 한다는 점에서 윤리적 논쟁이 될 수 있다. 대리모가 원했든 원하지 않았든 간에 실험에 사용되어진다는 것은 인간이 실험의 수단으로 전락할 수 있다는 점에서 충분한 비판의 대상이 될 수 있다는 것이다. 이는 인간의 존엄성을 파괴하게 되며 돈이나 다른 협박에 의해 여성이 원치않음에도 불구하고 대리모로 이용될 수 있으며, 이러한 행위는 인간 존엄에 대한 전면적인 도전이나 마찬가지이기 때문이다. 이를 위해 여성단체·환경단체·시민단체들은 생명윤리관련법 개정 및 대리모 금지와 난자매매 금지 및 배아의 관리를 포함하는 인공수정에 관한 전반적인 법 정비를 요구하고 있다.

두 번째로 복제 과정에서 발생할 수 있는 기형아의 문제이다. 우리는 돌리를 탄생시키기 위해서 무려 227번의 실험이 필요했음을 잘 알고 있다. 이는 226마리의 양이 태어나기도 전에 죽었거나 기형 등 비정상 상태로 태어났다는 이야기이다. 동물보다 훨씬 복잡한 유전체계와 생리활동을 보이는 인간의 경우 이보다 더 낮은 성공률을 보일 수도 있는데, 그 때 태어나는 기형의 복제인간들은 과연 하나의 개체로 인정받을 수 있을까? 그리고 기형으로 태어날 경우 세상에 알려지지도 못하고 실험실에서 폐기되어 버린다면 그에 대한 규제는 어떻게 하느냐는 것이다. 인간의 존엄성을 배제한 채 복제인간을 그냥 연구의 결과물로만 본다면 복제인간의 생명은 어떻게 보장받을 수 있으며, 그 생명을 임의대로 처리할 권리와 결정권을 누가 가질 수 있느냐는 문제점이다.

세 번째로 인간의 권리를 부정하고 상호적인 관계를 전제하지 않는 생명 탄생에 대한 문제이다. 앞에서도 클로나이드사 측에서 말했듯이 우리는 시험관 아기에 대해서 처음보다 급격히 희석된 논리로 받아들이고 있는 것이 사실이다. 그러나 시험관 아기에 대해서 관대할 수 있는 것은 그것이 단지 자궁 대신 시험관이란 장소만 빌린 것에 불과할 뿐 정자와 난자의 수정이라는 유성생식의 법칙을 거스르지 않았기 때문이다. 그러나 인간복제의 경우에는 피부세포나 혈액 등의 소량의 체세포만으로 부모 중 한 사람과 똑같이 닮은 쌍둥이를 무성생식 방법으로 만들어낸다는 것에 문제의 소지가 있다. 부모의 형질을 모두 물려받은 것이 아닌 어느 한 쪽과 똑같은 형질과 모습으로 태어난 아기를 정상적인 자녀로 볼 수 있을지 지극히 의문스럽다. 이는 부모 자식의 관계가 아니라 세포 제공자와 나이와 체격만 다른 쌍둥이라고 하는 것이 더 적합할 것이기 때문이다. 이는 이제까지의 자연의 섭리를 송두리째 뒤집는 것은 물론 기본적인 가정의 질서마저도 깨뜨리는 행위로서 인류의 보편적 가치에 크게 어긋나는 것이다.

정부 등 관련기관이 생명 안전 및 윤리에 대한 사회적 장치를 마련해야하고, 그에 앞서 먼저 생명윤리를 위협하는 모든 연구를 제한하는 조치를 시행하며, 비윤리적인 생명공학기술을 이용한 영리 목적의 활동에 대해 규제 장치를 마련해야 한다는 시민단체의 목소리가 점차 커지고 있다.

마지막으로 생태계의 혼란이라는 문제점을 생각해 보자. 복제인간이나 동물의 경우 유전자군의 경쟁력이 결여되어 있다는 연구결과가 있다. 즉 자연 상태의 개체의 경우 생식세포 결합 시에 경쟁적 재조합으로 다양한 유전자군이 형성되는데 반해 복제의 경우 재조합 과정이 생략된 채 이전 개체의 핵을 이식받기 때문에 상상하지 못한 생태적 재앙과 함께 복제된 개체의 멸종을 초래할 수 있다는 것이다.

복제는 그 기술로 인한 이익도 매우 크지만 반면에 우리 사회가 감당하기 어려운 종교적·문화적·사회적 충격을 가져온다. 인간복제가 허용될 경우, 인간생명이 상품화되어 어디서든 생명을 구할 수 있게 되며 언제든 조작할 수 있고 마음에 들지 않을 때 폐기처분할 수 있게 된다. 결국 인명 경시 풍조가 만연해질 것이며, 인간의 존엄성과 경외감은 사전적 의미로만 남게 될 지도 모를 일이다.

유전자를 변형하는 주된 이유는 크고 강하며 생산력이 더 좋은 품종을 개발하기 위해서이다. 지금까지는 식물의 품종을 개선하고 병충해에 강한 작물을 만들기 위해 GMO 기술이 사용되었다면 앞으로는 동물과 가축의 범위에까지 동일한 기술이 적용될 가능성이 높다. GMO는 매우 매력적이지만 안전성에 대한 검증을 필요로 하며 이에 소요되는 시간이 장기적이라는 점이 걸림돌이다. 몇 세대를 거쳐야만 충분히 검증이 가능하기 때문이다. 그럼에도 불구하고 우수한 형질의 품종을 비교적 빠르고 쉽게 얻을 수 있다는 장점을 피해가기는 어렵기에 현명한 기준과 판단이 요구된다 하겠다.

GMO란?

GMO (Genetically Modified Organism)는 유전적으로 조작된 생명체를 통칭하는 말이지만 일반적으로는 유전자변형농산물을 표현할 때 쓰인다. 여기서 유전자변형농산물이란 유전자를 변형·조작하는 유전공학 기술을 이용하여 개발된 농산물을 말하는 것이다. 유전자조작산물이라고 표현되기도 하는데 이때 쓰이는 '조작'이라는 단어의 어감 때문에 거부감을 주기도 하므로 그냥 유전자변형산물이라는 표현이 더 자주 사용되는 편이다. GMO는 식량 문제를 해결할 수 있다는 점에서 몇 가지의 단점에도 불구하고 큰 기대를 모으고 있다. 보다 강한 병충해 내성을 가지는 등 외부 환경에 더 용이하게 이겨낼 수 있는 농작물을 만들어냄으로써 농산물의 생산증대를 꾀하게 될 수 있기 때문이다.

GMO를 만드는 목적에는 크게 세 가지가 있다. 그 첫 번째는 병해충 저항성이나 제초제 내성 등을 가진 품종을 개발하여 작물 재배를 보다 편리하게 하기 위해서이다. 두 번째는 고단백질 옥수수나 고녹말 감자처럼 소비자의 편익을 보다 증대시키기 위한 것이다. 마지막으로 특정 물질을 생산하는 공장의 역할로써 알부민(albumin) 주사제와 성장촉진제를 생산하는 담배, 항체를 생산하는 옥수수 등의 개발이 그 예이다.

GMO의 예

현재 유전자 조작으로 얻은 식물의 종류는 옥수수, 콩, 토마토, 감자, 벼 등 30여 종이며, 세계적으로 특허를 받은 GMO 품종은 무려 80여 개에 이른다. GMO의 예로써, 식물의 잎을 먹으면 해충이 죽도록 개발된 Bt 옥수수(Bt maize), 제초제에 내성을 가진 라운드업레디콩(Round-up ready soybean), 숙성이 지연되어 쉽게 무르지 않는 토마토 프레이버세이버(flavor saver) 등이 있다.

토마토 프레이버세이버는 미국 칼젠사(Calgen Company)가 개발하여 세계 최초로 생산·판매된 GMO이다. 유전자의 기능을 멈추게 하는 방법을 사용하여 열매가 잘 익지 않고 시간이 지날수록 물렁해지는 단점을 보완한 것으로 장거리 운송이 가능하고 겨울철에도 판매할 수 있다는 이점을 가지고 있다. 특허 문제나 안전성 문제로 인해 다소 논쟁거리가 되긴 했지만, 유전자 변형을 시도한 첫 번째 사례라는 점에서 그 의의가 크다고 할 수 있다.

식량문제의 해결사인가? 프랑켄슈타인 식품인가?

GMO를 연구하거나 만들어내는 측면에서는 GMO가 지구촌 가장 큰 문제 중의 하나인 식량난을 해결할 수 있는 최우선책이라고 주장한다. 기존의 품종 개량과는 비교할 수 없을 만큼 강력한 형질의 농산물이 생산됨으로써 생산량 증대를 가져오고, 이러한 생산량의 증대는 바로 식량난에 허덕이는 사람들에게 구원의 손길이 될 것이라는 것이 그들의 주장이다.

그러나 유전자를 응용하여 변형시켜서 새로운 품종이나 생물체를 만드는 것을 소설 '프랑켄슈타인'에 나오는 괴물에 비유하여 프랑켄슈타인식품이라고 하며 반대하는 사람들도 많은 것이 사실이다. 이들은 한 번도 먹어본 적이 없는 식품의 안정성 문제와 환경·생태계의 파괴 문제를 들어 GMO를 비판하고 있다.

GMO의 문제점

앞에서 살펴보았듯이 GMO는 여러 가지 장점을 가지고 있으나 동시에 거세게 비판받고 있다. 식품을 프랑켄슈타인이라는 괴물에 비유할 만큼 GMO는 비난과 논쟁의 중심에 서있는 것이다.

GMO에서 가장 문제가 되는 것은 안정성(stability)과 안전성(safety)에 관한 것이다. 앞에서 예를 든 토마토 프레이버세이버의 경우에서도 유전자 변형이 제대로 되었는지를 알아보기 위해 사용한 카나마이신(kanamycin)의 내성 유전자가 문제가 된다. 항생물질의 한 종류인 카나마이신의 내성유전자가 만드는 효소단백질이 안정적인가 하는 것에 관한 문제와 함께 그 물질에 대한 내성균이 체내에 침입하였을 때 항생물질이 효용성을 잃어버릴 지도 모른다는 것들이 논쟁거리가 되기 때문이다.

이와 같이 GMO의 경우에는 삽입된 외래 유전자가 발현함으로써 만들어내는 단백질이 축적되어 인체에 어떠한 해를 입힐지도 모른다는 것이 가장 큰 문제점이라고 할 수 있다. 그외에도 알레르기를 일으킬 수 있다는 것도 GMO의 단점 중 하나이다.

살충성 작물인 Bt 옥수수의 경우 해충이 죽도록 개발되었지만 꽃가루가 나비의 유충을 죽인다는 사실이 밝혀짐으로써 미처 생각지도 못한 결과를 불러일으켰다. 생태계의 교란을 불러온 것이다. 이런 것들도 GMO에 대한 안정성에 의문을 갖게 하는 요소 중 하나가 된다.

또한 GMO는 생물의 다양성이나 생명체의 진화과정을 파괴할 가능성을 갖고 있다. 일반 작물보다 생존 확률이 높은 GMO가 오랜 시간이 지나고 나면 환경에 더 잘 적응하게 되고, 결국에는 GMO만이 살아남게 될 지도 모른다. 더욱이 강한 형질의 식물일 경우 꽃가루의 전달방식 상 주변뿐만 아니라 멀리 떨어진 곳의 같은 종의 식물에게까지 그 형질을 전달하게 될 것이다. 이러한 경우 그 생물은 다양성을 가지지 못하게 되고, 만일 이때 GMO가 견디지 못하는 환경이 닥쳐오거나 외부 요소에 의해 공격을 받게 된다면 획일화된 종은 거의 멸종해 버릴 지도 모른다는 우려를 낳게 한다.

GMO는 유전자 변형으로 인해 인류에게 도움을 줄 수 있는 최상의 상품이면서도 긴 시간을 요하는 검증과정이 아직 지나지 않아 소비자들을 불안하게 만들고 있다. 지금은 대부분의 GMO가 식물에 국한되어 있지만 머지않아 동물로도 그 범위가 넓혀질 것이고 벌써 우리 식단을 위협하고 있다. 근거없는 두려움으로 GMO를 무조건 거부하는 것도 문제이지만 보다 안정된 검증을 위해서 기술력을 모으고 충분한 자료로서 소비자를 안심시키는 것도 과학의 한부분이라 하겠다.

크리스퍼는 단순한 시스템이지만 원핵세포뿐 아니라 진핵세포에도 응용될 수 있다는 점에서 매우 강력한 도구이다. 게다가 원하는 유전자를 정확하게 겨냥하여 잘라낼 수 있고, 유용 유전자를 그 자리에 붙여줄 수도 있다. 또한 GMO 논란을 피해갈 수 있는 것도 크리스퍼의 장점이다. 당연히 크리스퍼에 대해 개발 권리를 놓고 특허 경쟁이 심할 수밖에 없는데 현재로서는 진핵세포로의 응용 방법을 제시한 장 펑 박사팀의 승리로 보인다. 크리스퍼의 활용을 놓고 국가간 경쟁이 점점 심해지고 있다. 우리나라도 이 경쟁에 뛰어들어 있는데 생물산업을 21세기 주력 산업으로 정부가 지원하고 있어 앞으로의 경쟁력 제고가 기대되고 있다.

유전자 편집

유전자 가위인 크리스퍼(CRISPR)가 점차 일반적인 기술로 자리잡으면서 이를 활용한 유전자 편집(gene editing) 기술의 활용 범위를 어디까지 허락할 것인가에 대해 과학자들 사이에 논란이 거세지고 있다. 이는 윤리 문제와 당연히 맞물리고 있고, 치료 목적 이외에 인간 형질을 마음대로 편집해도 되는지에 대한 상반된 의견들이 나오고 있다.

온전한 배아는 정자와 난자가 수정되어서 자궁에 착상시키기만 하면 아기로까지 발생할 수 있는 배아를 말한다. 그런데 최근에 스웨덴에서 이러한 배아에서 특정한 유전자를 유전자 가위를 이용해 지우거나 편집하는데 성공하였다. 이렇게 특정한 유전자를 편집한 다음 발생되는 양상을 지켜본다면 어떤 유전자로 인해 파킨슨 질병이나 당뇨 등의 난치병이 발생하는지 원리를 이해할 수 있고, 정확한 치료법 개발에 한 발짝 더 가까이 갈 수 있다는 장점이 있다. 그럼에도 불구하고 유전자 편집은 마음먹기에 따라 성형 목적 등으로도 활용될 수 있기 때문에 궁극적으로는 원하는 유전자만 남겨 놓고 질병 관련 유전자나 열성 유전자를 지워버리는, 그래서 소위 맞춤 아기(perfect baby)를 만들어내는 기술이 될까 봐 세계 각국이 우려하고 있다. 질병 치료가 목적이 아닌 성형이나 우생학적 목적으로 이 기술이 사용된다면 결과적으로 인류는 개개인의 특성을 상실할 것이고, 오히려 파멸의 원인이 될까봐 우려스러운 것이다. 스웨덴 당국도 이러한 문제를 충분히 인식하였고, 연구를 착상이전 단계인 14일 까지로만 제한하였다. 지금은 스웨덴 뿐만이 아니고 영국에서도 인간의 유전자 편집 실험을 허가한 상태이다. 물론 실험은 동일하게 14일까지로 제한하였고 이렇게 만들어진 배아를 자궁에 착상 시키는 것도 금지하였다.

2015년 12월에 있었던 국제 회의에서는 유전자가 편집된 수정란을 임신에 사용하지 못하도록 한다는 성명서를 또한 채택하였다. 그럼에도 불구하고 유전자 가위를 이용하면 지금은 완치가 어려운 질병들을 치료할 수 있다는 점에서 유혹도 만만치 않다. 우리나라에서는 현재 인간의 수정란을 편집하는 실험은 생명윤리법에 의해 전면 금지 되어 있는 상태이다.

세계 각국의 유전자 편집 추세

영국에서는 인간 유전자 편집을 2016년에 이미 허락하였다. 연구 차원의 시도는 물론 계속 있어왔지만 국가의 공식적인 승인 아래 인간 유전자를 편집할 수 있게 된 것은 이번이 처음이다. 이러한 영국의 결정은 앞으로 다른 나라에서도 비슷한 연구를 촉발시킬 가능성이 당연히 높다. 그렇게 되면 각국의 기술력 우위를 점하기 위한 특허 경쟁이 더욱 가속화될 것이 분명하며, 이론을 넘어 실질적인 생물산업 경쟁으로 이어질 전망이다. 유전자 편집된 수정란을 착상 시키면 맞춤형 아기를 만들 수 있다는 점에서 윤리 논쟁은 더욱 커질 전망이다. 실험에 사용되는 수정란의 수급 방법과 개수도 법률적 제한을 두어야하겠지만 역시 우생학적 결과에 대한 각국의 우려가 제일 크다. 심지어는 착상 이후에도 자궁내에서 배자를 마음대로 편집할 수 있게 될까봐 조심스럽다. 현재는 수정란이 어떻게 자궁에 착상되며, 발생이 촉발되는지 완벽하게 이해하지 못하고 있는데 이와 관련된 유전자들을 연구하면 불임 치료에 획기적인 기반 기술을 마련할 수 있을 것이다.

인간의 수정란을 유전자 가위로 편집하는 것은 이처럼 전 세계 생명공학 과학자들로 하여금 뜨거운 논쟁을 하도록 만드는 주제이다. 우리나라에서는 인간의 유전자를 편집하는 실험은 생명윤리법으로 철저하게 금지되어 있다. 물론 아직까지 유전자 교정으로 인해 만들어진 치료제에 대한 허가도 한 번도 이루어진 적이 없다.

21세기는 분명 유전자 차원에서의 치료가 새로운 의·약학 기술로 자리매김할 것을 감안한다면 국제적인 경쟁에서 더 이상 뒤지기 전에 합법적인 틀을 만들고 합리적으로 규제를 풀어 연구가 가능할 수 있도록 해주는 것이 중요하다.

크리스퍼의 응용

크리스퍼(CRISPR)가 특별히 응용될 수 있는 몇 개 분야가 있다. 첫째는 생식의학 분야이다. 아직까지도 정자와 난자가 어떻게 형성되며 수정되는지에 대해 완전한 이해가 부족한 상태에서 유전자 가위를 이용해 관련 유전자들을 하나씩 제거해 나감으로써 임신의 과정을 명확하게 그려낼 수 있을 것이다. 여기에서 얻어지는 정보는 불임 치료에 획기적인 도움을 제공할 것이다.

또한 식물에 대한 응용이다. 대두는 전 세계적으로 많은 양이 재배되고 있으며, 최근에는 미국과 중국의 관세 문제 때문에도 흥미를 끌고 있는 식물이다. 다른 차원에서 보면 건강을 해치는 트랜스지방을 만들어내기 때문에 주위를 요하는 식물이기도 하다. 유전자 가위를 이용해서 우리에게 해를 끼치지 않는 기름을 만들어

낼 수 있도록 조작하면 그만큼 식량 문제와 건강 문제에 기여할 수 있을 것이다.

동물에서는 근육을 강화하는 유전자를 넣어주거나 근육을 억제하는 유전자를 제거함으로써 고기의 질이 강화된 슈퍼 개체를 만들어 낼 수가 있을 것이다. 이런 방법은 사람에게도 적용될 수 있을 것이기 때문에 다소 주의가 필요하고 사회적 제도가 규범 또한 마련되어야 할 것이다.

암 치료를 위해 면역세포에 항암 유전자를 넣은 뒤 부작용 여부를 확인하여 이를 환자에게 재주사하는 면역강화 치료도 시험 중에 있다. 열매의 색깔을 바꿔 준다든지, 생선회의 크기를 바꾸어 준다든지, 해충과 벌레의 생식 능력을 제거해 버린다든지, HIV 바이러스의 독성 능력을 잠식시키는 것, 그리고 감자 생산량을 늘리는 등이 다 크리스퍼가 우리 생활에 적용될 수 있는 부문들이다.

크리스퍼의 원리와 개발

크리스피의 원리는 아주 단순하다. 이는 세균에서 발견되는 일종의 면역작용이다. 사람은 외부 바이러스나 균(통칭하여 항원)이 감염되면 체내에 면역항체가 만들어진다. 그리고 병이 낫더라고 이를 잘 기억해두었다가 다음에 동일한 항원이

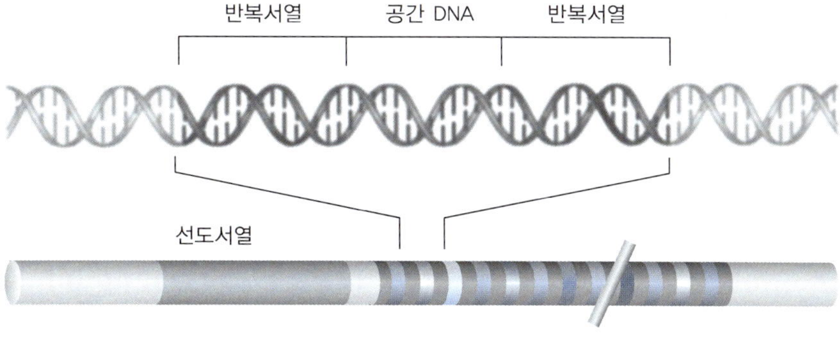

[그림 14.1] CRISPR의 구조

침입하면 빠르게 대처하여 필요한 면역항체를 대량 생산할 수 있다. 간염백신을 2~3회 접종하면 항체의 숫자가 급속하게 늘어나는 원리이다.

크리스퍼는 미생물의 면역항체라 볼 수 있다. 박테리오파아지(bacteriophage)가 세균에 침입하면 세균은 살아남기 위해서 이를 공격하는데 그 결과 침입자의 DNA를 21개의 작은 조각으로 깨뜨려버린다. 이때 생겨난 조각들이 세균의 염색체 DNA로 끼어들어가 배열된 것이 CRISPR (Clustered Regularly Interspaced Short Palindromic Repeats)이다. 짧은 회문구조가 간격을 두고 되풀이되는 구조이다. 일정 기간이 지난 후 동일한 박테리오파아지가 다시 침입을 하면 CRISPR에서는 가이드 RNA (guide RNA)가 만들어지고, 이것이 Cas9이라 불리는 가위 단백질을 침입자에게까지 인도해준다. 즉 미리 보관된 21개 조각의 염기서열이 침입자 바이러스를 인식하여 가이드 역할을 하고, 이에 따라 인도된 Cas9이 침입자의 DNA를 잘라버리는 것이다. 크리스퍼의 의미는 "반복 서열"이라는 뜻이다.

크리스퍼의 장점은 놀랍도록 작용 원리가 단순하다는 것이다. 크리스퍼의 염기

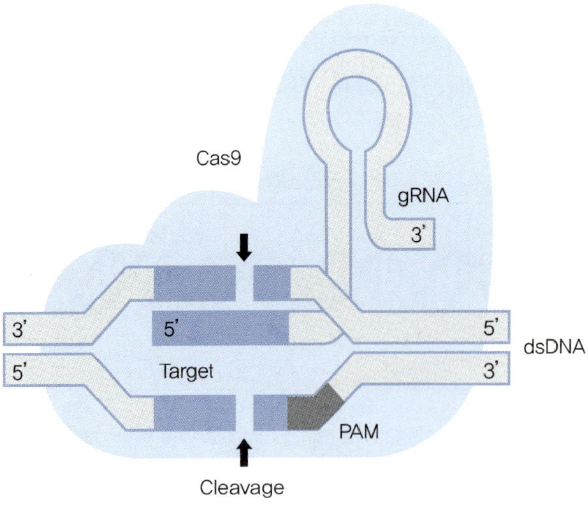

[그림 14.2] CRISPR와 Cas9

서열을 적절히 조절하면 원하는 어느 유전자 부위로든지 정확하게 Cas9을 끌고 가서 자를 수 있다는 것이다. 뿐만 아니라 적절한 실험조건에서는 자른 부위에 교정용 DNA를 바꿔치기해 줄 수도 있다. 게다가 크리스퍼와 Cas9은 세균에 국한되지않고, 진핵세포에서도 작용한다는 점이 매력적이다. 기술이 범용적으로 사용될 수 있기 때문에 이론적으로는 사람의 수정란을 우리 마음대로 조작할 수도 있다. 문제는 치료 목적이 아닌 성형 목적이나 단순히 체력을 증진시키기 목적으로 유전자 가위를 사용할 경우 심각한 우생학적 문제가 야기될 것이 우려스러운 점이다.

크리스퍼와 특허분쟁

최근 생물산업 분야에서 가장 핫한 이슈가 되고 있는 것은 당연히 유전자가위인 크리스퍼에 대한 소유권 분쟁이다. 정확하게는 MIT 대학의 브로드연구소[Broad Institute]와 캘리포니아의 버클리 대학[UC Berkeley] 사이에 일어난 소송이라고 하겠다. 진행 상황으로 보면 브로드연구소가 2017년 2월에 일차 승소하였지만 이는 어디까지나 미국내에서의 이야기이며, 유럽에서는 버클리 대학의 특권을 2017년 3월에 승인하였기 때문에 향후 특허분쟁이 더욱 심각해질 수밖에 없는 상황이다. 크리스퍼 기술 특허의 가치가 잠재적으로 수 천 억 원 내지 수 조 원까지도 이를 것으로 전망되기 때문에 바이오 연구 산업계에서는 금세기 최대의 특허 분쟁이 될 것으로 이야기되고 있다.

문제의 발단은 2012년 5월에 버클리 대학교 팀에서 바이러스 DNA의 특정부분을 편집하는데 성공한 내용으로 특허 출원한 것이었다. 이에 뒤질세라 이어서 2012년 12월에는 MIT의 브로드연구소 소속 장 펑[Feng Zhang] 박사팀이 유사한 기술을 사람 등 포유동물에서 적용할 수 있다는 것을 주장하였고, 조금 변형된 형태의 유전자 운반체 구조를 특허 출원하였다. 미국 특허법에는 재미있는 조항이 있는데 이는 우선심사제도라는 것이다. 다른 사람이 특허를 출원하였더라도 내가 더 먼저 발견하였다는 증거만 내세울 수 있으면 기존의 특허를 무효화 시키는 것이 가능한 제도이다. 2014년 4월에 브로드연구소는 우선심사제도를 이용해서 크리스퍼 유전자 가위 기술에 대한 미국 특허권을 취득하였다. 이는 버클리 대학의 특허를 무효화 할 수 있는 결과인 셈이었고, 이렇게 되자 버클리 팀도 맞받아쳐서 크리스퍼 기술을 브로드연구소 보다 먼저 개발했다고 하면서 미국 특허청에 저촉 심사를 신청하였다. 저촉 심사라는 것은 이 기술을 누가 먼저 발명했는지 확실하게 밝히자는 일종의 탄원 과정이다. 다시 말해 MIT가 받은 특허에 대해 버클리 대학교가 먼저 개발한 기술이라는 증거만 제시할 수 있다면 MIT가 만든 특허를 다시 무효화시킬 수 있다는 이야기이다. 그런데 2017년 2월, 미국특허청은 브로드연구소의 특허가 여전히 유효하다고 판결을 내렸다. 이유는 브로드연구소의 연구가 버클리 대학의 발명과 완전히 다르다는 것이었다. 버클리 대학의 연구는 바이러스에 국한되어있고, 브로드연구소의 연구는 인간과 동물의 진핵세포를 대상으로 하였기 때문이라는 것이다. 즉 버클리 대학교의 연구는 진핵세포로의 활용 가능성을 보이기는 했지만 어디까지나 응용 가능성을 보였을 뿐 실질적인 내용이 다르다는 것을 지적한 것이다. 이는 향후 크리스퍼 기술이 사람을 대상으로 해서 유전자 치료에 활용될 가치를 생각한다면 브로드연구소의 손을 들어준 판정이라고 할 수 있다. 결국 버클리 대학교는 특허 심판원들의 결정에 불복하였고, 성명서를 통해서 자신들의 특허가 어떤 세포를 대상으로 하는지 그 종류에 상관없이 유전자 가위가 광범위하게 사용되는 과정을 담고 있는 것이라고 주장하였다. 이처럼 첨예한 이익이 걸려있는 사안이기 때문에 유전자 가위에 대한 법적 다툼은 앞으로도 계속 이어질 것으로 전망되고 있다.

문제는 소비자의 입장이다. 얼뜻 특허 분쟁만으로 본다면 양쪽 모두의 특허를 인정하는 것이 해피 엔딩처럼 보이지만, 그렇게 되면 이 기술을 필요로 하는 소비자(제약회사, 의료기술업체, 환자 등을 모두 포함)는 앞으로 버클리 대학교과 브로드연구소 양측 모두에 특허를 지불해야 되는 상황이 발생한다는 것이다. 이때문에 창업과 신약 개발에 엄청난 비용이 초래되는 결과를 가져 올 수 있다는 것이 의료계의 우려이다. 유전자 가위를 이용한 치료를 받을 경우에 발생하는 비용 부담이 너무나 커서 실질적으로 환자들이 이에 도움을 받지 못할 수 있지 않을까 하는 우려이다.

이런 와중에 실제로 2017년 3월, 유럽특허청은 미국특허청과 조금 다른 해석을 내어놓았다. 암이나 에이즈, 그리고 기타 유전병 등 인간 질병 치료와 관련한 버클리의 특허 권리를 폭넓게 인정한 것이다. 따라서 유럽의 기업들은 앞으로 크리스퍼 기술을 이용해 유전병을 치료할 경우 브로드연구소뿐 아니라 버클리 팀에게도 특허료를 지불해야 되는 것이다. 그러자 버클리 팀은 곧바로 중국과 일본에서도 특허권을 확보하겠다는 의지를 밝힌 상황이다.

이처럼 유전자 가위 기술에 대한 특허 전쟁은 이미 전 세계로 확산된 상황이다. 우리나라의 바이오벤처 회사도 예외는 아니어서 브로드연구소보다 앞선 2012년 10월에 동물세포의 크리스퍼 유전자 가위 기술을 적용하는 내용을 출연한 바가 있다. 미국은 2003년에 선출원주의 – 즉, 발명이 이루어진 시기와 상관없이 특허청에 먼저 출원한 경우에 권리를 우선 부여하는 법을 지정하였다. 그렇다면 우리나라 벤처회사가 유리한 입장에 설 수 있으므로 이에 대한 앞으로의 특허소송 진행 여부에도 관심이 집중되고 있다.

유전자 가위와 양조기술

크리스퍼의 응용 사례는 매우 다양하다. 심지어 주류 개발에도 유전자 가위가 응용된 사례가 있어 관심을 끌고 있다. 요즘은 수제 맥주를 많이 마시는 추세인데 수제 맥주의 장점은 각 가정마다 자기가 좋아하는 향취를 첨가할 수 있다는 것이다. 맥주는 효모의 알콜발효능으로 인해 제조된다. 이때 소위 발효취라는 독특한 냄새가 나게 되는데 이 냄새는 발효 종균으로 사용되는 효모의 종류에 따라 달라질 수 있다. 만약 효모에서 냄새를 풍기는 유전자를 아예 제거해버리면 어떨까? 결과는 아무런 냄새가 없는 밋밋한 맥주가 만들어질 것이다. 이것이 오히려 장점이다. 유전자 가위로 냄새 관련 유전자를 모두 제거한 다음 냄새없이 만들어진 맥주에 자기가 원하는 향을 마음대로 첨가할 수 있기 때문이다. 장미향을 넣으면 향긋한 꽃냄새가 나는 맥주를, 새우향을 넣으면 풍성한 바다냄새가 풍기는 맥주를 만들 수 있는 것이다. 다만 GMO 문제가 야기될 수 있는데 맥주를 제조한 다음 유전자 변형된 효모를 체로 걸러내면 이 문제 역시 피해갈 수 있다.

GMO와 크리스퍼

크리스퍼를 이용한 생물산업 분야는 우리 미래의 식탁도 바꿔 줄 것 같다. 예를 들어 유산균의 유전자를 조절하여 요구르트의 향취를 바꿀 수 있고, 효모의 유전자를 바꿔 준다면 맥주나 와인의 향 또한 마음대로 바꿀 수 있을 것이다. 사람의 취향에 따라 일곱 색깔 무지개 꽃이 피는 채송화를 만들 수 있고, 황홀한 냄새와 꽃을 뽐내는 동양란도 자유자재로 재배하게 될 것이다. 유산균의 발효를 조절하여 김치 맛도 마음대로 바꿀 수 있을 것이며, 병충해에 강한 품종과 한번 피면 시들지 않는 원예 산업이 가능할 수도 있다. 이런 것들은 우수한 형질을 가진 개체들을 교배하여 더 나은 개체를 획득하는 확률에 의존한 전통적 우생학 방법과는 획기적으로 다른 것이다.

GMO 기술은 외부 유전자를 넣어줌으로써 유전자를 변형시키는 방법이다. 이렇게 형질전환된 개체는 우수 형질을 획득하기는 하지만, 안전성(safety)과 안정성

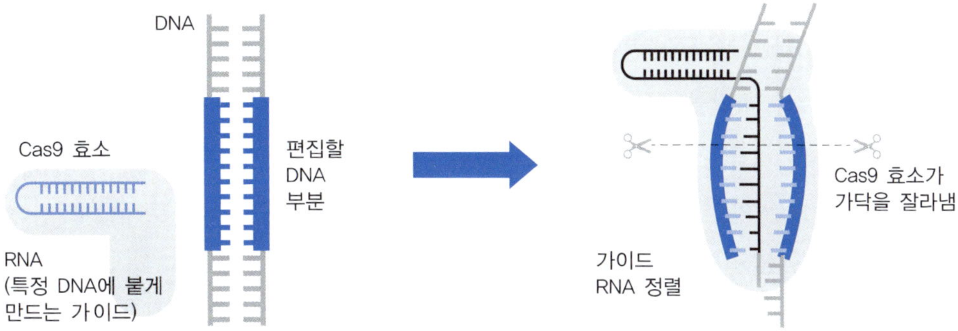

[그림 14.3] 유전자 편집 과정

(stability)에서 검증되지 않아 적극적인 대체 식량으로서는 항상 논란의 대상이 되고 있다. 이와 달리 크리스퍼는 외부 유전자의 삽입없이 원래 존재하는 자기 유전자의 일부를 그냥 바꾸어주는 것이기에 GMO의 부작용과 거부감을 한꺼번에 해결할 수 있다. 그러면서도 자연적인 진화나 변이에 의존하지 않고, 단숨에 형질을 변화시킬 수 있다는 점에서 매우 강력한 도구라 하겠다.

크리스퍼 이야기 1

이제 제니퍼 다우드너(Jennifer Doudna) 교수와 장 펑(Feng Zhang) 박사의 유전자 편집 기술이 미래를 변화시킬 것이라는 데에 동감하지 않는 사람은 거의 없다. 그만큼 정교하고 영향력이 뛰어난 기술인데다가 의·약학 분야에서만도 엄청난 수익 창출이 기대되기 때문이다.

제니퍼 다우드너는 원래 생화학을 전공하였고, 하와이에서 자라나 파모나대학과 하버드대학교를 거친 수재로서 지금은 버클리 대학교(UC Berkeley)에 재직하고 있다. 다우드너 박사의 성공 비결은 남들과 다른 분야에 집중하였다는 점이다. 대부분의 과학자들이 DNA에만 집착하고 있을 때 다우드너 박사는 오히려 RNA에 호기심을 보였기 때문이다. 다우드너 박사는 RNA가 지금까지 알려진 기능 외에도 세포내에서 어떤 또 다른 역할을 수행하고 있다고 믿었으며, 그걸 구체적으로 찾아내고 싶어하였다. 물론 지금은 지나간 에피소드처럼 이야기할 수 있지만 다우드너 박사도 한때는 과연 RNA가 그만큼의 연구 가치가 있는지 의심스러워서 스트레스로 인해 잠을 제대로 이루지 못하곤 했다고 회상하였다.

2011년에 다우드너 박사에게 새로운 기회가 찾아왔다. 프랑스 미생물학자인 샤르팡티에 박사를 학회에서 만난 것이다. 샤르팡티에 박사는 다우드너 박사와 크리스퍼(CRISPR)에 대해 좀 더 구체적으로 의논하고 싶어하였다. 그때까지만 해도 대부분의 생물학자들은 크리스퍼가 세균에서 발견되는 anti-viral 시스템이라는 정도로만 알고 있는 정도였다. 세균이 침투하는 바이러스를 인지하기 위해 크리스퍼라는 특수 구조를 사용하는데 그 결과 Cas9이라는 단백질이 활성화되고, 그것이 바이러스 DNA에 달라붙어 잘라버린다는 정도로만 이해하고 있었다. 이때만 해도 아무도 이걸 좀 더 복잡한 생물학적 시스템, 예를 들면 진핵세포에까지 적용할 수 있으리라고 예측하지 못하였다. 만약 크리스퍼 시스템을 진핵세포에서 실행시킬 수만 있다면 정확하게 유전질환의 원인을 교정시킬 수 있을 뿐 아니라 나아가서는 고장난 유전자를 정상 유전자로 마음대로 편집해 바꿔준다는, 그리고 심지어는 인류를 변화시킬 수 있다는 너무도 엄청난 발상이기 때문이었다.

어떻게 보면 공상과학 같은 생각이었지만 샤르팡티에 박사는 다우드너 박사에게 이런 이야기를 건네었고, 크리스퍼와 Cas9 단백질을 하나의 시스템으로 묶어서 공동 연구할 것을 제안하였다. 그리고 두 사람은 1년 뒤 연구 발표를 하는데 크리스퍼와 Cas9이 박테리아에서 어떻게 유전자를 자르는지, 단순히 자를 뿐 아니라 어떻게 다시 붙이는지, 즉 유전자 편집(gene editing technic)에 대해 세밀하게 발표를 하였다. 무엇보다도 충격적인 것은 너무나 간단한 기술로 세균의 DNA를 마음먹은

대로 편집할 수 있다는 내용이었다. 이것이 2012년의 일이었다. 이후 과학자들은 머지않아 사람을 포함한 진핵세포의 유전자를 편집하는 것도 곧 가능하리라고 내다보게 되었다.

크리스퍼와 Cas9 시스템의 매력은 대단히 직선적인 기술이라는 것이다. 마치 워드 프로세서(word processor)에서 잘못된 글자를 찾아 고치는 것처럼 유전자 염기서열 중 잘못된 부분을 족집게처럼 찾아 고치는 테크닉이다. 진핵세포에서의 크리스퍼 응용범위는 대단히 넓어서 암 치료는 물론 알츠하이머나 정신분열증 같은 난치성 질병 치료에도 도움을 주리라 기대되고 있다. 크리스퍼를 통해 다우드너 박사와 샤르팡티에 박사는 세계의 주목을 받게 되었고, 새로운 연구기금은 물론 노벨상 후보 대열에도 오르게 되었다. 그리고 이들의 연구는 금세기 최고의 업적으로 남게 되었다.

그런데 여기 또 다른 사람이 등장하게 된다. MIT의 브로드연구소(Broad Institute)의 분자생물학자인 장 펑 박사이다. 중국 태생으로 미국 아이오와(Iowa)에서 성장했고, 일찍부터 유전자 편집에 대해 관심을 기울였던 사람이다. 장 박사는 2011년에 브로드연구소에서 열린 학회에 참석해 박테리아 면역시스템에 대한 발표를 접하였고, 특별히 Cas9 단백질을 어떻게 사용할 수 있는가라는 논문에 관심을 갖게 되었다. 이후 장 박사는 나름대로 Cas9 단백질 기능을 테스트하는데 시간을 투자하였고, 결국 크리스퍼와 Cas9을 진핵세포에서도 적용해 사용할 수 있다는 것을 보여주었다. 이는 생각하기 나름으로 어떤 사람에게는 다우드너와 샤르팡티에의 연구보다 한발자국 더 앞선 것처럼 보일 수도 있다. 다우드너 박사팀이 박테리아의 유전자를 편집한 것도 중요하지만, 원숭이나 사람처럼 고등한 세계의 유전자를 변형시킨다는 것은 또 다른 문제이기 때문이다.

크리스퍼 이야기 2

대체로 보면 10년 간격으로 새로운 생물산업의 기술들이 나타나곤 한다. 1970년대에는 제한효소가 발견되어서 DNA를 재조합하는 새로운 의학기술과 생물산업 도구로 각광을 받았으며, 1980년대에는 PCR 기술이 개발되어 분자생물학자들을 흥분시켰다. PCR 기술은 DNA 분자를 짧은 시간 내에 수백만 내지 수 억 개까지 증폭시킴으로써 범죄수사와 친자확인 등에 적용할 수 있도록 해주었다. 물론 유전질환의 진단과 치료에 기여한 바는 말할 것도 없다. 1990년대에는 NGS (next generation DNA sequencing) 기술이 나타나 생물산업 연구를 더욱 발전시켜 주었다. 한때는 불가능하였던 빅데이터의 구축이 가능해진 것이다. 그리고 지금은 크리스퍼를 활용한 유전자 편집이 차세대 기술로 자리매김하고 있다.

유전자 편집 기술은 우생학적인 우려를 벌써부터 낳고 있다. 잘 디자인된 맞춤아기라든가 또는 주라기 공원이 실제로 만들어질 수 있다는 우려를 낳고 있는 것이다. 물론 모기처럼 전염병 매개체를 변형시켜 아예 지구에서 멸종시킬 수도 있는데 그럴 경우 예측하지 못한 생태계 교란을 불러일으킬까봐 조심스럽기도 하다. 벌써유전자 변형된 배자를 자궁에 실제 착상시키려는 의도가 없었다고 해도 수정란의 유전자를 크리스퍼로 편집하는데 성공한 보고가 있다. 크리스퍼를 사용함으로써 심지어 한때 멸종된 동식물을 되살릴 수도 있지 않을까 과학자들은 긍정 반, 부정 반의 눈으로 지켜보고 있다.

무엇보다도 유전자 편집의 종착역은 질병 치료에 있다고 하겠다. 과학자들은 크리스퍼가 단일유전자결함(single gene defect)인 시각장애(blindness) 등 선천적 질환을 치료하는데 완벽한 도구가 될 것이라고 보고 있다. 알려진 바로는 3,000여 종류의 유전질환이 있는데 이들 대부분이 아직 확실한 치료 방법이 없기 때문에 더욱 기대하는 바가 크다. 이외에도 AIDS 치료제, 혈우병, 식품, 바이오에너지, 인공장기

등 유전자가 포함된 연구라면 무엇이든지 크리스퍼를 응용할 수 있다는 점이 가장 큰 장점이다. 유전자 편집을 통해 불과 10년 전만해도 불가능하리라 여겨졌던 꿈의 신약들을 이제 우리는 손에 넣을 수 있게 된 것이다.

크리스퍼의 또 다른 장점은 GMO 논란을 비껴갈 수 있다는 것이다. 크리스퍼는 자체 유전자를 변형시킬 뿐 외부에서 다른 유전자를 가져오지 않기에 GMO와는 관련이 없기 때문이다. 듀퐁같은 회사에서는 이미 시들지 않는 버섯을 비롯해 옥수수, 대두, 밀, 쌀 등 25종의 형질을 크리스퍼로 개선하였다고 발표하였다.

한때 장 박사와 다우드너 박사가 공동으로 연구한 적도 잠시 있었다. 그러다가 2014년에 연방정부가 장 박사에게 크리스퍼-Cas9 특허를 수여함으로써 균열이 생기기 시작하였다. 장 박사가 특허로 인한 수익을 챙기는데 있어서 제 1의 수혜자가 되었고, 이 분야 역사책에 업적을 남기는 주요 인사로 스포트라이트를 받게 되었기 때문이다. 유전자 편집 기술로 인해 여러 개의 수많은 벤처회사들이 설립되었으며, 그동안 이 분야에 투자된 연구기금도 엄청난 숫자이다. 제약회사의 입장에서는 성공만 하면 천문학적 수익이 예상되기 때문에 당연히 투자할만한 가치가 있다고 보는 것이다. 벤처회사간의 주식 경쟁 또한 심하게 되면서 결국 유전자 편집 기술은 과학의 세계와 생물산업 분야를 벗어나 경영과 마케팅 전반에서도 주요 의제로 떠오르게 되었다.

소송에 관한 앞으로의 진행 사항도 흥미거리이다. 그만큼 세기의 주목이 쏠려있고 누가 최후의 승자가 될지 모두의 관심거리이기 때문이다. 유전자 편집 기술에서의 특허 분쟁은 두고 두고 재조명되면서 생물산업 분야 특허 분쟁의 선례로 회자될 것이 분명하다.

다우드너 박사의 주된 관심은 퇴행성질환이다. 헌팅톤 질환(Huntington disease)과 알츠하이머가 그중에서도 대표적이다. 다우드너 박사에 따르면 다른 사람들이

DNA만 바라보고 있던 시절에 자기는 RNA 분자를 주목했다는 점에서 이미 앞서 나가고 있었다는 주장이다. 반면 장 박사의 주장도 일견 설득력이 있다. 다우드너 박사의 경우는 유전자 편집을 처음부터 목표로 한 것이 아니었지만 자기는 원래 이 분야에 전문인이라는 것이다. 장 박사 역시 크리스퍼를 이용한 신경질환 치료에 관심을 보이고 있고, 알츠하이머 치료에 어떻게 응용할지를 연구하고 있어서 가까운 미래에 이런 난치성 질환들이 정복될 가능성을 내비치고 있다. 다우드너 박사가 크리스퍼로 인한 윤리적 문제에 관심이 많은 반면, 장 박사는 보다 실질적인 치료에 주목하고 있는 점도 다르게 보이긴 하지만 과학은 원래 여러 다른 분야에서의 연구가 결국 하나로 모이면서 큰 업적을 이루는 것을 생각하면 지금의 분쟁 과정은 결국 인류의 진보를 위한 작은 고통이라 하겠다.

현재로서는 장 박사의 일차적 승리로 보인다. 다우드너 박사의 경우는 세균에서의 크리스퍼를 발견하였으므로 미국 특허청의 입장은 응용 범위라는 세부적 차원에서 구별한 것이라 볼 수 있다. 아무리 원천적 이론을 발견하였더라도 응용 가능성만 비추는 것은 의미가 없고 실제 시스템인 진핵세포에서 확인하는 것이 중요하다는 장 박사의 이야기가 설득력을 발휘했다고 볼 수 있다. 다우드너의 예측은 크리스퍼가 사람 세포에서도 작용하리라는 단순 제안이었을 뿐이었다는 것이다. 실제로 해보지 않고는 어떤 일이 일어날지 알 수 없는 것이 과학이기 때문이다.

특허시스템과 과학적 발명

특허시스템은 종종 과학자들에게 별로 도움이 되지 않아 보이기도 한다. 왜냐하면 과학은 과학자들이 아이디어와 데이터를 공유해야 급진적으로 발전할 수 있는데 특허 제도는 오히려 그 반대 상황을 과학자들에게 종용하기 때문이다. 특히 특허 분쟁에서 이긴 한 사람이 권리를 다 가져가는 제도는 등록 과정 자체를 잔인한 투쟁으로 이어지게 만들어버린다. 결국 권리는 돈과 관련되어 있기 마련이다. 가장 좋은 것은 특허를 어떤 형태로라도 서로 공유하는 것이다. 그렇게 하는 것이 현명한 선택인 것이다. 그런데 실제 상황에서는 권리의 공유라는 것이 쉽지가 않다. 한쪽만 이기게 된다면 합의를 위해 여러 해 동안 재판이 이어질 것이고 결국에는 판사가 양쪽 모두에게 특허를 주지 않을 가능성도 있다. 게다가 지나치게 분쟁 기간이 길어지면 그 특허 자체에 대한 가치도 훼손될 수 있다. 크리스퍼에 대한 특허 분쟁은 현재도 진행형이다. 그리고 궁극적으로 이 분쟁에서 누가 이길지를 예측하는 것은 불가능하다. 분명한 것은 크리스퍼 연구가 이제 겨우 20여년 되었기 때문에 앞으로도 계속될 것이고 더 발전해나갈 것이라는 것이다. 특허와 상관없이 일반 소비자들에게는 기술을 편하게 이용할 수 있는 수혜가 주어져야 한다는 점이 중요하다.

또 한 가지는 노벨상에 대한 것이다. 노벨상은 동일한 연구나 발명에서 3명 이상의 수상자를 선정하지 않는게 원칙이다. 크리스퍼의 경우에도 우리가 잘 아는 다우드너 박사, 샤르팡티에 박사, 장 박사 이외에 이 분야에 기여한 사람이 여럿 더 있다. 그만큼 경쟁이 심하다는 뜻이다. 사실 과학자들의 입장에서는 노벨상보다도 어떤 질병에 대해 연구하고 정복함으로써 환자들이 바르게 치료받는 것이 더 보람된 일일 수 있다. 그러나 연구과정에서 필수적으로 비용이 들고, 상업적 가치에 대한 평가가 뒤따르며, 안정성과 안전성 문제가 대두되면서 제도와 규제에 노출될 수밖에 없어 과학자들의 마음을 불편하게 하는 것도 현실이다. 어떤 과학자도 처음부터 노벨상이나 특허를 겨냥하여 연구를 시작하지는 않기 때문이다.

크리스퍼 현황 및 전망

크리스퍼에 대한 나라별 관심이 점점 고조되는 가운데 있다. 그 중에서도 중국이 임상실험에서 가장 앞서 달려 나가는 것으로 확인되어서 앞으로 이 분야 참여 국가들의 경쟁이 더욱 거칠어질 것으로 보인다. 2018년을 기준으로 할 때 그동안 공식적으로 진행되었거나 앞으로 진행될 예정인 시험은 총 13건이다. 이 중 70%를 넘는 10건이 중국에서 이루어졌고 이어서 미국과 홍콩이 각각 한 건을 기록하고 있다. 미국 국립보건원에 따르면 크리스퍼는 유전자 치료제로서의 가치가 매우 높다는 평가이다. 시술 효과를 높이기 위해 크리스퍼가 담긴 용액을 환자에게 직접 주입하거나 연고 형태로 바르는 연구도 진행되고 있다. 크리스퍼는 폐암이나 자궁경부암, 백혈병, 에이즈 등 다양한 질병들에 대한 적용이 가능하기 때문에 각국의 제약회사들이 순차적으로 더 나은 크리스퍼 개발에 동참할 것으로 보인다. 우리나라도 예외가 아니어서 본격적인 임상실험에 곧 뛰어들 것으로 전망된다.

함께 생각해 볼 문제

1. 인간의 수정란을 편집하는 실험에 대해 우리나라에서는 어떤 법적 조치를 취하고 있는가?

2. 유전자 편집이나 배아 복제 연구에 비교적 관대한 나라는 어느 나라인가? 그리고 그 이유는 무엇인지 생각해보시오.

3. 유전자 편집의 기본은 CRISPR와 Cas9 단백질이다. 이들의 상호 관계와 작동 원리를 설명하시오.

4. 유전자가위가 생물산업에 얼마나 광범위하게 응용될 수 있을까?

5. 유전자의 편집으로 인해 맞춤의학과 맞춤약학이 가능하다고 한다. 이것은 무슨 의미인가?

6. 세균의 면역작용에 대해 정리해보시오.

7. 지금 유전자가위에 대한 특허 분쟁이 전 세계 과학자들의 관심을 끌고 있다. 어쩌면 다음 노벨상의 향방이 이와 함께 결정될 수도 있기 때문에 더욱 귀추가 주목되고 있다. 이에 대해 지금까지의 진행사항을 조사하고 요약하시오.

8. 분쟁이 있을 경우 양쪽의 주장을 모두 들어서 두 팀 모두에게 특허권을 부여하는 것이 합리적일까 또는 비합리적 판단일까? 의견을 말하시오.

9. CRISPR를 이용한 양조기술이 최근에 소개되었다. 이를 정리해보시오.

10. 최근 반세기 동안 생명공학 분야에서 매우 중요했던 기술적 발전들을 3가지만 소개하시오.

생식의학의 발달은 이전에 미처 생각하지 못했던 새로운 문제들을 제시해주고 있다. 어떤 것들은 기술적인 문제와 관련된 것이지만 다른 것들은 사회적 장치와 제도에 대한 이슈들이다. 그만큼 생식의학은 생명 그 자체를 다루기 때문에 더욱 근본적이고 중요하다는 것이다. 여성생식기를 모방한 아바타의 개발과 세부모 아기의 탄생은 그동안 생식의학의 기술적 발전에 대해 극명한 예시를 보여준다. 현대 사회가 안고 있는 생식의학 분야의 다양한 주제들을 살펴보고 문제점을 생각해보도록 한다.

생식의학의 발달과 사회적 문제

핀란드에서는 동성애자, 성소수자와 성전환자의 문제들이 사회적으로 점점 불어나고 있다. 동성애자들의 경우에는 자녀문제를 입양을 통해 해결하기도 한다. 최근에 이런 일도 있었다. 여성이 성전환 수술을 통해 외형적으로 남성이 되었지만, 여성의 생식기를 내부적으로 그대로 가지고 있었고, 다른 남자를 만나 결혼하여 임신이 된 사례이다. 법적으로는 육아 휴직이 여성만 가능하게 되어 있기 때문에 이 남성은 결국 출산과 동시에 육아 휴직을 할 수 없는 상황이 일어나게 된 것이다. 이에 대해 우리는 어떻게 반응하여야 할까? 당연히 사회적, 법리적으로 지금까지 고민해본 적이 없던 새로운 제도가 분명 필요할 수밖에 없다. 앞으로 생물산업이 더욱 그 범위가 넓어지면서 생각지도 못했던 문제들이 더 많아질 것이다.

난자와 정자를 체세포로부터 마음대로 만들 수도 있는 일이 가능해진 현실에서 사회적, 윤리적, 종교적, 제도적으로 다양한 전문가들의 의견이 종합되어야 하는 것이다. 이렇듯 생명과학과 생물산업은 이전에 미처 인식하지 못했던 문제점들을 계속해서 만들어내고 있다. 기술의 발달이 워낙 빠르게 때문에 때로는 사회적 제도가 이를 따라잡지 못할 정도이다. 그럴수록 과학자들의 양심과 함께 주변 우리들의 세심한 관심이 필요하다 하겠다.

경구피임약

여성들이 피임 효과를 얻기 위해서 흔히 복용하는 경구피임약의 부작용이 계속 보고되고 있다. 경구피임약의 주성분은 에스트로겐(estrogen)과 프로게스테론(progesterone)인데 이중 에스트로겐의 효능은 세포분열을 촉진하고 조직의 수축을 일으키는 것이다. 또한 혈액을 끈적끈적하게 만들어 혈전을 형성시키기도 한다. 혈관을 수축시키고 혈액을 끈적끈적하게 만들어 혈전이 증가한다면 자칫 혈행이 막혀서 사망할 수 있다. 사망까지는 가지 않더라도 대표적인 부작용으로 호흡이 가쁘고, 심장이 답답해지며 숨이 차는 증상을 보일 수 있다. 이런 것들은 폐혈전색전증에서 흔히 볼 수 있는 것들이다. 여성의 나이가 35세 이상으로 위험 요소가 있거나 흡연자인 경우에는 더욱 혈관을 좁히기 때문에 부작용이 커질 수 있다. 만약 35세 이하면서 흡연을 한다면 역시 요주의 대상이며, 비흡연자일지라도 항상 경각심을 가지고 지켜볼 필요가 있다. 특히 독성물질과 약물대사의 장소인 간에 질환이 있다면 경구피임약은 가능한 피할 것이 권고된다.

여성생식기 아바타

여성 생식기는 대단히 복잡하다. 주기적으로 변화하는 생식주기도 그렇지만, 이에 연관된 각종 호르몬의 상호 메카니즘도 대단히 정교하다. 외부에서 알콜이나 환경호르몬 같은 약물이 주어진다면 이에 대한 생식주기의 반응 역시 미묘하고 더욱 복잡해진다. 불임 치료와 정상 임신을 위한 그동안의 노력으로 생식의학은 수정란을 냉동시키는 경지에까지 도달하였다. 그리고 호르몬이나 여러가지 약물들이 어떻게 여성에 작용하는지, 스트레스는 어떤 영향을 미치는지에 대해 대체적으로는 이해를 하고 있다. 그러나 살다보면 워낙 다양한 외부 요인에 노출될 수밖에 없고 그런 상황마다 생체실험을 할 수 없기 때문에 여성생식기를 모방한 장치 개발이 요구되어져왔다.

최근에 어떤 연구팀이 인공 생식기관을 만들어내었고, 그 이름을 "아바타"라고 명명하였다. 이 장치에는 인공혈액으로 연결된 4개의 상자가 있는데, 각각마다 난소와 나팔관, 자궁, 자궁경부에 해당하는 인간 생체조직을 넣어두었다. 그리고 이들 상자를 또 다른 상자, 즉 간 조직이 들어있는 다섯 번째 상자와 연결시켜 두었다. 이렇게 만든 장치의 상자들 중 어느 하나에 조사하고 싶은 호르몬이나 약물을 주입하면 다른 상자에서 어떤 반응이 일어나는지를 쉽게 관찰할 수가 있다. 예를 들어 난소조직에 니코틴을 주입하고, 이로 인해 간에서 일어나는 변화와 자궁에서 일어나는 변화를 추적할 수 있는 것이다. 기계 장치가 실제 여성생식기에서 일어나는 반응을 아바타처럼 보여줄 수 있는 것이다.

연구팀은 이 시스템을 이용해 28일 주기로 일어나는 여성의 생식 과정을 시험해 보았다. 그 결과 FSH (follicular stimulating hormone, 난포자극호르몬)에 의해 난소가 반응하였고, 이에 따라 여성호르몬 에스트로겐이 만들어졌다. 그리고 LH (luteinizing hormone, 황체형성호르몬)를 14일경에 주입하자 난포에서 임신호르몬인프로게스테론이 생성되기 시작하였다. 난소에서 빠져나온 난자들은 처음에는 난소상자 안에 그대로 있었지만 점차 난자를 자궁으로 밀어내듯이 섬모 털이 움직이기 시작하였다. 또한 자궁과 자궁경부에서는 난자를 받아들이기 위한 수용체가 만들어지기 시작하였다. 여성생식기 아바타는 자궁에 대한 자극과 약물들에 대해 이해를 넓혀줄 것이고, 그 결과 자궁내막증이나 자궁근종 같은 질환을 예방하는데 도움을 줄 것으로 기대된다. 또한 보다 다양한 종류의 피임약을 개발하는 연구에 박차를 가하게 해줄 것이다. 28일을 기준으로 한 여성의 생식주기를 그림에 정리하였다.

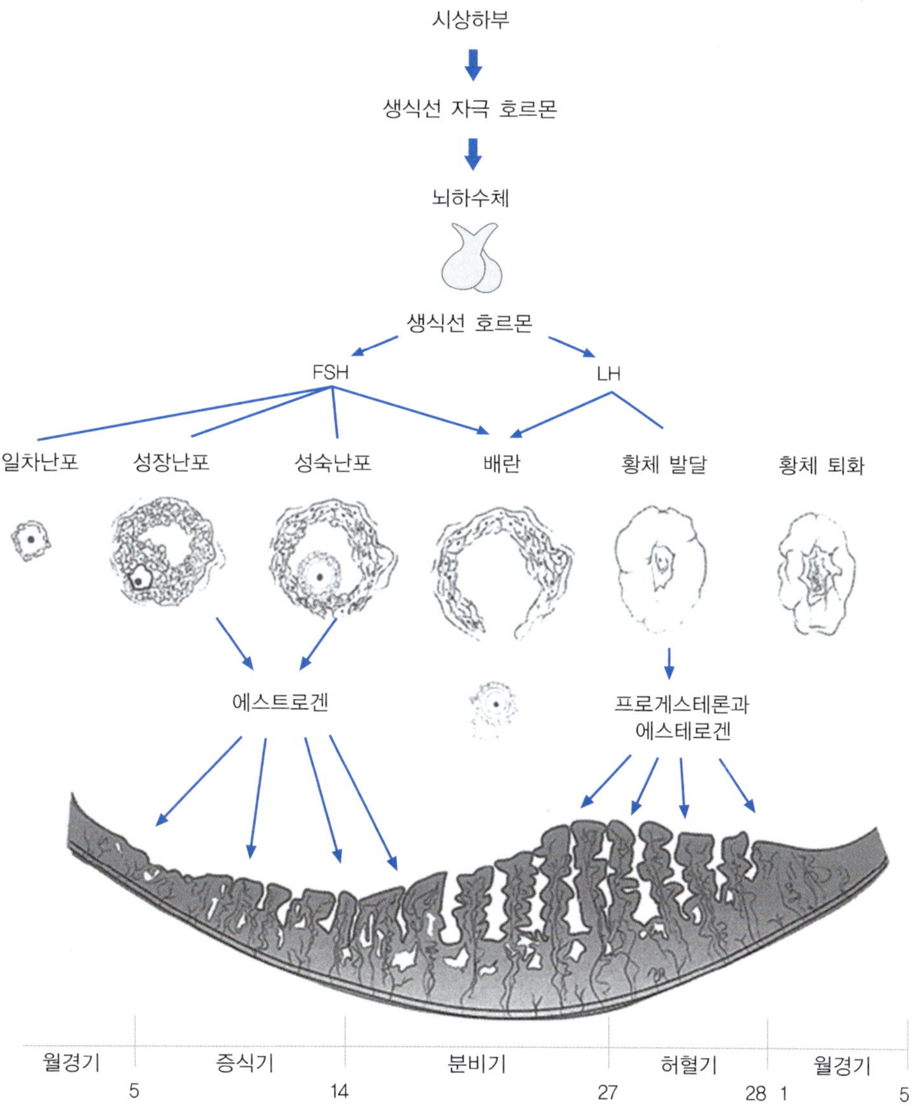

[그림 15.1] 여성의 생식주기

성호르몬의 문제

도미니카 공화국에서 있었던 보고이다. 성결정과 관련된 문제인데 출생시에 여자아이로 판명되어 당연히 여성의 이름을 붙여주었고, 옷도 빨간색 계통으로 예쁘게 꾸며서 입혀 키운 아이가 사춘기에 다다르며 남성생식기가 다리 사이에 출현한 황당한 일이 벌어진 것이다. 더군다나 이런 현상은 가계적 계보를 따라 유전성인 것으로 확인되었다. 이 증상은 일종의 가성반음양증(pseudohermaphroditism)으로 생화학적 원인은 3β-hydroxysteroid dehydrogenase라고 하는 효소 및 이와 관련된 유전자들에 있다. 이들 유전자의 기능은 남성호르몬인 테스토스테론을 콜레스테롤로부터 변환시켜 만들어내는 것이다. 아주 어릴 때에는 이 작용이 고환에서 이루어지지지만 사춘기로 가면서 점차 신체 다른 조직, 즉 간이나 피부 등에서도 만들어지게 된다. 때문에 어릴 때 고환에서 이 효소계가 작동하지 않으면 테스토스테론이 만들어지지 않아 여성화 되어 있을 수밖에 없다. 그러다가 사춘기 때 비로서 간에서 테스토스테론이 만들어지면서 남성으로 변하게 되는 것이다. 다소 당혹스럽기는 하지만 이런 이유로 사춘기 이후에 비로서 남성으로 인지되고, 머리도 짧게 바꾸고 이름도 다시 남자 이름으로 바꾸는 것이다. 예전에는 많은 경우 병원이 아닌 집에서 출산하였기 때문에 부모들이 이런 경우 무관심하거나 정확한 성별을 아예 구별하지 못하는 경우가 종종 있었으므로 대체적으로 100명 당 한 명 정도가 이런 질환이 있는 것으로 확인되고 있다.

미혼여성의 정자 기증을 통한 임신

결혼을 하였는데 상당 기간이 지나도 임신이 되지 않아 조사해보니 남편이 무정자증으로 판명되었다. 대부분의 경우 이처럼 남성 쪽에 문제가 있어 임신이 되지 않는다면 외부에서 정자를 기증받아 아이를 갖는 것이 인정되는 추세이다.

그러나 미혼 여성의 경우는 상황이 다르다. 우리나라에서는 미혼 여성이 정자를 기증 받아 임신하는 것이 원칙적으로 불법이다. 2005년 이후 관련법이 강하게 정비되었고, 이후에는 미혼여성이 정자를 기증받는 자체가 원천적으로 불가능해졌다. 일부 유명인이 정자를 기증 받아 임신한 경우가 있기는 하였지만 이것은 법이 정비되기 이전에 일어난 이야기이다. 생명윤리법을 정비한 이유는 어디까지나 여성을 보호하고 생명을 존중하기 위한 것이다. 난자를 채취하고 인공적으로 착상시킬 때 난소 출혈, 자궁외 임신 등 건강을 해칠 요소가 많고, 경비 문제 또한 만만치않기에 여러 가지 문제들을 고려하여 취해진 조치이다.

그러나 여성이 결혼을 하지 않고 가정을 꾸리고 싶다고 하면 문제가 달라진다. 더욱이 요즘은 결혼 연령을 늦추거나 아예 결혼하지 않으려는 경향이 높아지는 시대라서 가정에 대한 개념이 많이 달라지고 있다. 게다가 저출산 문제는 국가적 차원에서의 대비가 필요하다는 목소리가 높다. 이럴 때 미혼 여성이라고 해서 정자를 기증 받을 길을 완전히 막는다는 것은 문제가 된다는 지적이다. 물론 가난한 여성이 정자를 기증 받아 아기를 대신 낳아 주는 비윤리적 상황이 양산될 것이라는 우려도 미혼여성이 정자를 기증 받지 못하게 하는 원인 중 하나이다. 악용될 소지가 충분히 있기 때문이다.

현대 여성의 입장에서 보면 다음과 같은 주장도 가능할 것이다. 여성의 사회 참여가 높아지고, 결혼 연령이 늦어지면서 자연스럽게 40대가 넘어가버렸고 그때서야 비로소 아기와 가정의 중요성을 인지하게 되었기에 실질적으로 결혼하지 않고 아이를 갖는 방법은 정자를 기증받아 인공수정을 통해 임신하는 방법 밖에는 없다는 것이다. 그런데 2005년 이후에는 이것이 원천적으로 불가능해진 것이다.

물론 결혼한 부부라 할지라도 정자를 기증 받는 것은 상당히 복잡한 절차가 필요하다. 우선은 법적으로 남편의 동의가 필수적이다. 이 경우에도 남성이 불임이라는 것을 입증해야만 가능하다. 또 어떤 남성의 정자를 기증 받는다 할지라도 그 남성의 동의가 역시 필요하고, 만약 그 남성이 결혼한 상태라면 그 남성의 배우자 동의까지 필요하다. 이를 어길 경우 3년 이하의 징역에 처해지게 된다. 결혼을 한 상태에서도 정자 기증이 이처럼 까다로울진대 미혼여성이 어떤 남성의 정자를 기증 받는다는 것은 원천적으로 불가능하다는 이야기이다.

대부분의 나라에서 우리나라와 비슷한 입장을 취하고 있다. 일본도 우리나라와 마찬가지로 배우자의 동의를 전제로 하고 있으며, 독일도 비배우자에게는 정자 기증이 어렵게 되어 있다. 그러나 영국과 스웨덴 같은 나라들은 미혼 여성도 정자 기증을 받는 것이 가능하다. 일본의 경우 외국인의 경우에는 금지법을 적용하지 않는 것으로 알려져 있다. 우리나라의 경우에도 만약 미혼여성이 영국이나 스웨덴 같은 나라에 가서 정자를 제공받아 임신을 한다면 이를 처벌할 수 있는 규정은 없다.

저출산과 늦은 결혼이 문제가 되고 있는 현실이다. 가족에 대한 개념 또한 예전과 많이 달라지고 있는 현실이다. 심지어 성소수자라든가 동성애자, 성전환자들이 자신의 요구를 당당하게 밝히는 시대가 된 것도 변화 중 하나이다. 우리나라에는 저출산 대책위원회가 있다. 여기에서 저출산을 해결하기 위해 미혼모의 출산이나 동거가족의 출산을 다양하게 인정하는 문화가 정착되어야 한다는 목소리가 나왔다. 출생된 아이의 법적 권리를 똑같이 인정하고, 똑같은 복지 혜택을 받을 수 있도록 지혜롭게 추진하겠다는 입장이다. 지금은 호주제도가 폐지되어 아이가 어머니의 성을 따를 수도 있다. 여성의 건강을 보호하겠다는 이유만으로 미혼모의 정자 기증 임신을 막는 것이 올바른 제도인지 다시 생각해볼 문제이다.

보건복지부에 따르면 체외수정과 시험관시술 건이 최근 약 30% 이상 늘어나고 있다고 한다. 대부분의 경우 결혼하고 임신이 쉽게 되지 않으면 여성이 자신에게 문제가 있다고 생각하기 마련이지만 의외로 남성에게 원인이 있다는 것을 알게 된

후 당황해 하는 경우가 상당히 있다. 이처럼 남성 환자의 숫자 역시 가파르게 증가하고 있는 추세이다. 물론 과거와 달리 남성이 불임클리닉을 찾아 치료를 받는 경우가 증가한 것도 이유이지만, 근무환경이라던가 남성의 비만, 스트레스, 환경호르몬에 대한 노출 증가들도 하나의 원인이 될 수 있다고 본다. 대표적인 증상은 정자형성에 장애가 있거나 무정자증으로 나타나는 것이다. 이럴 경우 전통적인 불임치료를 통해서는 성공 확률이 당연히 낮을 수밖에 없다. 정자 기증에 대한 뚜렷한 지침을 마련하지 않으면 오히려 음성적인 거래나 불법 사이트를 통한 거래가 활발해질 우려도 높다. 줄기세포 조작 사태가 있었던 2004년 이후에도 난자 사용에 대한 논의만 있었을 뿐 정자와 관련해서는 아직 통일된 지침이 마련되지 않은 상태이다. 되풀이되는 이야기이지만 공공정자은행 같은 생식세포 관리 기관을 활성할 필요가 있다는 주장들이 힘을 얻고 있다. 그렇게 함으로써 불법적인 매매를 막고 합법적으로 불임부부들이 아기를 가질 수 있는 길을 열어 주어야 한다는 것이다.

우리나라는 2015년부터 한국공공정자은행연구원을 운영하고 있다. 정자를 영하 196℃ 탱크에 얼려 보관하는 것이다. 서구와 달리 우리나라는 아직 정자 은행에 대해 부정적인 인식이 강한 편이다. 물론 정자를 기증함으로써 생길 수 있는 윤리적 문제와 사회적 문제가 첨예하여 조심스럽게 대비할 필요가 있기는 하지만 난임부부들이 증가하고 있는 현시점에서는 합법적인 임신 기회를 열어 주는 것이 절대적으로 필요하다는 주장을 무시할 수 없다.

배우자가 아닌 사람의 정자로 태어난 아이들이 나중에 자라서 그 사실을 알고 자신의 생부가 누구인지를 찾고자 알려 달라며 정보 공개를 요구하는 수도 있겠지만 이것은 자녀가 생물학적 부모를 알 권리와 기증자가 알리고 싶지 않을 권리가 서로 상충되기 때문에 더욱 쉽지 않은 문제이다. 이 때문에 오히려 정확한 규정과 현실에 맞는 더욱 합리적인 지침이 시급히 마련되어야 하는 것이다.

할머니가 어머니?

아이를 낳지 못하는 딸을 위해서 엄마가 난자를 제공했고, 이 난자에 딸의 남편의 정자를 인공 수정시켜서, 딸의 자궁을 빌려 아기를 낳았다면 어떤 문제가 있을까? 가장 큰 문제는 이 아기가 정말 딸의 자녀인가 아니면 딸의 "씨'만 다른 동생인가 라는 것이다. 실제로 이런 일이 곧 벌어질 것 같다. 딸이 터너증후군 환자라서 성인이 되어도 난자를 제대로 배란하지 못하고 폐경도 빨리 온다는 사실을 안 어떤 어머니가 자기 난자를 미리 냉동 보관하였고 만약에 정자 기증자가 나타나면 수정하여 아기를 낳을 생각이라고 공언한 것이다. 이렇게 되면 가족 관계에 있어서 정말 복잡한 일이 벌어질 수밖에 없다. 할머니가 아기의 생물학적 어머니이기 때문이다. 그리고 딸은 사회적 어머니이지만 실은 자신이 출산한 아기와 이종형제에 해당하는 것이다.

난자와 정자를 얼리는 기술은 불임부부들에게 기적 같은 치료 방법을 제공하고 있지만 이처럼 미처 생각지 못한 문제들이 또한 많이 있다. 문제는 이런 일들이 실제로 벌어지고 있음에도 불구하고 이에 대한 사회적 장치나 법적 해석이 명확치 않다는 데 있다. 생식의학은 사회적 규제나 법적 장치보다도 앞서 발전해 나가고 있다. 또한 이러한 문제는 다분히 복합적인 측면을 포함하고 있다.

생식의학 역시 미래 의약학산업의 핵심 중추가 될 것이 분명하다. 학문 주변의 부수적 장치와 장비들이 많이 필요하기 때문이다. 그러나 이처럼 생명 그 자체를 다루는 학문은 언제나 사회적 책임을 요구하기 마련이다. 규정과 제도를 미리미리 현명하게 제정하여 불임부부에게도 도움이 되고, 국가의 출산율과 경제력에도 기여할 수 있는 방법을 찾는 것이 필요하다.

세부모 아기

영국에서 두 명의 엄마와 한 명의 아빠를 통해 탄생한 일명 "세부모 아기"가 탄생하였다. 우리 몸에는 두 종류의 유전자가 있다. 하나는 핵 속에 염색체 형태로 존재하는 유전자이고, 다른 하나는 세포질에서 발견되는 미토콘드리아 유전자이다. 미토콘드리아의 유전자는 전체 퍼센트로 보면 불과 0.1% 정도 밖에 되지 않지만 이것이 고장날 경우 당뇨병이나 시각장애, 근위축증 같은 증상을 초래함으로 미토콘드리아는 매우 중요한 세포소기관이다. 그리고 미토콘드리아는 모계유전이라서 여성 계보만을 통해 자손에게 전해지는 것이 또한 특징이다. 즉 나의 미토콘드리아는 어머니로부터만 유래하였고, 아버지는 아무런 기여를 하지 않았다는 것이다.

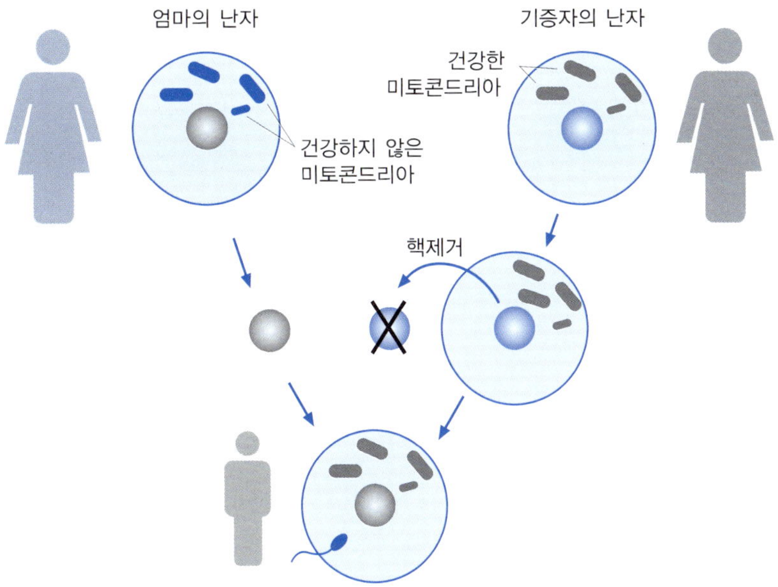

[그림 15.2] 세부모 아기 탄생 원리

만약 어떤 여성의 미토콘드리아 유전자에서 문제가 발견된다면 어떤 방법이 있을까? 영국의 연구팀은 먼저 미토콘드리아가 정상인 여성에게서 난자를 기증받았고,이 여성의 난자에서 핵을 제거함으로써 정상적인 미토콘드리아가 들어있는 난자의 세포질을 확보하였다. 여기에 미토콘드리아가 고장난 여성 난자에서 핵만 빼내어 이식하였고, 그런 다음 남성의 정자와 인공수정시킴으로써 정상적인 수정란을 만든 것이다. 결국 이렇게 태어난 아기는 세 부모 아기로서 핵 유전자뿐 아니라 미토콘드리아 유전자도 온전할 수 있게 된 것이다.

세부모 아기는 미토콘드리아 결함이 있는 경우라도 건강한 아기를 낳을 수 있다는 생식의학이 승리한 결과이다. 그러나 한편 기증받은 난자를 파괴해야 하는 행위이기 때문에 생명을 조작하였다는 점에서 윤리적 문제가 여전히 존재한다. 게다가 이 기술이 향후 치료 목적이 아닌 성형 목적으로 쓰이거나 아이의 지능과 감정을 변경시키기 위해 우생학적으로 적용될 때의 사회적 문제 또한 조심스러운 부분이다.

함께 생각해 볼 문제

1. 생식의학은 난자와 정자를 체세포로부터 만들어낼 수 있을 정도로 발전하였다. 이로 인해 앞으로 예상되는 문제점은 무엇인가? 또 인류가 얻는 이익은 무엇인가?

2. 인류의 역사적 발명품 중 하나로 꼽히는 경구피임약의 주성분은 에스트로겐이다. 에스트로겐의 생리적 기능을 설명하고, 경구피임약의 원리를 설명하시오.

3. 에스트로겐은 때로 단점을 나타내 보이기도 한다. 이에 대하여 정리하시오.

4. 각종 약물이나 호르몬에 대한 반응을 예측할 수 있는 여성생식기 아바타에 대하여 설명하시오.

5. FSH, LH, 에스트로겐(estrogen), 프로게스테론(progesterone)의 상호 관계를 설명하시오.

6. 가성반음양증에 대하여 설명하시오. 이 증상의 원인들을 조사해보시오.

7. 미혼여성이 정자를 기증받아 임신하는 것을 허용하는 것이 바람직한지 당신의 견해를 정리해보시오.

8. 냉동정자와 냉동난자, 냉동수정란에 대한 자료를 찾아 정리해보시오. 각각의 장점과 단점을 설명하시오.

9. 영국에서 태어난 "세부모 아기"의 원리를 설명하시오.

10. 생식의학의 발달이 앞으로 생물산업에 어떤 영향을 미칠지 예견해보시오.

제 16 장

미토콘드리아 이브

인류의 숙원중 하나는 현대인의 조상이 어디로부터 출발하였는지를 추적하는 것이다. 생식의학과 생명과학의 발달로 모계 유전인 미토콘드리아의 유전 기작을 보다 잘 이해하게 되었고, 이를 이용해 가계도의 역추적이 가능해졌다. 학문적으로는 현대 인류의 근본을 추적하게 되었지만 산업학적인 면에서 보면 더욱 정밀한 친자 확인이나 용의자 확인이 가능해진 것이다. 특히 상속의 문제가 크게 걸려 있는 재판이라면 친자 확인은 대단히 중요한 일이고, 이를 전문으로 하는 벤처기업도 더욱 활성화될 전망이다.

현대 인류의 조상

백 만년도 더 된 아주 옛날에 호모 에렉투스(*Homo erectus*)라고 불리는 직립인들이 아프리카로 부터 걸어 나와 아직 아무도 살고 있지 않던 지구 전체로 퍼져나갔다(그림 16.1). 이렇게 퍼진 원시인류들이 바로 유럽의 네안데르탈인(Neanderthal), 중

[그림 16.1] 사람, 고릴라, 침팬지의 비교 – 직립보행의 발전

국의 북경인(Beijing Man), 인도네시아의 자바인(Java Man)들이라 믿어지는데, 그러면 정말 이들이 우리 현대인의 조상이고 우리가 그들의 자손일까? 이들은 이미 오래전에 죽었기에 직접 대화해 볼 방법은 없지만, 이들과 현대인과의 생물학적 연관성을 거꾸로 추정할 수 있는 방법은 과연 없을까?

화석과 유전자

인류의 기원을 조사하기 위해 전통적으로 사용되던 방법은 화석(fossil)들을 연구하는 것이었다. 즉, 특정 지점에서 발견된 화석의 치아들을 조사하고 뼈의 구조를 비교한 다음 화석의 주인공들이 살았던 연대와 시대상을 역추정하는 것이 보편적인 방법이었다. 그러나 최근에 생물학이 발달하면서 분자유전학(molecular genetics)이라는 새로운 학문이 대두되었고 유전자 차원에서의 분석이 가능해졌다. 분자유전학적 연구는 현존하는 생물의 유전자를 분석하여 진화의 고리를 추적한다는 점에서 과거에 이미 사라진 생물의 화석을 대상으로 하는 고생물학과 큰 차이가 있다.

분자유전학적 연구에서 널리 알려진 사람은 윌슨(Allan Wilson)과 그의 동료 레베카 칸(Rebecca Cann) 박사이다. 이들에 의하면 현대인의 역사는 겨우 20만년 정도로 아프리카에 살았던 사람들로 부터 유래 되었다는 것이다. 이는 그동안 고생물학자들이 인류의 역사를 적어도 100만년 이상이라고 주장했던 것과 크게 차이가 나는 주장이며 동시에 인류가 지구의 이쪽저쪽에서 산발적으로 나타났다는 종래의 주장과도 정면으로 배치되는 학설인 것이다.

사람의 진화에 관하여 분자유전학자들이 고생물학자(paleontologist)들과 의견을 달리하는 부분은 크게 세 가지이다. 고생물학자들은 주장의 근거를 화석에 두고 있으며 인간과 원숭이가 분리된 시점을 약 2,500만년으로 계산하고 있다. 그러나 분자유전학자들은 인간과 원숭이의 유전자를 비교하였고 이들이 너무도 유사하기 때문에 분리된 시점이 200만년 이상 되기에는 부적합하다는 결론이다. 결국 이 논쟁은 15년 이상 끌었고 최근에야 분자유전학자들의 승리로 끝나게 되었다.

또 한 가지는 고생물학자들이 인류가 과거 수 백 만년에 걸쳐 지구의 이쪽저쪽에서 나타나기 시작했다고 주장하는 반면 유전학적 연구는 20만 년 전에 아프리카에서 살았던 한 여자로부터 모든 인종이 유래되었다고 보고 있는 것이다. 물론 화석학적 주장, 또는 유전학적 주장만으로는 인류가 언제, 어떻게, 어디에서 유래했는 지 정확히 알아낼 수 없다. 그러나 논리상 유전학적 방법이 훨씬 더 신빙성이 있는 이유는 현존하는 생물이라면 반드시 그 조상이 있어야 되는 반면에 죽은 화석들의 경우 그 자손이 현재까지 이어져 존속해야 할 필연적인 이유가 없기 때문이다. 즉 화석은 당시에 살았던 사람과 유사하지만 사실은 사람이 아닌, 그리고 지금은 멸종해 버린 다른 동물의 것일 수도 있기 때문이다. 현존하는 유전자에는 반드시 조상이 있게 마련이고 이를 추적할 수 있는 방법만 있다면 인류의 기원을 알아낼 수 있다고 유전학자들이 자신하는 반면 고생물학자들은 그 화석의 자손이 정말로 현재까지 살아내려 오고 있는지 확신할 수가 없는 것이다. 게다가 유전학적 연구는 정확한 연대가 알려진 화석 표본이 필요치 않다는 장점이 있다.

현대 인류의 추적

그러면 어떻게 현존하는 사람들의 유전 정보만으로 인류의 기원을 추적할 수 있는 것일까 ? 먼저 우리는 유전체(genome)라는 용어를 살펴 볼 필요가 있다. 유전체란 어떤 생물체가 가지고 있는 유전자를 총칭하는 용어이다. 그것은 한 생물이 살아가는데 필요한 모든 정보를 운반하는 물질인 동시에 다음 세대로 그대로 복제되어 전해지는 것이다. 만일 세대간 전달 과정에서 어떤 변화가 이 유전체에 일어나게 되면 그것 역시 자손에게 그대로 전달되는 것이다. 그런데 아주 약간의 차이를 제외하고는 동양인이든 서양인이든 사람의 유전자는 거의 동일하기 때문에 어떤 사람의 유전자를 조사하더라도 결국 얻어진 정보가 곧 모든 인류를 대표할 수 있다는 점이 화석 연구와 다른 점이다.

화석의 경우에는 만일 그 화석만이 특수한 모습을 하고 있었다면 연대를 측정하거나 그 당시 사람의 보편적인 모습을 추정하는데 매우 다른 결론을 내리게 만들 것이기 때문이다. 즉, 화석을 분석하여 인류의 기원을 따지고자 하면 여러 가지 추정과 가정하에 결론이 만들어져야 하는 것이 보통이다. 그러나 물론 앞에서 말한 것 처럼 유전학적 주장만으로 인류의 기원을 확실하게 단정짓기란 매우 어려운 일이 아닐 수 없다. 이 때문에 분자유전학적 연구와 함께 채워지지 않는 진화의 틈들을 고생물학적 연구가 보완해 줄 필요가 있는 것이다.

1967년에 라마피테쿠스(*Ramapithecus*)라 불리는 영장류의 화석이 분석되었다. 이 화석은 약 2,500만년 된 것으로 추정되었는데 치아의 구조와 골격의 구조로 보아 사람과 원숭이가 공통 조상으로 부터 분리된 직후에 나타난 것으로 추정되었다.

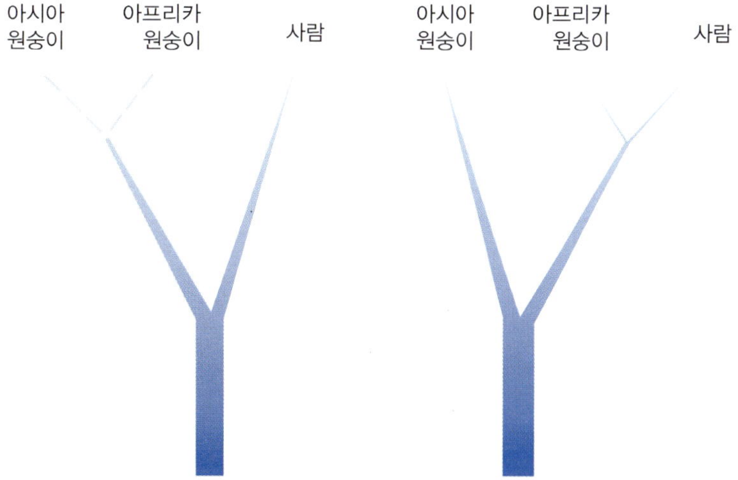

[그림 16.2] 사람과 원숭이의 진화적 갈래

만약 이 말이 옳다면 라마피테쿠스는 결국 사람의 직접적인 조상인 셈이었다. 그러나 나중에 분자유전학 차원에서 조사된 바에 의하면 사람과 침팬지는 겨우 오백 만년 내지 칠 백 만년 사이에 갈라졌음이 확인되었고 더욱이 라마피테쿠스는 오랑우탄의 선조로서 사람과는 아무 관계가 없음이 밝혀졌다. 이것은 화석학적인 연구에만 의존하였을 때 잘못된 판단을 내리기가 얼마나 쉬운 지를 단적으로 보여주는 예라 하겠다.

미토콘드리아

아무리 생물학이 발달하였다 해도 사람의 전체 유전체는 워낙 복잡하기에 이를 분석하기란 어려운 일이 아닐 수 없다. 때문에 사람의 진화를 밝히기 위해 분석하는 것은 이중 일부로서 주로 미토콘드리아(mitochondria)에 들어있는 유전자를 대상으로 하게 된다. 세포는 핵과 세포질로 되어 있다. 핵이 대부분의 유전자를 저장하는 역할을 하는 반면에 세포질에는 미토콘드리아라는 작은 기관이 있고 여기에서 세포 활동을 위한 에너지가 만들어진다. 흥미로운 것은 미토콘드리아 역시 약간의 자체 유전자를 가지고 있다는 사실이다. 유전자의 화학적 실체는 DNA인데 핵의 DNA가 긴 실 모양으로 되어 있는 것과는 달리 미토콘드리아의 DNA는 고리 모양인 것이 특징적이다. 그리고 핵의 DNA가 약 10만개의 유전자를 가지고 있어 사람의 필요한 정보를 거의 모두 가지고 있는 반면에 미토콘드리아 DNA는 겨우 37개의 유전자만을 가지고 있다.

미토콘드리아 DNA를 분석할 때의 장점은 크게 세 가지이다. 첫째는 돌연변이(mutation)가 빠르고 많이 일어난다는 것이다. 때문에 인류가 진화해 온 과정에서 미토콘드리아 DNA는 개체별로 충분한 유전적 차이를 보이게 되었다는 것이다. 특히 미토콘드리아 DNA의 변이는 일정한 시간 간격으로 일어나기 때문에 개체간에

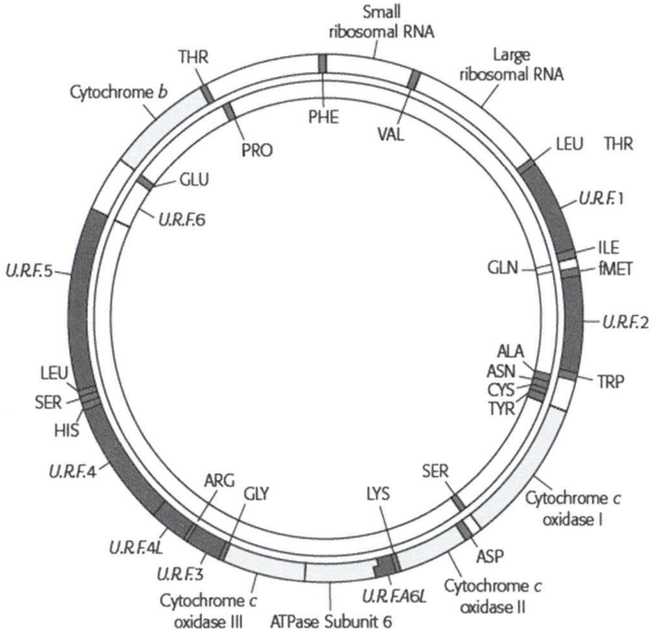

[그림 16.3] 사람의 미토콘드리아 유전자

변이 수가 다르다면 이들이 분기한 시점을 역추정할 수 있다는 것이다. 둘째는 핵 DNA에서 일어난 돌연변이가 대개는 개체에 치명적이기에 개체 사멸과 함께 집단 속에서 사라져 버리는 것과 달리, 미토콘드리아의 돌연변이는 개체의 생사에 아무런 영향을 미치지 않기 때문에 자연도태로 끊어지지 않고 계속하여 후세에까지 전해질 수 있다는 점이다. 따라서 우리가 가지고 있는 미토콘드리아는 아주 먼 옛날 인류의 공통 조상으로 부터 전해 내려온 것일 수밖에 없으며, 그때부터 지금까지 일어난 변이의 수를 조사하면 인류가 지구상에 나타난 연대를 역추정할 수 있다는 것이다. 셋째로 미토콘드리아 DNA는 모계 쪽으로만 전해진다는 점이다. 핵의 DNA는 아버지도 영향을 미치기 때문에 매세대에 교배를 통해서 무한정 가지를 치는 반면 모계 유전인 미토콘드리아 DNA는 같은 어머니로 부터 온 형제지간이

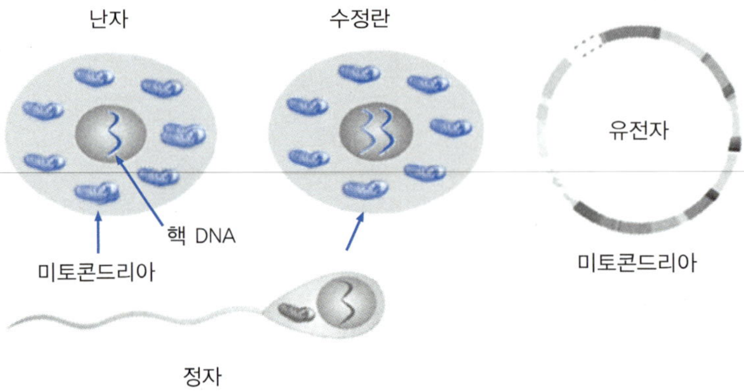

[그림 16.4] 미토콘드리아 DNA의 모계 유전

가장 가깝고 세대가 멀수록 변이 때문에 조금씩 차이를 보이게 되는 것이다. 이론적으로 모든 사람의 미토콘드리아 DNA는 공통조상인 한 여성으로 부터 나온 것이므로 거꾸로 거슬러 올라가면 최초의 여성 즉, 이브[Eve]를 찾을 수 있다는 것이

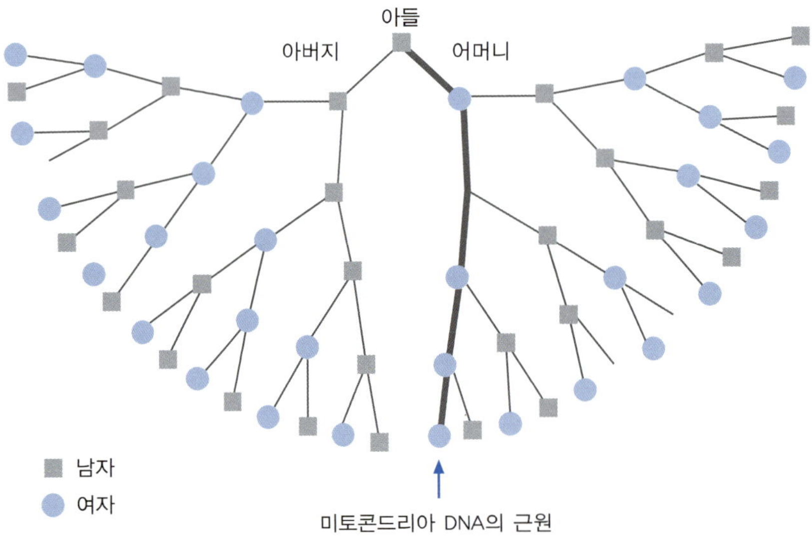

[그림 16.5] 공통 조상(어머니)의 역추적

[그림 16.6] 인류의 발자취

다. 이를 다시 거꾸로 표현하면 이브의 자손들이 지금까지 끊이지 않고 딸을 낳아 오늘날에 이르렀다는 뜻이다.

물론 이미 과거에 죽은 조상들의 미토콘드리아 DNA를 조사할 수는 없는 일이다. 그럼에도 불구하고 다행스러운 것은 생존해 있는 여러 인종들을 조사해서 서로 간의 차이를 밝히게 되면 공통된 구조가 나오게 되고 이로 부터 각 인종간의 거리를 조사하여 인류의 기원이 어느 지역에서 시작되었는지 계산할 수 있다는 것이다.

미토콘드리아 이브

1988년에 전세계적으로 본격적인 조사가 이루어졌다. 그 결과 아프리카가 인간의 궁극적인 고향임이 밝혀졌고 다른 지역의 사람들은 아프리카로 부터 3번에 걸친 대륙간 이동으로 퍼져나왔음이 확인되었다. 그리고 최초의 여성을 미토콘드리아 이브(Eve)라 명명하였다. 즉 아시아인의 조상은 아프리카에서 걸어 나와 동쪽으로 이동한 사람이며 나중에 유럽으로 다시 이주하였다는 것이다. 돌연변이를 계산한 결과에 따르면 이 아프리카 조상은 약 20만 년 전에 살았던 것으로 추정되었다.

최근에 Y 염색체에 있어 남성에게로만 전해지는 유전자 분석을 통해 비슷한 결과가 얻어지고 있다. 미토콘드리아에 대한 연구와는 대조적으로 이는 아담(Adam)에 대한 연구가 될 것인데 아직 연구의 초기 단계지만 역시 지형적으로는 아프리카가 기원이었음을 말해주고 있다. 생물학의 발달은 과거에 우리가 밝힐 수 없었던 인류의 기원에 대하여 여러 가지 새로운 단서들을 제공하고 있다. 앞으로도 더욱 많은 분석과 연구가 이루어져야 하겠지만 유전학의 발전은 인류의 궁극적인 숙원인 뿌리를 찾는데 커다란 진보를 가져온 것이 사실이다. 이러한 유전학적 연구와 함께 고생물학적 연구 결과, 그리고 미이라나 화석의 DNA를 분석한 자료들을 종합할 때 우리의 조상을 찾는 일은 훨씬 더 빠르고 쉬울 것으로 기대된다.

함께 생각해 볼 문제

1. 인류의 기원을 밝히기 위한 화석학적 방법과 유전학적 방법의 차이는 무엇인가?

2. 미토콘드리아가 모계유전인 이유를 설명하시오.

3. 미토콘드리아 이브를 역추정하는 방법을 설명하시오.

4. 유전학적 증거에 의하면 현대 인류의 기원은 얼마나 되었는가?

5. 미토콘드리아 이브의 원리를 잘 활용한 사건이나 문제 해결 예시를 조사해보시오.

6. 미토콘드리아 유전자 분석을 활용한 생물산업의 아이템을 스스로 생각해보시오.

7. 아주 옛날 미토콘드리아가 진핵세포로 뛰어 들어와 공생하게 되었다는 "공생설"을 정리해보시오.

8. 미토콘드리아 DNA 분석이 주는 장점을 세 가지 설명하시오.

9. 유전자 분석에 따라 최초의 현대 여성이 살았던 지역으로 추정되는 곳은?

10. Y 염색체를 이용하여 유사한 분석을 할 수 있을까? 예, 아니오로 말하고 이유를 설명하시오.

제 17 장

생물산업의 다양한 사례들

생물산업은 기존의 산업과는 그 양상이 많이 다르다. 살아있는 생명체를 대상으로 하고 있기 때문에 우선 규모가 크고, 다양하며, 가능성 또한 엄청나다는 면에서 더욱 그렇다. 심지어 생체에서 추출한 물질이 자원이 되며, 생체 리듬이나 생리현상을 24 시간 측정하는 바이오센서를 이용한 기기들도 계속 개발되고 있다. 지금까지 미처 생각도 못했던 생물자원들이 국가의 경제력을 좌우하는 지표가 되며, 새로운 형태의 벤처기업들이 늘어갈 것이다. 우리나라도 과학계의 공동 연구가 활성화되면서 노벨상을 향한 발걸음이 점차 빨라지고 있다.

생체시계

2017년도 노벨상 수상자 중 세 사람이 특히 눈에 띄었다. 생체시계에 대한 연구를 한 과학자들이다. 생체시계는 일종의 리듬과 같은 것이라서 제대로 작동되어야만 몸의 면역작용 등 건강 지표가 살아나고 삶의 질이 양호할 수 있어서 대단히 중요하다. 생체시계는 호르몬에 의해 조절되는데 이들의 연구 대상은 초파리였다. 초파리는 주로 야간에 활동하는데 크기가 작고 수명도 2주 정도 밖에 되지 않아 짧은 시간 내에 어떤 생리학적 변화를 연구하기에 좋은 재료이다. 처음에는 초파리가 주간과 야간에 활동하는 정도를 비교, 연구하면 어떤 특정한 유전자가 이에 관여하는지를 파악할 수 있다는 단순 이론에서 연구가 시작되었다. 그리고 그 유전자를 변형시켜본 결과 생체시계가 길어지거나 짧아진다는 걸 최종 발견한 것이다. 이 유전자의 이름은 생체주기 유전자, 즉 “Period Gene”이다. 이 유전자가 만들어낸 단백질이 밤에는 세포내에 쌓였다가 낮에 없어지면서 생체시계가 작동하는 것이 원리이다.

이렇듯 생체리듬은 눈으로 볼 수 없는 형이상학적인 형질인데도 불구하고 유전자가 관여하고 있으며 더 나아가 유전자를 조작함으로써 생체리듬을 바꿔 줄 수 있다는 것이 이 연구의 중요한 의미이다. 그동안 유전자는 눈으로 보이는 형이하학적인 특징들, 즉, 키, 눈동자의 색 등을 결정하는 것으로만 알려져 왔기 때문이다.

이렇게 생체리듬을 마음대로 바꿀 수 있게 되면 긴 여행 끝에 겪게 되는 시차를 쉽게 극복할 수 있을 것이다. 물론 피곤할 때에 유전자 발현을 조금 조절하여 빠르게 회복될 수 있는 약물 개발도 가능할 것이다. 그러나 만약 나쁜 목적으로 사용된다면 근로자들에게 조절 약물을 처방해 24시간 잠을 자지 않고 일을 하게 한다든가 군인들로 하여금 밤에도 잠을 자지 않고 싸우게 만드는 부정적 효과를 예측할 수 있다. 하루 24시간 중에 언제 잠이 깨고 또 언제 잠이 드는지도 생체리듬 시계의 작용이 적절하여야 호르몬이 적절하게 분비됨으로써 유지되는 것이다.

건강 의학적으로 보면 수면은 신체 항상성 유지에 매우 중요하다. 생체시계가 잘 작동하여야 체온이나 혈압, 식욕, 수면욕구 같은 생리 지표들이 정상적으로 조절될 수 있기 때문이다. 심지어 생체시계가 고장나면 수면 장애를 넘어 치매나 당뇨 같은 노인성 내지는 퇴행성질환의 위험이 높아질 수 있다. 생체주기를 조절하는 약물은 잘못 사용하면 단시간에 인류 전체를 심각한 위험에 빠뜨릴 수 있기 때문에 심각한 생명윤리 문제가 야기될 수 있다.

유전자 검사의 대중화

우리나라에서도 희귀한 유전질환을 전문적으로 진단하고 환자와 가족을 돕기 위한 발걸음이 본격적으로 시작되었다. 생물학 마니아 모임이라고 하는 비영리법인이 바로 그것이다. 지금까지 원인이 정확히 밝혀지지 않은 질환들에 대하여는 그저 "진단 불가"라는 판단을 내리고 가족력을 지켜보면서 아마도 유전질환일 것이라는 추정만 했을 뿐 안타깝게도 뚜렷한 대처 방법이 없었던 것이 사실이다. 생물학 마니아 모임은 2014년 5월에 희귀질환 환자들을 돕기 위해 몇몇 뜻을 같이하는 생명공학 연구자들이 설립한 비영리법인이다. 이들의 목적은 희귀질환 환자들의 원인 유전자를 진단하고 자료를 분석하여 치료와 증상 완화에 도움을 주고자 하는 것이다. 그럼으로써 함께 어울려 사는 따듯한 사회를 궁극적으로 만들어나가고 싶은 것이 이들의 마음이다.

혼자서는 걷지도 못하는 아이들, 말도 제대로 하지 못하는 아이들, 이런 아이들을 위해 재능 기부로 시작한 모임에 점차 관련 분야 교수들이 합류하면서 자문단의 규모도 더 늘어나고 있다. 희귀질환 환자의 유전체를 분석하고 생명윤리위원회의 승인을 받아 의료진에게 그 결과를 제공함으로써 어떤 유전자의 어떤 고장으로 이런 결과가 초래된 것인지, 그리고 가능한 치료 방법은 무엇인지를 확인하는 것이 첫 시작 목표이다.

유전체 분석의 비용과 소요 시간이 합리화되고 또 현실화되면서 이러한 질환 진단 목적의 유전체 분석 이외에도 BMI (Body Mass Index) 체질량지수와 비만도 검사, 체질검사들에 대한 유전자 검사 또한 점차 상용화 되려는 움직임이 나타나고 있다. 이를 전문으로 하는 벤처 기업 형태의 회사도 만들어졌고 검사를 위해 소비자가 준비해야 하는 과정도 간단해졌다. 검사 대상자는 면봉으로 입 안 구강점막을 살짝 긁어 주어진 전용 용기에 담아 회사로 보내면 되고, 회사에서는 PCR 기기로 유전자를 증폭해 양을 늘린 다음 그 결과를 분석하는 것이다. 대체로 소요되는 시간은 3~4일 정도인데 앞으로는 이 또한 더욱 짧아질 전망이다. 비만의 경우는 지방의 저장을 촉진하는 유전자, 기름기 있는 음식을 선호하게 만드는 유전자, 식욕조절 유전자 유전자들의 활성을 분석하게 되고 종합적으로 의뢰인의 비만 위험도를 예상하여 식단도 추천하고, 고혈압이나 당뇨 예방을 위한 자문도 할 수 있다. 혈액 몇 방울을 이용해서 다양한 질병들을 예측하는 것은 이미 신생아에게 적용되고 있다.

한국인 특유의 SNP를 확인해내면 한국인에 맞춤형인 진단 키트를 개발하여 더욱 정확한 검사도 가능하며, 심지어 개개인에게 맞는 진단과 처방이 가능할 것이다. 2016년 6월 30일, 생명윤리 및 안전에 관한 법률이 제정, 시행되면서 유전자 검사에 대한 기준이 조금 달라지게 되었다. 기존에는 모든 유전자 검사가 의료기관에서만 가능했다면, 물론 지금도 중증 암이나 중증 질환은 여전히 의료기관에서 주관해야 되지만, 기타 생활 습관 개선을 위한 대사 관련 등 46개 유전자에 대한 검사가 일반 기업체에서도 가능하게 되었다는 점이다.

대부분의 질환에는 유전 뿐 아니라 환경적 요소도 함께 작용을 한다. 말하자면 유전적 병인 요소가 있다 할지라도 영양 섭취라든가 어떤 위험 요소에 노출되는 상황을 최소한으로 줄이면 예방 가능하다는 의견이다. 때문에 유전자 검사를 통해서 미리 예상 질환의 발병 가능성을 알 수 있다면 국민 건강 향상에 큰 도움이 될 것이다.

뇌 아바타 기술

21세기 뇌 과학은 그 발전 속도가 놀랍도록 가속화되고 있다. 뇌와 컴퓨터를 직접연결하여 MRI 장치로 촬영한 영상과 측정된 뇌파를 인공지능을 이용해 단시간에 분석하는 것도 곧 개발될 전망이다.

가장 눈에 띄는 것은 뇌 임플란트 기술이다. 생각만 가지고 물체를 움직이는 것이 가능한 기술이다. 눈동자 이외에는 손가락 하나 움직일 수 없는 루게릭병 환자나 기도가 마비되어 숨을 쉴 수도 없어서 목에 관을 삽입해 호흡하는 환자라 할지라도 뇌 운동 피질 부위에 전극을 삽입하고, 뇌에서 발생되는 미세한 전기 신호를 측정해 그 신호를 무선 송수신기를 통해 컴퓨터로 전송하는 방식이다. 이미 일부 수술 성공 사례가 보고되었다. 수술 뒤 6개월 후에 환자가 다른 사람의 도움 없이 뇌파만 가지고 컴퓨터에 영문 글자를 입력하는데 성공한 것이다. 물론 1분에 2~3자 정도 입력이 가능할 정도로 매우 힘든 작업이지만 일단 외부와의 소통 경로가 열린 것이다.

한편 뇌에서 나오는 신호를 해석해서 수족을 움직이게 하는 연구도 진행 중이다. 원숭이에서 로봇 팔을 무선으로 움직이는데 성공한 보고도 있다. 지금은 사지가 마비된 환자를 대상으로 연구 진행 중이지만 앞으로는 인공청각이나 인공시각 등 다양한 분야로 기술이 확장되면서 보다 편리한 방법들이 속속들이 개발될 것으로 기대하고 있다.

어떤 사람들은 이런 기술을 아바타 기술이라고 부른다. 전신마비 환자가 생각만으로 로봇 팔을 움직여 음료수를 입에 가져오는데 성공하기도 하였고, 팔과 다리를 사고로 잃은 사람이 생각대로 의족을 로보트처럼 움직이는 실험도 잇달아 성공하고 있다. 심지어 개체간 신호를 주고받는 실험도 있었다. 어떤 사람이 키보드를 누르면서 자기 뇌에서 나온 신호를 다른 방에 있는 사람의 뇌로 전달하였더니 그 사람이 자기도 모르게 키보드를 누른 것이다. 이처럼 개체간 사이에 뇌 신호를 주고받는 고도의 기술도 이미 실험적으로 성공하였고 앞으로의 상용화를 기다리고 있다.

탈리도마이드와 켈시 박사

새로운 신약이 개발되면 보통은 동물을 이용한 임상실험을 우선 실시한다. 여기서 안전성이 확보되면 그다음에 사람에게 적용시키는 것이 순서이다. 그럼에도 불구하고 동물에서의 연구 결과가 항상 사람에게 100% 안전을 보장해 줄 수는 없다. 제2차 세계대전 이후 전쟁터에서 남자들이 많이 사망하였고, 때문에 파괴된 산업 시설을 새로 건설하는 현장에 여성들이 대신 투입될 수밖에 없었다. 동시에 베이비붐이 일어나면서 여성들은 일과 함께 임신이라는 이중고에 처하게 되었다. 임신은 입덧을 불러일으켰고 아침이면 머리가 어지러운 “morning sickness”와 물만 보아도 참지 못할 정도로 괴로운 헛구역질은 직장 여성들에게 고통과 제약일 수밖에 없었다.물론 이런 것들은 대부분 임신으로 인해 호르몬의 균형이 깨어져 나타난 일시적 현상이지만 실제로 일을 하는 여성에게는 엄청난 장애가 아닐 수 없다. 그때 사람들이 “입덧을 막아주거나 줄여 줄 수 있는 약물이 없을까”라고 궁금해한 것은 당연한 것이었다.

1953년에 서독의 제약회사가 획기적인 신약을 개발, 판매한 적이 있다. 그 주성분은 탈리도마이드(thalidomide)이다. 당연히 동물실험을 거쳤고, 임신한 동물에게도 아무 영향을 주지 않는다는 연구 결과가 나왔다. 따라서 사람에게도 문제가 없을 것으로 추정되면서 이 약은 유럽에서 날개 돋친 듯 팔려나갔다. 그런데 몇 년 뒤에 탈리도마이드를 복용한 이후 태어난 아기들에 대한 조사에서 나타난 결과는 너무나 끔찍한 것이었다. 보고된 것들은 주로 사지와 수족에 대한 기형이었다. 팔이나 다리가 아예 없이 몸통만 태어난 경우, 수족이 있어도 문드러져버렸거나 절반만 생겨난 경우, 손가락의 개수가 틀린 경우, 눈과 귀의 형태가 변형되어버린 경우 등 처참할 정도였던 것이다.

임상실험에 주로 활용되는 실험동물은 고양이, 개, 원숭이, 쥐 등이다. 이런 동물들은 대부분 사람과 같은 포유류이기에 이들에서의 약물 효과는 사람에서도 비슷하다고 추정하는 것이 보통이다. 탈리도마이드에 대해서도 과학자들은 그렇게 생각하였고 의학자들도 역시 비슷한 견해를 갖고 있었던 것이다. 그럼에도 불구하고 이것은 동물실험에 전적으로 의존하면 잘못될 수 있다는 좋은 본보기가 된 것이다. 이 사건 이후로 과학자들은 “동물실험이 모든 것을 말해 줄 수 있다”라고 생각했던 신념을 바꾸게 되었다. 다시 말하면 동물실험이 인체 실험을 전적으로 대신할 수 있다는 종래의 생각을 완전히 바꾸게 된 것이다.

미국 FDA의 켈시(Frances Kelsey) 박사는 시카고 대학교 의대 출신의 여성 과학자였다. 탈리도마이드의 놀라운 수면 진정 효과와 입덧 억제 약효가 세상을 흥분시켰을 바로 그때, FDA에서 켈시 박사가 처음 맡은 임무는 바로 이 약물을 평가하고 승인하는 것이었다. 제약회사에서는 이 기적의 약물을 한시라도 빨리 미국에 퍼뜨리고 싶어했지만 켈시박사는 독성 검사에 대한 자료가 미비하다는 이유로 끝내 승인을 하지 않았다. 결국 미국에서는 이 기적의 약물이 팔릴 수 없게 되었고, 유럽에서만 12,000명의 기형아가 출생하였지만 미국에서는 단 12명의 탈리도마이드 베이비만 보고되었다. 이 12명의 경우도 승인이 나기 전 제약회사에서 의사들에게 연구목적으로 배분한 샘플 때문에 일어난 것이었다. 켈시 박사가 소신을 굽히지 않았기에 미국의 임신부들은 안전하게 아기를 출산할 수 있었던 것이다.

켈시 박사는 소신을 지킨 공무원의 표상으로 '영웅'이 되었고, 당시 케네디 대통령으로부터 공무원에게 주는 최고 훈장을 수여받았다. 이를 계기로 미국의 의약품 허가 제도가 한층 강화되었고, 켈시 박사는 현대적인 의약품 규제 법률의 길을 열었다는 평가를 받게 되었다.

마리 퀴리 박사와 두 번의 노벨상

노벨상을 한번 받기도 어려운데 두 번씩 받은 사람도 간혹 보이곤 한다. 오래된 역사지만 그 중에 한 사람이 폴란드 출신 프랑스 과학자인 마리 퀴리(Marie Curie) 박사이다. 퀴리 박사는 1800년대 중반부터 1900년대 초반까지 활동한 과학자로서 방사선에 대한 연구로 우리에게 잘 알려져 있다. 마리 퀴리 박사는 어린 시절 굉장히 공부를 잘했다고 알려져 있다. 당연히 대학은 당시 과학이 앞섰던 프랑스로 가서 공부를 계속하고 싶었지만 경제적으로 어려웠기 때문에 언니와 약속을 하나 하였다는 일화가 있다. 언니가 먼저 프랑스에 가서 공부를 하고 자기가 돈을 벌어 뒷바라지하겠다는 것이다. 그런 다음 언니가 성공을 하면 자기를 지원해달라는 약속이었다. 마리 퀴리 박사는 약속대로 가정교사로 일하며 언니와의 약속을 지켰고, 결국 자기도 프랑스로 건너가 여성 최초로 소르본 대학의 물리학 박사가 되었다. 마리 퀴리 박사는 결혼 후에도 남편과 함께 방사능 물질에 대해 연구를 수행하였고 폴로늄(polonium)과 라듐(radium)을 발견하여 1903년에 부부가 함께 노벨물리상을 받았다. 이어서 라듐을 분리하는데 성공하였고 1911년에 다시 한 번 노벨화학상을 수여 받았다.

과학자들의 헌신적인 모습을 보면 우리는 때때로 감동을 받는다. 인류를 위해 자신의 몸을 아끼지 않고 밤낮없이 연구하는 모습을 볼 때에 더욱 그렇다. 이것은 자신들의 노력과 헌신을 전 인류와 함께 나누어 가지겠다는 그런 희생적인 자세이기 때문이다. 당시만 해도 방사능이 세포를 죽일 수 있으며, 그 결과 무서운 질병을 초래할 수 있다는 것을 몰랐기 때문에 마리 퀴리 박사는 밤낮없이 방사선에 붙어서 실험을 하다가 끝내 병으로 사망하고 만 것이다. 방사능이란 것은 원자가 불안정해지면서 방출한 에너지의 또 다른 형태이다. 알파(α), 베타(β), 감마(γ)의 세 가지가 있는데 보통은 원소주기율표에서 숫자가 커질수록 방사능 효과가 크다고 본다. 세포를 죽이는 성질을 이용해 방사선으로 암치료를 하기도 하지만 반대로 돌연변이를 일으켜 정상 세포를 암세포로 바꾸기도 한다.

환경호르몬

환경호르몬은 우리가 일상 속에서 쉽게 접할 수 있는 미세한 화학물질들을 일컫는 용어이다. 흔히 음료를 담는 용기나 쓰레기 소각장에서 스며나온 일종의 내분

비교란물질이다. 대표적인 환경호르몬인 비스페놀A는 플라스틱 용기의 형태를 주물로 만든 다음 이를 굳히는 과정에 첨가되는 물질인데 마치 성호르몬처럼 기능하면서도 오히려 부정적인 효과만을 나타내는 것으로 알려져 있다. 내분비 교란물질인 환경호르몬은 미량으로 우리 몸에 섭취되어 유전자 변이를 일으키기도 하고, 암을 유발하기도 하며, 특히 생식 계통을 교란시켜서 몇 세대 후에야 그 효과를 나타낼 수도 있다. 다이옥신은 쓰레기 소각장에서 많이 검출이 된다. 환경호르몬에는 납도 포함이 된다. 생식 계통에 대한 영향으로는 성조숙증이라던가 불임, 조기 폐경 등이 알려져 있다. 환경호르몬은 우리가 주어진 환경을 어떻게 조절하고 관리하느냐에 따라 예방과 방지가 가능한 것들이다. 문명이 발달하고 생활이 편리해지는 대신 환경에 대한 경각심과 공동체 의식을 강화해 나갈 필요가 있다.

피부 마이크로칩

우리 몸에서 가장 넓은 면적을 차지하는 부위는 피부이다. 피부는 외부와 직접 맞닿아 있다 보니 주변 환경과의 접촉이 빈번하고, 그로 인해 염증이나 알레르기 반응의 직접적인 원인이 될 수 있는 부분이다. 그럼에도 불구하고 우리는 그동안 신장이나 간 같은 내부 장기들에 대한 연구는 동물 실험을 통해 활발히 수행한 반면 피부에 관해서는 연구가 상대적으로 부족한 실정이다 특별히 피부는 동물실험을 통해서 하기 어렵다는 것이 단점이다. 동물의 피부와 사람의 피부는 구조상 많이 차이가 나기 때문이다. 게다가 유럽 지역을 비롯한 여러 국가들에서 동물실험을 통한 피부 관련 약물이나 화장품 연구를 금지하고 있기 때문에 더욱 어려운 실정이다.

이런 이유로 인해 실험용 인공피부에 관한 관심이 고조되고 있다. 인공피부가 자연 피부와 비슷할수록 정확한 연구 결과를 얻을 수 있기 때문에 점점 더 사람의 피부를 닮은 재질과 조성의 아바타 피부를 개발하는 연구가 박차를 가하고 있다. 예를 들면 우리 피부에는 아주 작은 구멍들이 많이 있어 이를 통해 약물의 출입이 가능하므로 인공피부 역시 이런 미세 구멍을 함께 포함시켜 만들어야 하며, 피부에는 표피 뿐 아니라 진피가 있고 약물에 대한 반응이 서로 틀리므로 이를 반영시킬 수 있어야 한다는 것이다. 가장 인기있는 것은 피부 마이크로칩(microchip) 세트이다. 직경과 반경이 약 10 × 2 cm 정도 되도록 틀을 만들되 표피와 진피 부분까지도 포함시켜 만든 일종의 피부 아바타이다. 여기에는 표피, 진피, 혈관의 3개 구조가 함께 들어있어 이를 통해 전달되는 약물의 효과와 피부 반응을 동시에 연구할 수 있도록 고안된 것이다. 이렇게 만든 인공피부는 동물 대체시험이 가능하기 때문에 실제 피부와 가장 유사하다는 평가를 받고 있다. 피부 모델 마이크로칩을 이용해 유럽에서는 2013년도부터 화장품 개발을 위한 동물 피부 실험이 지유로와졌다.

생분해성 미생물

드라큘라 미생물이 개발된 지도 상당한 시간이 지났다. 또 중금속을 먹어치우는 미생물의 개발도 더 이상 낯설지 않다. 그런데 이번에는 스티로폼(styrofoam)을 먹어치우는 애벌레가 발견되어 흥미를 끌고 있다. 스티로폼은 건축물의 방음, 방열에 쓰이는 흔한 발포성 플라스틱 재료인데 밀웜(mealworm)이라는 애벌레가 이를 안전하게 분해할 뿐만 아니라 우리가 재활용할 수 있는 건강한 재료로 바꿔주기까지 한다는 것이다. 사실 밀웜이 스티로폼을 직접 소화하는 것은 아니고, 그 장내에 어떤 미생물이 있어서 그것이 스티로폼을 분해해주는 것이다. 밀웜은 단백질이 풍부해서 식용으로도 사용한다. 이처럼 플라스틱이나 스티로폼처럼 썩지 않아 골치 아픈 환경 쓰레기를 생물학적 제재를 이용해 해결하려는 새로운 아이디어는 고무적이 아닐 수 없다.

인간게놈프로젝트의 상용화

인간게놈프로젝트가 처음 시작될 때 가장 중요한 이슈는 얼마나 빨리 프로젝트를 완성할 수 있겠느냐는 문제였다. 시간이 길어질수록 투자해야 하는 연구비와 인력에 대한 부담이 증가하기 때문이다. 불과 20여 년 전만 하더라도 생거(Sanger) 박사의 "dideoxy chain termination" 방법에 근거한 DNA sequencing 기술이 지배적이었다. 그리고 DNA의 염기서열을 결정하는 기술 자체가 몇 몇 실험실의 전유물이다시피 하였다. 생거 박사의 방법은 노벨상을 받았지만 몸에 해로운 폴리아크릴아마이드 겔(polyacrylamide gel)과 방사성동위원소를 필요로 한다는 점에서 보완이 끊임없이 요구되었다. 세포에서 DNA를 추출한 다음 이를 수많은 작은 조각으로 깨뜨리고 각각의 염기서열을 결정한 뒤 겹치는 부분을 이어나가는 방법(shotgun 방식)이 처음의 프로젝트 수행 방식이었다. 무엇보다도 가장 큰 단점은 한 번에 읽을 수 있는 DNA의 길이가 수백 bp에 불과하다는 점이었다. 그래서 DNA sequencing이 수없이 되풀이되어야 했고 그 결과를 비교, 분석하여 이어나가는 작업은 데이터 처리 속도가 빠른 컴퓨터 기술이 함께 발달되어야 가능한 것이었다. DNA 데이터를 보관할 수 있는 컴퓨터의 대용량 저장 장치 개발도 당연히 요구되었다. 즉 DNA 염기서열 해독을 요구하는 인간게놈프로젝트는 단순한 생물학적 프로젝트가 아니고, IT 등 주변 학문이 함께 발전해야 하는 첨단 프로젝트라는 것이다.

처음 인간게놈프로젝트를 제시하였을 때 예상된 소요 비용은 화성에 우주선을 여러 개 발사하는 비용이 한꺼번에 들어가야 할 정도라고 알려져 있다. 다시 말해 인간게놈프로젝트 하나를 위해서 다른 분야에 필요한 연구 비용을 거의 절반 수준으로 줄여야만 한다는 것이었다. 당연히 학문의 균형 발전에 바람직하지 못하다는 비난과 지적이 빗발쳤는데 그럼에도 불구하고 인간게놈프로젝트는 계속적으로 조용히 진행되어 2003년에 1차 완결되었다.

이처럼 처음에는 천문학적이었던 게놈 분석 비용이 그동안의 기술 발전에 힘입어 이제는 상상 이상으로 값이 떨어졌다. 한때 30억 달러를 초과했던 비용이 이제는 불과 1,000불 수준으로 줄어들었고 한사람의 게놈 전체를 해독하는데 소요되는 시간도 인간게놈프로젝트가 약 15년 걸렸던 것에 비해 지금은 약 3~7일이면 가능할 정도이다.

이렇게 게놈 전체를 해독한다는 것은 굉장한 의미를 지니고 있다. 사람의 얼굴 모습이 보기에 조금씩 다르듯이 DNA 차원에서의 차이를 눈으로 읽어 비교할 수 있게 된 것이다. DNA는 대부분 염기서열 골격이 같지만 약간의 차이가 있는 것을 비교할 수 있게 된 것이고, 만약 그 차이가 병리학적으로 중요한 의미를 갖고 있다면 이를 토대로 한 맞춤 진료가 가능해진 것이다. 물론 범죄 수사와 친자확인 등에도 활용될 가능성이 더 높아졌다고 할 수 있다.

게놈 해독을 이처럼 빠르고 적은 비용으로 할 수 있게 된 것은 게놈 시장을 이끌어 가는 일루미나(Illumina)라는 회사 덕분이다. 그리고 이러한 장비를 우리는 차세대 분석기술(NGS, next generation sequencing) 장비라고 한다. 지금 일루미나의 기술은 50명의 게놈을 해독하는데 아주 빠를 경우 이틀 밖에 걸리지 않을 수준이다. 업계에서는 몇 년 내 비용도 10만 원 대로 떨어질 것이라 예측하고 있다. 이렇게 되면 매년 건강검진 받을 때마다 유전자 검사를 포함시킬 수 있고, 혹시 작년과 달라진 변이가 있는지를 파악하여 새로운 질환이 발병할 가능성에 대해 유전상담도 가능하다. 또 영양 불균형이나 스트레스로 인한 환경 개선과 맞춤형 식단을 처방받을 수도 있다.

빅데이터와 벤처산업

인간게놈프로젝트는 1990년에 시작되어 2003년에 완성되었다. 어떤 사람은 완성이라는 표현보다 "99.9%가 달성되었다"라고 말하기를 좋아한다. 그 이유는 이것이다. 사람마다 얼굴이 조금씩 틀리듯이 건강이나 생존에 영향을 주지 않는 단순한 염기서열 차이가 있는데 그것은 결국 지구상에 살고 있는 모든 인류의 게놈을 전부 해독하기 전까지는 완성할 수 없다는 것이다. 그 작은 차이들을 SNP(single nucleotide polymorphism)라고 부른다. 유전자 기능에는 영향을 주지 않기에 그동안 별로 관심이 없었고 게놈 전체에 걸쳐 이쪽저쪽으로 퍼져있으므로 이들을 한 번에 비교할 수 있는 기술도 사실 그동안은 없었다. 그러나 점점 더 많은 사람들로 부터의 게놈 데이터가 쌓여감으로써 빅데이터(Big Data)가 구축되었고, 이제는 SNP까지도 빠르게 비교, 분석할 수 있게 되었다.

빅데이터는 개인간 차이, 집단간 차이, 인종간 차이를 말해줄 수 있는 열쇠이다. 특정 질환에 대한 특정 인종, 가계, 개인별 맞춤 진단과 맞춤 의약 개발이 빅데이터에 근거하여 만들어질 수 있다는 점이 중요하다. 그리고 이미 이런 자료를 구축하고, 보관하고, 분석해주는 작업 자체가 벤처 사업화되고 있다. 앞으로 21세기에는 이와 관련된 많은 사업들이 새로운 직종과 직장을 창출해낼 것으로 기대된다.

배아은행

아직은 반신반의하지만 2~8주의 배아를 미혼녀나 불임부부, 동성애자들에게 분양 판매하고 착상 시술하는 사설 배아 은행에 대한 시도가 실제로 있다는 소식이 들렸다. 21세기에서 볼 수 있는 완전히 새로운 형태의 산업구조이다. 문제는 정보의 상업화이다. 이렇게 만들어진 배아를 사려는 사람은 난자와 정자를 제공한 사람의 이력도 제공받는데 그 이력에는 범죄 사실과 학력, 외모, 현재의 건강상태까지 모든 생물학적 정보가 포함된다는 것이다. 이 회사는 또한 기증자들의 조건을 제한하고 있어 학력은 대졸 이상이어야 하고 나이도 20대로 제한하며 박사 학위자를 선호하기에 새로운 우생학적 차별까지 불러일으키고 있다. 심지어는 기증자들의 어린 시설 사진과 함께 현재 모습까지도 확인한 다음 분양을 받을 수 있다고 해서 사람의 생명을 상품화 했다는 비난을 피해갈 수 없다. 이 회사는 기증받은 정자와 난자를 시험관에서 수정시켜 배아로 발생시킨 후에 판매하거나 불임부부를 위한 임신 시술을 해준다는 것이다. 준비된 배아는 여성 의뢰인에게 직접 착상할 수도 있고 아니면 대리모에게 임신시킬 수도 있다고 한다. 당연히 생명과학자들은 드디어 생명을 상품화시키는 잘못된 기술 남용 사례가 나타나기 시작했다고 우려를 표하고 있다. 그러나 앞으로는 이보다 더한 사례들이 얼마든지 나타날 수 있다. 사회적 제도와 윤리가 기술을 앞질러 갈 수 있도록 박차를 가해야 할 것이다.

맞춤아기

바이오테크놀러지와 생식의학의 발달은 당연히 우생학의 문제를 몰고 왔다. 인간게놈프로젝트의 결과 여러 가지 열성유전자와 우성유전자가 이미 확인되었고 성급한 벤처회사들은 태아의 지능과 장래 당뇨병에 걸릴 확률까지 진단해준다고 광고할 정도이다. 서로가 사랑하여 결혼을 했는데 원하지 않는 열성유전자가 진단되었거나 유전병의 가족력이 있는 경우 당연히 이 나쁜 유전자를 제거하고 싶을 것이다. 더 나아가서 예술적 재능이 있고 지능까지 우수한 아이를 유전자 조작으로 만들어준다면 누구나 한번쯤은 귀가 솔깃할 수밖에 없다. 과학 기술은 항상 발전하기 마련이다. 그리고 그 속도도 점점 빨라지고 있다. 지금은 공상과학 수준의 아이디어일지라도 가까운 미래에 반드시 실현되고야 마는 게 현실이다. 미래의 부모들은 의사에게 여러 가지를 요구하게 될 것이 분명하다. 예를 들면 태어날 아기의 얼굴은 동글게, 키는 180cm 이상, 눈은 파랗게 등등 각종 요구를 하게 될 지도 모른다. 어쩌면 주민등록증을 발급받듯이 태어나자마자 유전자 검사 합격증을 받아야 할지도 모른다. 유전자 검사를 통해 혹시나 있을 지도 모르는 유전자 이상을 미리 교정함으로써 결함이 아예 없도록 만든 아기를 맞춤아기(perfect baby)라고 한다.

머지않은 미래에는 유전질환의 유전자를 제거하는 정도에서 그치지 않고 매우 이상적인 맞춤아기를 조합하여 만들어내게 될지도 모른다. 즉 체형이 아름답도록 유전자를 조작한다든지, 머리카락의 색을 바꾼다든지, 체격과 체력을 완벽하게 조작함으로써 슈퍼스타로 만든다든지 하는 생존과 무관한 미용 차원의 변형을 말한다. 물론 아직까지의 기술과 능력으로는 불가능하지만 법과 규제를 앞서가는 바이오테크놀러지의 속도를 생각하면 이렇게 디자인된 아기가 머지않은 미래에 태어나지 않을 것이라고 어느 누구도 장담할 수 없을 것이다.

베토벤 새앙쥐

베토벤이라는 별명의 생쥐가 있다. 처음부터 이름이 베토벤은 아니고 천재 음악가 베토벤처럼 소리를 듣지 못한다는 데서 유래가 된 것이다. 음악가 베토벤 역시 처음부터 청력이 상실된 것은 아니었다. 베토벤은 10여 년 이상에 걸쳐 서서히 청력이 상실이 되었기 때문에 그것이 유전적인 것인지 아니면 환경적인 것인지에 대해 사람들의 논란이 계속 있어 왔다. 그렇지만 아마도 청력과 관련된 세포들에 축적된 유전적 문제로 인해 청력이 최종 상실되었으리라 여겨진다. 베토벤 생쥐는 청력과 관계된 특정 유전자에 문제가 있는 것으로 확인되었다. 이 유전자가 고장나면 달팽이관에서 청각신호를 생성하는 부분에 노폐물이 쌓이고, 청각신호가 제대로 만들어지지 않아 청력을 소실하게 되는 것이다. 대체로 청력 소실에 걸리는 시간은 10년에서 15년 정도인데 이는 베토벤이 청력을 잃었던 기간과 거의 일치하는 것이다. 아마 베토벤도 청각신호 생성에 문제가 있었고 결국 유전자로 인한 문제 아니었을까 생각을 하는 것이다.

유전자가 고장났다는 이야기는 A, C, G, T 염기서열에서 특정한 부분이 잘못 바뀌어져 있다는 뜻이다. 그리고 만약 그렇다면 그 잘못된 부분만 꼬집어 떼어내고 정상적인 것으로 바꿔주면 치료가 이론적으로 가능하다. 이처럼 이론적으로는 유전자 편집이 매우 간단하지만 실제로는 대단히 복잡하고 정교한 기술이 필요하다. DNA가 굉장히 길고 두 줄이며, 심지어는 나선으로 꼬여있기 때문이다. 그 때문에 어느 한 부분만을 딱 잘라 내고 정확히 그 부분을 정상적인 것으로 바꿔 준다는 것은 대단히 어려운 일이다. 지금도 제한효소를 이용하면 DNA의 잘못된 부분을 포함한 주변까지를 커다랗게 뭉텅 잘라내고 그 부분을 정상적인 DNA로 메꾸어주는 방법이 있지만 이것은 어디까지나 실험실 안에서 가능할 뿐 생체에 적용하기에는 무리이다.

최근에 유전자가위가 개발되면서 이것이 점차 상용화 가능할 것으로 기대를 모으고 있다. 유전자가위의 또 다른 명칭은 크리스퍼(CRISPR)와 Cas9 단백질이다. 유전자의 잘못된 부분을 정교하게 잘라내고, 이를 교정해주는 특별한 세포내 기구이다. CRISPR의 인도에 따라 잘못된 부분을 찾아내서 Cas9이라는 단백질이 잘라버리는 방식이다. 마치 글을 쓰다가 오타가 나면 그 글자만 꼭 집어 수정하는 것과 유사하다고 해서 유전자 편집이라고도 한다. 황반변성이나 비후성심근증 치료에 크리스퍼 적용이 자주 논의되곤 한다. 이 기술은 앞으로 겸상적혈구빈혈증(sickle cell anemia)이나 헌팅톤 증후군(Huntington disease) 등 아주 정교한 작업이 필요한 난치병들을 치료하는데 도움이 될 것으로 보인다. 유전자가위는 질병 치료외에도 식량 문제라든가 농업 문제, 축산, 원예 등 생활 주변 전반에 적용될 수 있으므로 21세기 우리 삶의 패턴을 많이 바꾸어놓을 것으로 예상된다. 그리고 관련된 기술과 적용 범위가 더욱 넓혀질수록 더 많은 생물산업 관련 기업과 산업들이 발달할 것으로 기대된다.

플로리다 선언과 게놈 정보의 공유

2017년에 미국 플로리다 올랜도에서 전세계 500여명의 학자들이 모였다. 그리고 이 자리에서 자신들이 그동안 어렵게 연구했던 게놈 해독 데이터를 다른 과학자들에게 무료로 공개하겠다는 발표가 있었다.

과학의 근본은 데이터를 공유하는 데에서 시작한다. 각 개인이 연구실에 보관하고 있는 데이터는 생명현상 전체로 볼 때 극히 일부분이므로 여러 과학자들의 자료들이 한데 모여야 바르게 생명현상을 이해할 수 있다. 때문에 데이터의 공유라는 것은 과학 발전에 있어서 대단히 중요하다. 또 한편으로 보면 자신의 연구에 대한 보답으로 다른 많은 데이터에 접근할 수 있게 되니까 그만큼 연구 속도가 빨라지고 과학의 발전도 이루게 되는 것이다. 앞으로 정부 차원에서의 생물산업에 대한 지원이 늘어날 것으로 기대되며 질병 치료나 고유 생물자원을 이용한 농수산업에서도 산업화의 확대가 앞당겨질 전망이다. 데이터를 공유하는 것이 이제는 21세기 연구의 필수가 되고 있다. 공유를 통해 접근성도 넓어지고, 동시에 더 규모가 큰 데이터를 가지고 더 정확한 평가와 판단을 할 수 있기 때문이다.

개개인 몇 명을 대상으로 얻어진 데이터도 중요하지만 최근의 연구 트렌드는 빅데이터의 구축이다. 인류 전체에 대한 비교 평가를 하기 위해서는 빅데이터가 필요하기 때문이다. 게다가 게놈 정보를 오픈 소스 개념으로 공유하게 되었다는 것은 생물산업의 새로운 차원을 이끌어내는 혁신적인 발표이다. 정밀도가 높아지고 게놈 해독 범위가 넓어지면서 과거에는 접근할 수 없었던 인류학, 역사학, 생태학까지도 앞으로는 생물산업 범주에 들어올 것이 기대된다.

유전자 변형 모기

유전자 조작을 통하면 괴생명체가 탄생한다는 선입견은 이제 무색한 것 같다. 물론 새로운 생명체가 만들어지는 것은 맞지만 인류의 입장에서 볼 때는 유리한 방향으로 변형된 생명체이기 때문이다. 예를 들면 x-51a 같은 코드번호가 붙여진 모기가 있다. 모기는 태어나서 장구벌레를 거쳐 성체가 된다. x-51a를 숲에 풀어 놓으면 배우자와 짝을 짓게 되는데 유전자 조작으로 인해 x-51a와 짝을 지어 난 새끼는 장구벌레 단계에서 더 이상 자라지 못하고 죽어 버리고 만다. 즉 유전자 변형으로 인해 성체가 될 수 없는 새끼들만 태어나는 것이다. 그리고 결국은 그 지역의 모든 모기가 멸종되어버리는 것이다. 실제로 이 실험은 성공적인 것으로 조사되었다. 이를 통해 모기가 옮기는 전염병을 예방할 수 있다. 그러나 때로는 이러한 유전자 변형이 새로운 형태의 질병을 초래할 수도 있다는 우려가 있어 조심스러운 검증이 요구되고 있다.

스마트폰과 CSI, 의료산업

스마트폰이 점점 그 기능을 더하면서 나날이 발전하고 있다. 새로운 앱도 연일 개발되고 있고, 여기에 의료산업이 접목되고 있는 모양새다. 편리한 기능은 바이오센서와 스마트폰을 연결시키는 것이다. 신체 여러 가지 바이오리듬을 측정하여 앱을 통해 수시로 관찰하는 것이다. 여기에는 체온이나 혈당, 심장박동, 맥박 등 항상성(homeostasis)과 관련된 다양한 지표들이 연결되어 있다. 이를 통해 환자를 원격진료할 수도 있고, 응급실과 연결하여 순간을 다투는 환자의 생명도 보호할 수 있다. 우리나라는 IT 기술을 바탕으로 한 스마트폰 강국이기 때문에 이렇게 연계된 생물산업을 기대해도 좋으리라는 전망이다.

한국판 CSI도 생각해볼 수 있다. 예를 들어 범죄 현상에서 발견된 혈흔 위에 스마트폰을 갖다 대면 "이 혈액은 15분 전에 흘린 것입니다"라고 알려준다든지, 체온이 떨어지고 근육이 경직되는 속도를 감지하여 사건 발생 시간을 확인해준다면 범죄 수사에 도움이 될 것이다. 혈액 속에 들어있는 특정 단백질이 분해되어 사라지는 시간을 측정할 수도 있고, 배란일을 알려주어 임신 가능성을 높여주는 등 활용 범위가 매우 넓을 것으로 보인다.

유전자 도핑 테스트

금지된 약물을 복용함으로써 운동 효과를 높이려는 유혹은 이미 오래된 이야기이다. 특별히 마라톤이나 수영같이 근육의 지구력을 필요로 하는 종목에서는 더욱 첨예한 사안이다. 1988년 서울 올림픽 남자 육상 100m 경기에서 1위로 골인한 벤 존슨 선수의 경우도 도핑 테스트 결과 금지 약물인 스테로이드를 복용한 것으로 밝혀져 실격 처리되고 말았다. 또 덴마크의 사이클 선수인 옌센이 1960년 로마올림픽에출전했다가 사망하였는데 흥분제를 복용한 것이 밝혀져 약물 복용에 의한 첫 사망사고라는 오점을 남겼다.

앞으로는 유전자도 도핑 테스트를 해야 할 것만 같다. 기록을 향상시키기 위해서 유전자 자체를 변형하려는 움직임이 보이기 시작했기 때문이다. 유전자를 조작하여 적혈구 숫자를 늘려주면 산소 운반량이 많아지므로 경기력이 향상될 수 있다는 것이다. 유전자 가위를 이용한 편집이 가능해지면서 이런 우려가 현실화될 가능성은 더욱 높아져버렸다. 유전자 도핑은 검사 자체가 용이하지 않고 겉으로 드러나는 부작용이 없기 때문에 유혹이 더욱 강할 수 있는데 선수를 보호하기 위해서라도 이에 대한 대책을 미리 마련할 필요가 있다. 앞으로는 이와 관련된 휴대용 유전자 테스트기를 대량 생산해야할지도 모르는 일이다.

생물자원과 생물산업

앞으로는 고유한 생물자원을 얼마만큼 보유하고 있는지가 그 나라의 부유함을 측정하는 지표가 될 수 있다. 중국은 나라가 크기 때문에 생물자원이 엄청나게 많아서 86,000 종이 넘는 생물에 대한 기록을 보유하고 있다. 동식물 자원에서는 추출할 수 있는 천연 물질도 많고, 항생제나 염료 등 응용 가능성이 높은 물질이 풍부하게 들어있다. 또한 그 자체가 중요한 생물학적 실험을 할 수 있는 대상이 될 수도 있기 때문에 제약 및 의학, 화장품 업계에는 더없이 소중한 자원이 된다. 때문에 이런 생물자원이 많으면 많을수록 더욱 부강한 나라가 될 수 있는 것이다.

이러한 생물자원을 다른 나라에 수출하거나 판매하는 것도 앞으로는 하나의 경제력이 될 것이다. 나고야 의정서 이후 중국과 일본이 대표적으로 이런 움직임을 보이고 있다. 우리나라의 입장에서는 상당히 불리한 조건이다. 중국은 자국 내 생물자원을 무기로 삼아 천연 원료 사용 대가로 10%를 내라고 주장하고 있어 우리도 이에 대응책을 마련하고 있다. 중국은 생물자원을 이용할 경우에 반드시 중국 내 기업과 협약을 해야 되며, 사용료 지불 및 기술 양도, 일자리 제공 등을 병행해야 한다는 것, 그리고 생물자원을 통해 얻은 이익 중에서 작게는 0.5%, 크게는 10%까지 국가가 공유한다는 명목을 제시하고 있다. 물론 어느 정도 이해가 가는 부분도 있지만 지나치게 자국 이익만을 강조하고 있다는 것이 문제이다. 대부분의 나라들도 그 나라의 생물자원을 사용할 때 어느 정도 가이드라인을 제시하지만 중국처럼 구체적으로 얼마를 입금하라는 형식의 강제성을 띠고 있지는 않다. 또한 기술 이전은 산업 기술유출의 우려가 있기에 쉽게 협약 맺기 어려운 부분이다.

그러나 중국과 경계가 맞닿아있는 우리나라는 상대적으로 생물자원이 적기 때문에 중국에 대한 의존도가 높을 수밖에 없어 걱정이다. 화장품과 의약품의 원료들은 더욱 수입 의존도가 높은 편이다. 환경오염과 개발 때문에 사라져가는 고유 생물자원에 대한 관심과 보호 정책이 절실히 필요한 시점이다.

노벨상 이야기

노벨상은 처음부터 노벨이 고귀한 사명을 가지고 제정하지는 않았다고 한다. 노벨이 발명한 다이나마이트로 인해 살상 무기가 개발되게 되었고, 이로 인해 세간에서는 노벨에 대한 평판이 별로 좋지 않았다고 한다. 1888년에 노벨의 형 루드비히가 사망하였는데 한 신문사에서 이를 노벨과 착각하여 다음날 기사 제목을 "지옥의 상인이 사망했다"라고 게재한 것이다. 이 기사를 본 노벨은 큰 충격을 받았다고 한다. 그리고 자기가 얼마나 악인으로 평가되고 있는지 반성하였고, 그동안 벌었던 돈을 투자하여 노벨상을 제정하였다는 것이다. 노벨상에는 노벨생리의학상, 노벨물리학상, 노벨화학상, 노벨문학상, 그리고 노벨평화상 등이 있다. 생물학의 업적들은 대부분 의학상에 속하게 된다.

노벨상에 대해서는 재미있는 에피소드도 여럿 남겨져있다. 마리 퀴리 부인이 부부가 함께 노벨상을 받았다는 것도 유명하지만, 마리 퀴리의 딸 이렌 졸리오 퀴리(Irene Joliot Curie)와 사위인 프레드릭 졸리오 퀴리(Frederic Joliot Curie)도 마리 퀴리의 연구를 이어받아 1935년에 공동 노벨 화학상을 수상하였다. 현재까지 노벨상 수상 건수를 보면 미국이 압도적으로 많고 그 다음 영국, 독일, 프랑스, 일본 순이다. 노벨상은 생존해있는 사람에게만 수상할 수 있기 때문에 훌륭한 업적에도 불구하고 아깝게 노벨상을 받지 못한 사람들도 제법 있다. 대표적으로 로잘린 프랭클린(Rosalin Franklin)은 DNA 이중나선 구조를 사진 찍었지만 난소암으로 일찍 사망하고 말았다.

과학의 규모가 커지고 연구프로젝트가 비대해지면서 혼자서는 수행하기 어려운 과제들이 늘어나고 있다. 따라서 이제는 공동 수상의 비율이 점차 높아지고 있는 추세이다. 최근에는 공동 수상의 비율이 90% 이상까지 올라갔다고 한다. 우리나라도 점차 공동 연구가 늘고 있어서 앞으로 과학계에서의 노벨상 수상이 기대되는 바이다.

함께 생각해 볼 문제

1. 발명가의 권리를 인정하는 특허가 오히려 과학의 발전을 저해할 수 있다는 논리에 대하여 설명하시오.

2. 생체시계를 연구해 노벨상을 수상한 과학자들은 누구인가?

3. 유전자 검사가 대중화되면 많은 질병 치료와 신약 개발이 가능해질 것으로 보인다. 반면에 사회적 문제점도 발생할 것인데 예측되는 것들은 어떤 것일까?

4. 한국인의 게놈에서 특정한 SNP가 발견되면 이를 어떻게 산업현장에서 활용할 수 있을까?

5. 동물실험의 결과는 인체 임상실험을 대체할 수 있다. 이 논리에 대해 반박할 수 있는 역사적 사건을 말해보시오.

6. 노벨상을 두 번 이상 수상했거나 가족 단위로 수상한 예들을 찾아보시오.

7. 미생물을 이용한 환경 정화와 생물산업화 예들을 조사해보시오.

8. 우리나라에서 게놈 분석을 전문으로 하는 회사들에 대해 조사해보시오.

9. 빅데이터가 생물산업에 미칠 영향에 대하여 자신의 생각을 자유롭게 정리해보시오.

10. 이 장에 정리된 내용 이외에 다양한 생물산업 사례들을 5가지만 추가로 조사해보시오.

바이오벤처는 경제 위기 속에서도 아이디어와 끈기력만을 바탕으로 성장한 대표적인 효자 산업 구조이다. 미국을 비롯한 서구의 벤처들도 처음에는 실험실 단위의 소그룹에서 시작한 연구가 다국적 기업으로 성장하였다. 벤처는 우리나라에 적합한 기업 형태이며 생물산업 분야에서는 더욱 그렇다. 연구자들의 동기 부여가 대단히 큰 우리 대학 및 기업 구조에서 정부의 투자가 함께 한다면 분명 생물산업은 국제 경쟁력 제고를 위한 대표적 효자 산업이 될 것이 분명하다.

바이오벤처의 탄생

한때 IMF로 얼어붙었던 우리 시장에 다시 활력을 일으킨 것은 소규모 자본과 번쩍이는 아이디어만으로 성공 사례를 만들어 낸 각종 벤처사업이다. 1990년대 말 우리나라에 한 차례 벤처 열풍이 불었고 이때 주 강세는 정보통신벤처였다. 그러나 IT 강국임에도 불구하고 아이디어만 있었지 실제 기술력이 이를 따르지 못하다 보니 내실을 다지지 못했고 결국 주식과 증권투자만을 부추기는 참담한 결과를 가져오고 말았다.

IMF 후에 바로 나타난 것이 바이오벤처이다. 지금은 미생물, 식품, 의학, 생물정보학 등 다양한 분야에서 바이오벤처(bio-venture)들이 만들어져 있고, 심지어는 대학 내에도 실험실 벤처들이 성행 중에 있다. 미국의 대표적 생명공학 기업인 프로메가(Promega)도 위스콘신대학(University of Wisconsin) 실험실에서 몇몇 대학원생들이 시작한 벤처라는 소문이 있으니 아이디어 하나에 생존을 거는 바이오벤처의 잠재력을 무시할 수 없다.

21세기에는 대기업도 물론 중요하지만 바이오벤처들이 여기저기에서 자라날 것으로 기대된다. 바이오벤처는 야망을 가진 젊은이들에게 새로운 희망과 취업 기회를 마련해 주는 자리이기 때문이다. 당연한 이야기이지만 바이오벤처는 바이오 강국이 먼저 신경쓰게 되어 있다. 그리고 그 중심에는 인간게놈프로젝트와 생명복제기술이 자리잡고 있다. 왜냐하면 이 정보와 기술을 이용해 신약도 개발할 수 있고 각종 국제 특허를 선점할 수 있기 때문이다. 1980년대의 대표적 생명공학 회사인 암젠(Amgen)은 원래 방사선동위원소를 전문적으로 판매하는 회사였지만 지금은 다양한 효소와 기기까지도 자체 개발하는 바이오벤처로 성장하였다. 우리나라에도 유산균 전문회사인 셀바이오텍 등 성공한 바이오벤처가 많이 있고 지금도 계속 늘어나는 추세이다.

바이오벤처의 성공 요인

바이오벤처의 특징은 그 회사만의 전문적 아이디어와 튼튼한 기술력이 주무기라는 사실이다. 한때 바이오벤처가 특별한 생산품없이 주가 공략만으로 돈을 벌어들인다는 비난을 받기도 하였지만 실절적인 제품없이는 오래 버틸 수 없다는 인식이 이제는 충분히 공감되어 있다.

때로는 대기업이 생명공학 분야에 뛰어들기도 한다. 그럴 경우 흔히 나타나는 증상은 경영진에서의 생각과 현실이 다르다는 것이다. 한번 터지면 대박이라는 생각에 급해서 그 이면에 깔려있는 기반 기술 투자를 소홀히 하는 것이 바로 문제이다. 반대로 생명과학자들이 직접 경영에 뛰어들어 회사를 운영하기도 하는데 이때는 경영 경험 부족으로 시장성을 예측 못하는 시행착오를 겪기도 한다. 최근에 이런 문제점을 보완하기 위해 생물경영학(biobusiness)이라는 학문이 새롭게 만들어져서 경영자에게는 생물지식을, 생물학자에게는 경영지식을 제공하고 있어 이 분야의 전망을 더욱 밝게 만들어 주고 있다.

바이오벤처에서 한 가지 주목할 것은 바로 바이오벤처의 형태이다. 1980년대와 1990년대의 바이오벤처가 개인이 투자한 벤처인 반면 지금의 바이오벤처는 생명과학의 중요성과 산업적 가치를 인정하고 이를 선점하여 국가경쟁력을 확보하려는 정부 주도적인 것이라는 점이다. 우리나라에서도 KIST와 각 대학 연구실을 중심으로 소단위의 바이오벤처가 계속 만들어지고 있고 이미 몇몇 바이오벤처는 뛰어난 두각을 나타내고 있다.

바이오벤처의 미래와 나아갈 길

바이오벤처에서 가장 중요한 것은 새로운 기술에 대한 빠른 근접성과 장기적인 투자, 그리고 동기 부여이다. 정보통신벤처가 절반가량 실패한 것도 단기적인 수익을 바라는 투자자의 조급함과 창업자, 연구자들의 동기 부여가 부족했기 때문이다.

사실상 개개의 바이오벤처회사가 그 많은 신기술을 모두 섭렵할 수는 없다. 그렇기 때문에 정보 교류 차원에서 상호 협력이 필요할 수밖에 없다. 다행히도 2000년에 미국 뉴욕에서 전 세계 바이오벤처 대표들이 한자리에 모였고 여기서 결의하기를 어떤 기술이든지 새로 개발되면 이를 숨기지 않고 공개한다는 원칙을 세웠다. 그러나 신흥국가에서는 기술력의 우위를 차지하기 위해 공개를 늦추는 일이 여전히 벌어지고 있다.

한편 바이오벤처는 투자 면에서 더욱 장기적인 안목과 기다림이 필요하다. 인간게놈프로젝트로 유명한 미국의 셀레라 지노믹스도 매출이 늘어나는 것은 좋은데 그만큼 더 많은 설비를 갖추어야하고 인력을 양성해야 하기 때문에 투자로 인한 적자가 오히려 늘어가고 있다고 고백한 적이 있다. 이것은 그만큼 바이오산업에서

장기적인 투자가 얼마나 중요한지 또 어려운지를 단적으로 말해주는 것이다.

그린바이오와 화이트바이오

생물산업에는 그린바이오와 화이트바이오의 두 종류가 있다. 그린바이오는 주로 농업분야에 적용될 수 있는 기술들을 이야기한다. 예를 들어 친환경 농약을 개발하는 것이 여기에 속한다. 화이트바이오 기술은 이식용 장기, 바이오에너지 개발 등 실생활에 사용 가능한 기술들을 대상으로 하는 것이다. 바이오산업은 기존의 합성물질들을 피해갈 수 있는 좋은 기술들의 집약이라 할 수 있다.

우리나라의 생명공학

우리나라 생명공학의 역사는 여타 생명과학 분야와 마찬가지로 매우 짧다고 할 수 있다. 유전자재조합기술이 처음으로 전수된 것은 1980년이며, 1983년에 이르러 유전공학 육성법이 국회를 통과하여 유전공학센터가 설립되었다. 지금은 여러 형태의 연구소나 생명과학분야 벤처기업이 많이 생겼으며 활발한 연구를 진행시키고 있으나, 아직 서구선진국이나 가까운 일본과 비교했을 때에 턱없이 부족한 것이 실정이다. 더욱이 현재의 양과 질보다 더 문제인 것은 아직도 생명과학에 대한 정부와 기업, 일반 국민들의 인식이 생명과학의 발전 속도를 따라가지 못하고 있다는 것이다. 생명과학이 곧 국가경쟁력과 직결된다는 인식이 필요한 때이다.

생명공학과 미래

지금까지 살펴본 것과 같이 유전자를 조작하거나 우수 형질을 보존, 개량하려는 생물공학은 그 응용 면에서 활용범위가 무한하다고 할 수 있다. 생명공학의 응용

범위를 간단히 살펴보면 의약품 분야에서는 유전공학 기술을 이용하여 소마토스타틴(somatostatin)이라는 인체의 생장조절호르몬이나 인슐린(insulin)을 생산하였고, 인터페론(interferon) 인터루킨(interleukin) 등 항암제와 심장마비 치료제인 유로키나제(urokinase)가 계속 개발되었고 실생활에 적용되고 있다. 최근에는 전염병 예방에 사용되는 백신용 항원 분자의 생산이 활발하게 연구되고 있다. 이외에도 유전자요법에도 적용하여 질병 예방 및 치료에도 중심역할을 할 수 있을 것으로 전망된다.

또한 농작물이나 가축의 품종 개량에 있어서도 우량 젖소의 개발이나 가축용 생장호르몬의 대량생산, 가축용 백신과 항생제의 생산 등 여러 연구가 활발하며, 항생제 저항성 농작물 개발, 미생물 살충제의 개발, 제초제 저하성 농작물 개발 등으로까지 연구가 진행되고 있다.

그 외에도 생명공학은 프락토올리고당, 갈락토올리고당, 대두올리고당과 같은 기능성 올리고당(oligosaccharide)를 제조하는 등 식물공업에도 영향을 미치며, 바이오센서를 이용한 기계 산업 및 바이오리엑터(bioreactor)를 이용한 연료 생산에도 한 몫할 것으로 기대된다.

그러나 그 이면에 항상 존재하는 위험성도 생각하여야 할 것이다. 다시 말해서 인류의 행복이나 생명 연장의 논리를 앞세운 또 다른 인류의 희생이나 생명 경시 풍조가 생겨날 수도 있다는 것이다. 따라서 생명공학을 이용한 모든 활동에서는 윤리적·도덕적 배려와 법적 규제 장치가 뒤따라야 할 것이다.

최근 들어 가장 주목을 받고 있는 인간게놈프로젝트나 복제 등도 바로 이와 같은 생명공학을 한 단계 발전시킨 분야라고 할 수 있을 것이다. 즉, 앞으로도 생명공학이 우리의 미래에 커다란 영향을 미칠 것이라는 데에는 그 누구도 이견을 내지 않는다. 하지만 이러한 영향이 밝은 미래를 가져다 줄 지, 인류의 파멸을 몰게 오게 될 지는 그 어느 누구도 장담을 하지 못한다.

그러나 과학을 올바르게 사용하려는 진정한 과학자의 양심과 이를 비판과 수용의 자세로 받아들이는 사회구성원의 관심이 존재하는 한 과학이 인류를 절망시키는 직접적인 원인이 되지는 않을 것이라는 것만은 분명히 말할 수 있다. 그리고 그 비판과 수용, 관심은 우리 모두의 몫이며, 다음 세대로 반드시 이어줘야 한다는 것도 기억해야 한다.

우리나라의 경우 사회적인 관심에 비해 정부의 투자나 재정적 뒷받침, 제도적 장치가 여전히 미흡한 편이다. 반면에 연구자들의 동기 부여는 대단히 강하다. 때문에 적절한 투자시스템만 구축된다면 선진국에 뒤지지 않는 바이오강국으로서, 생명과학의 선두주자로서 발돋움할 수 있을 것으로 기대된다.

함께 생각해 볼 문제

1. 우리나라 바이오벤처 역사의 발자취를 조사해보시오.

2. 전 세계적으로 성공한 바이오벤처의 사례를 3개만 조사해보시오.

3. 바이오벤처가 성공하기 위해서 필수적으로 갖추어야 할 품목은?

4. Biobusiness라는 학문의 성격을 설명하시오.

5. 바이오벤처의 성장과 IT 산업의 발전이 서로 시너지효과를 줄 수 있다고 한다. 그 이유를 생각해보고 나름대로 정리하시오.

6. 그린바이오와 화이트바이오를 구별하여 설명하시오.

7. 생명공학연구원에서 어떤 연구들이 이루어지고 있는지 생물산업 측면에서 자유롭게 조사해보시오.

8. 생물공학의 결과로 만들어진 바이오제품들을 조사하고, 그중 3가지만 구체적으로 설명해보시오.

9. 농산, 축산, 수산 분야에서 생물공학 기술들이 어떻게 활용되고 있는지 조사해보시오.

10. 우리나라의 생명공학과 생물산업이 발전하기 위해서 꼭 필요하다고 생각되는 요소를 3가지만 자유롭게 말해보시오.

제 19 장

생명윤리, 안전성, 제도

생물산업은 그 등장이 급작스러웠던 것처럼 사회적 관심과 우려도 이에 만만치않다. 발전 속도가 너무 빨라서 생명윤리와 법적 장치가 이를 따라가기 어려울 뿐만 아니라 새로운 기술력을 검증할만한 전문가를 확보하는 것도 아직은 만만치않다. 각 나라가 경쟁적으로 뛰어들고 있는 것으로 미루어 생물산업은 분명 21세기를 좌우할 산업 분야인 것이 분명하다. 이미 생명공학 기사 자격증도 제정되었다. 우리나라는 젊은 인력이 많고 바이오벤처의 기반이 튼튼하기 때문에 밝은 미래가 기대되는 바이다.

생물산업과 생명윤리

생명윤리(bioethics)는 생명을 의미하는 바이오(bio)와 윤리를 뜻하는 에식스(ethics)의 합성어이다. 즉, 생명을 다루는 모든 활동에 입각한 윤리적 문제와 윤리관을 통틀어 말하는 용어이다. 현대생물학의 급속한 발전이 이루어지기 전까지의 생명윤리는 주로 '의료의 윤리 문제나 '의사의 윤리' 문제였다. 즉, 의료의 발전과 인권의식의 고양이 서로 연관되어 넓은 입장에서 생명, 특히 인간의 생명에 대한 문제를 취급하는 것이었다. 예를 들어 행동이상이 있는 사람을 강제적으로 입원시킨다든지 약의 사용범위를 정하고 뇌수술과 같은 어려운 수술 등을 실시해도 되는가의 여부도 그 중 하나이다. 또한 안락사를 인정해야 하는가 인정하지 않아야 하는가에 대한 문제와 뇌사 상태나 식물인간 상태에 있는 환자에 대한 연명 치료를 계속해야 하는가에 대한 문제, 장기이식·체외수정·출생 전 진단·인체실험·직업적 대리모에 의한 임신 등의 문제도 여기에 깊게 연관된다.

근래에는 유전자재조합이나 분자생물학의 급속한 발달로 인해 그동안 미처 생각하지 못했던 생명복제의 문제들까지 생겨남으로써 단순한 의료·의학의 문제를 넘어선 여러 가지 기술과 실험들이 사회적으로 큰 영향을 미치게 되었기 때문에, 생명윤리학의 필요성이 더욱 대두되고 있다.

더욱이 게놈프로젝트의 완성으로 인하여 post-genome 시대에 접어든 지금, 개인의 유전적 정보가 노출되어 취업이나 결혼 등 생활 전반에 있어서 이전과는 다른 차별을 받게 되거나, 자신도 알지 못하는 사이에 자신과 똑같은 복제인간이 태어나 거리를 활보하거나 생체실험에 사용되거나, 우생학적 사고관이 지배하는 사회가 되어 자신의 2세가 생활에 불이익을 당하거나 출산 자체를 거부당하게 될 지도 모른다는 우려가 나오면서 생명윤리학의 중요성은 더욱 커지고 있는 것이다.

비록 지금은 "혹시"라는 생각만으로 그칠지 모르나 여태까지 살펴보았듯이 어느 학문이나 기술보다 빠른 성장속도를 보이는 생물산업 분야에서는 이러한 문제점이 가까운 시간 내에 현실로 다가와서 우리를 더더욱 불안하게 만들지도 모르는 일이다.

생명과학과 법

생명과학으로 인하여 생길 수 있는 부작용에 대비하기 위해 다양한 법적 장치가 나라별로 설립되고 있다. 물론 나라별로 조금씩 차이는 있으나, 생명을 존중하고 생명체에 대한 실험을 함부로 실시하는 것을 금지하는 것을 기본으로 하고 있다. 선진국들은 대통령 직속위원회를 설치하기도 하고, 의학·생물학·분자생물학 등을 연구하는 기관마다 윤리위원회를 설치해서 원칙을 검토하고 적용범위와 관리에 대한 지침을 구체화하고 있다. 그러나 여타 학문의 윤리 문제와는 달리 생물학적 원칙에 입각한 윤리는 생각할 점이 너무 많다. 기술 발전 속도가 워낙 빨라서 가치관이나 법률, 도덕적 잣대가 먼저 생성되고나서 후에 실용화되는 다른 학문에 비해 사회적 혼란이 더 크기 때문이다.

미국의 경우 국가생명윤리자문회의 권고에 따라 인간복제 실험을 공공기금으로 실시하는 것을 금지하고 있지만 그 한계에 대한 조치가 미흡한 것이 사실이다. 영국은 허가없이 행하는 인간 배아와 관련된 실험을 금하고 있으며, 배아를 조작하는 행위를 절대적으로 금지하고 있다. 그럼으로써 인간의 존엄성을 지키려고 노력하고 있지만 아직 동물 배아에 대한 구체적인 명시는 없다는 점이 아쉽다 하겠다. 유럽연합에서도 인간복제에 대한 전 세계적인 금지를 제안하는 등 생명조작을 법률적으로 엄격하게 금하려는 움직임을 보이고 있다.

인간에게 한정을 짓느냐 동물로까지 확대하느냐의 차이가 있을 뿐 대부분의 국가에서는 복제 등 유전자 조작에 관해 부정적인 입장과 더불어 법적으로 금하려는 모습을 보이고 있다. 그러나 법률은 어디까지나 인간들이 만든 것이므로 생명공학의 발전 양상에 따라 언제든 국가의 이익을 좇아 변할 여지가 많다는 것도 문제점이라 할 수 있다.

생명과학과 종교

생명과학에 대한 종교적 입장은 그 종교가 추구하는 바에 따라 조금 차이가 있다.불교적인 관점에서 볼 때 생명복제나 유전자 조작은 업보의 문제이며, 다른 생명에 해를 끼칠 수 있는 문제로 여겨질 뿐 적극적인 입장 표명은 하고 있지 않은 편이다. 다만 고통을 피하고 육체적 행복만을 추구하려 하는 등 정신세계를 간과하려는 행위에 대해서는 비판적인 자세를 취하고 있다.

그러나 가톨릭에서는 인간복제가 생명을 옹호하는 가르침에 위배됨으로 반대가 아닌 거부의 입장을 분명하게 하고 있다. 생명을 복제한다는 것은 부모의 사랑의 결실로 나타나야 하는 생명체의 고귀함과 인간 본성을 근본적으로 부정하려는 행위로 보기 때문이다. 더욱이 배아 복제의 경우에는 배아 역시 인간으로 분화할 수 있는 세포이므로 하나의 생명체로 간주하여 실험을 금지해야 한다고 주장하고 있다. 유전자요법의 문제에 있어서도 치료 목적의 유전자 치료는 허용되지만, 단순한 성형 목적의 유전자 조작은 자연에 역행되므로 정당화시킬 수 없다는 입장이다.

개신교의 경우에는 교단마다 약간의 차이가 있지만 인간복제에 대한 반대 입장에는 모두가 한결 같다. 즉 인간복제는 창조주이신 하나님을 부정하는 행위이므로 반드시 금지하여야 한다는 것이다. 한 가지 눈여겨보아야 할 것은 만약 복제 기술로 복제인간이 태어난다면 그때는 일단 온전한 개체로서 인정하고 하나님의 형상물로 받아들여야 한다는 점이다. 배아복제나 동물복제에 대한 의견은 각 교단마다 제한적 허용과 불가의 입장이 저마다 조금씩 틀리다는 것도 주목할 점이라 할 수 있다.

생명과학과 윤리

생명과학은 사람이 보다 편리하고 행복한 삶을 살 수 있도록 하는데 그 목적이 있다. 인간의 최대 행복은 질병 없이 생명을 연장하는 것이 최우선일 것이다. 이러한 점에서 생명과학은 그 어느 학문이나 분야보다 삶의 질을 향상시켜 주고 질병으로부터 인류를 구할 수 있는 과학적 실체라 할 수 있을 것이다. 그런데 이러한 생명과학의 발전에만 급급하여 인간의 존엄성을 무시한 채 도구나 수단으로 삼는 치명적인 실수를 범할 수 있다는 것을 또한 명심하여야 할 것이다. 또한 과학자들의 이러한 과학적 호기심이 자칫 잘못된 방향으로 나아가려고 할 때 이를 제지하거나 돌려놓을 수 있는 제도적, 법적 장치와 함께 사회구성원 모두의 인식이 필요한 때이다. 과학은 과학을 하는 사람들만의 몫이 아니다. 과학이 가져다주는 밝은 미래도, 어두운 미래도 모두 사회구성원들에게 돌아가는 것이니만큼 보다 더 많은 관심을 가져야 할 것이다. 과학자들 역시 과학적 호기심이나 성취감에 사로잡혀 인간 중심을 본연으로 하는 생명과학의 본 뜻을 잊지 말아야 할 것이다.

바이오테크놀로지, 즉 생명공학은 비록 그 역사가 짧지만 산업화라는 실용성 때문에 인류 역사상 최고라 할 정도로 영향력이 엄청난데다가 그 성장 또한 지나치다 싶을 정도로 급속하게 발전하였다. 지금도 한 가지 연구 성과가 발표되면 그에 대해 미처 충분한 토의가 이루어지기도 전에 새로운 기술이 연이어 보고되곤 한다. 그러다 보니 생명공학이 몰고 올 사회적, 윤리적 문제들에 대해 이미 경고가 여러 차례 제기되었고, 안전성에 대한 우려도 사회 각계에서 지속적으로 논의되고 있다.

생명윤리법은 생명현상을 연구하고 생명체를 대상으로 연구할 때, 특히 사람의 신체나 조직이 그 연구에 포함될 때 야기될 수 있는 각종 윤리적 문제들을 사전에 예방하기 위해 만들어진 법규이다. 생명윤리법의 목적은 과학의 발전은 허용하되 잘못된 사용을 막고 연구와 응용과정에서 야기될 수 있는 문제점들을 미리 예방하고자 하는 것이다. 생명윤리법은 크게 기술적 문제와 그의 소유권, 그 기술의 올바른 사용과 절차에 따른 윤리적 문제의 두 가지 차원으로 생각할 수 있다.

지금은 post-genome 시대이다. 인간게놈프로젝트가 완성되었기 때문에 각 개인의 유전 정보가 더욱 소중한 시대가 되었다. 정부가 의도적으로 개입하는 것도 문제지만 기술이 있어도 경비 부족으로 받아야할 검사를 제때 받지 못한다면 그 또한 새로운 차별이 될 것이다. 이를 보호하는 장치 역시 생명윤리법에서 다룰 필요가 있다. 그만큼 생명윤리법의 중요성은 커지고 있는 것이다. 이전에는 생각조차 하지 못했던 문제점들이 새롭게 생겨났고 이에 따라 생명윤리법의 개정 역시 시급하게 필요하게 되었다.

생명윤리법

생명윤리법의 기본은 생명을 존중하는 것이다. 그렇기 때문에 과학적으로 필요하지 않은 실험은 금지하는 것을 원칙으로 하고 있다. 우리나라도 대통령 직속기구로 국가생명윤리심의위원회(생명윤리위)를 설치해 관련법 제정과 개정을 맡기고 있다. 여기에는 단순히 연구의 방향이나 원칙을 정하는 것을 넘어서 연구 결과를 어떻게 적용할지 그 범위와 관리 차원 문제도 구체적으로 포함되어 있다. 앞서 말했듯이 바이오테크놀로지의 발전 속도가 워낙 빨라서 대부분의 기술적 발전을 사회윤리학이 미처 따라잡지 못하거나 이미 적용되거나 응용되고 난 후에야 법적, 도덕적 잣대가 생성되기 때문에 당연히 어려운 점이 많을 수밖에 없다.

특별히 최근에 화두가 되고 있는 체세포복제와 배아줄기세포 연구는 생명윤리법의 핵심이 되어 있다. 체세포복제가 곧 인간복제로 이어질 수 있기 때문이다. 그러나 숨어서 진행되는 실험까지 금지할 방도는 없으며 연구비를 동결시키는 것도 소극적인 조치에 불과하다는 견해가 많다. 지금은 미국과 영국이 주도적으로 이끄는 모습인데 이 두 나라의 법률적 행보가 다른 나라에 엄청난 영향을 미치기 때문에 대단히 중요하다 하겠다. 우리나라도 다양한 공청회를 통해 사회적 의견을 수렴하고 있지만 각 부처 간의 의견이 엇갈리고 있고 또 사회적 관심도 상대적으로 부족해 법제정에 어려움을 겪고 있는 현실이다. 게다가 무조건 배아복제를 금지할 수만은 없는 것이 각종 난치병과 불치병에 희망을 줄 줄기세포를 얻기 위해서는 일부의 복제가 최소한 필요하기 때문이다.

앞에서 언급했던 생명윤리법에 대한 정리를 다시 하면 다음과 같다. 정부는 2007년 3월에 생명윤리위를 통해 체세포복제 배아연구를 재개할 수 있도록 개정된 시안을 마련하여 발표하였다. 이 발표의 핵심적 내용은 '제한적 허용'이다. "제한적 허용"이란 의료기관에서 불임치료용으로 쓰려다가 수정되지 않아 폐기될 예정인 난자만을 연구용으로 쓸 수 있게 한다는 의미이다.

구체적으로 연구에 사용할 수 있는 난자는 다음 5가지로 제한된다. 첫째, 불임치료용으로 쓰려고 채취해서 얼려 놓았지만 환자가 다른 난자로 임신에 성공해 더 이상 필요가 없어진 난자. 둘째, 불임시술에 쓰이기에는 아직 성숙하지 않은 난자. 셋째, 불임 또는 부인성 질환을 치료하기 위해 적출된 난자 중 아직 미성숙한 난자. 넷째, 체외수정에 실패했거나 수정되지 않아 환자가 포기한 난자. 다섯째, 불임치료를 위해 기증됐으나 받을 사람이 없어서 폐기 대상으로 분류된 난자 등이다.

그러나 이번 결정에도 불구하고 생명윤리의 절대적 필요성을 강조하는 종교계와 여성계는 서면의결 과정에 불참하였고, 과학자들도 연구에 사용할 수 있는 난자의 범위를 지나치게 제한해서 사실상 배아복제 연구를 가로막고 있다고 불만을 제기하고 있다.

우리나라뿐만 아니라 다른 나라도 비슷한 고민을 가지고 있다. 비록 인간의 윤리와 가치가 절대적인 것이라 할지라도 생명윤리를 법으로 제정하는 데에 대해서는 국가마다 현실적 이득을 놓고 견해의 차이를 분명하게 보이고 있다. 일부 개발도상국들은 기술을 선점하고 특허를 취득하기 위해서 연구에 훨씬 관대한 모습을 보이고 있는 것도 현실적인 사실이다. 법률 역시 어디까지나 사람이 만든 것이므로 절대적 윤리관이나 가치관에 따라서라기보다 생명공학의 발전양상에 따라, 또 언제든 국가의 이익을 쫓아 변할 여지가 많다는 것도 인정을 해야 하지만 이것이 또한 공정한 법안 마련에 어려운 걸림돌이 되기도 한다.

결국 어떠한 법안도 양측 모두를 만족시킬 수는 절대로 없을 것이다. 그럼에도 불구하고 지금처럼 조금씩 단계를 밟아 나가면서 서로 간에 충분한 토의를 거치면 보다 합리적인 법안, 국제적으로 통용될 수 있는 법안이 마련될 수 있을 것으로 기대하는 바이다.

생물산업과 안전성

우리 밥상에 벌써 유전자 재조합된 쇠고기가 올라오고 있고 아미노산을 강화시킨 옥수수가 올라오고 있다. 지금부터의 문제는 이런 제품들의 안전성이다. 이미 개발된 각종 산물들이 우리의 건강한 삶을 지켜줄 수 있고 그 기술들이 정말 앞으로 과학의 발전과 인류의 평화만을 위해서 쓰일 수 있도록 확실한 제도를 마련해야 할 것이다. 개인적 호기심이나 욕심, 그리고 사회적 성공과 지위에만 탐닉하여 어처구니없는 실수를 저지르거나 사람의 존엄성을 무시한 채 인간마저도 과학의 도구나 수단으로 삼는 잘못된 행위는 절대로 일어나면 안 될 것이다. 지금은 과학자들의 호기심이 자칫 잘못된 방향으로 나아가려고 할 때 이를 제지하거나 돌려놓을 수 있는 제도적, 법적 장치와 함께 사회구성원 모두의 인식이 정말로 필요한 때이다. 과학은 과학을 하는 사람들만의 몫이 아니다. 과학이 가져다주는 밝은 미래도, 그리고 잘못될 경우의 어두운 미래도 그 영향이 모든 사회구성원들에게 돌아가는 것이니만큼 그만큼 철저하고 되풀이된 검증이 있어야 하는 것이다.

생물산업의 중요성과 미래

생물산업은 바이오산업 또는 바이오테크놀로지라고도 이야기 할 수 있다. 다양한 문화가 발전하고 여기에 디지털 환경이 접목되면서 인류의 생존과 삶의 질적인 면에서 본질적인 치료와 향상을 도모하려는 학문적 분야이다. 여러 가지 첨단기술과 식품과학의 발전, 생식의학의 발전에 힘입어 국가 경쟁력이 전반적으로 높아짐에 따라 우리나라에서도 생물산업에 대한 관심이 부쩍 높아지고 있으며 향후 5년내지 10년 이내에 이 분야 전문 인력이 많이 필요할 것으로 전망된다. 심지어는 고부가가치산업이라는 이름 아래 농업 및 축산 분야에서도 다양한 기능성 제품 개발이 시도되고 있어 아이디어가 풍부하고 손재주가 많은 우리 국민의 특성상 가장 적합한 미래 산업이라고 하겠다.

나고야 의정서가 발효되고 강대국들이 생물자원을 보존하려고 하는 이때에 우리나라가 나아갈 방향은 비록 자원은 적지만 기술력을 확보하는 것이다. 특히 우리나라의 IT 기술은 세계 최고 수준이기 때문에 생물산업과 나노테크놀로지, 그리고 IT 기술을 융합시킨다면 의학, 약학, 농업, 축산, 보건, 환경, 심지어는 우주산업에까지 뛰어들 수 있는 좋은 조건을 갖추고 있다고 할 수 있다. 다만 이를 위해서는 전문 인력을 확보하고 또 우수한 교육정책에 관심을 가지며 필요한 예산 지원이 이루어져야 할 것이다. 대전을 중심으로 한 생명과학클러스터에 거는 기대가 바로 이런 것이다. 오성 생명과학단지, 대덕 연구개발특구, 대구 첨단의료복합단지 뿐 아니라 DGIST 등 관련 산업 단지들의 조성은 이러한 전망을 밝게 해 주고 있다.

생물산업과 국가 경쟁력

생물산업의 근본은 생물자원 확보와 생물자원이 가지고 있는 다양한 효능을 우리 목적에 맞추어 향상시키고, 데이터화하며, 필요한 제품 개발에 적용하는 것이다. 21세기에는 생물산업이야말로 나라의 경쟁력을 좌우할 중요 지표가 될 전망이다. 생물체의 기능이 새로 알려질 때마다 이를 활용한 바이오 제품들이 만들어질 수 있기 때문이다. 특정 기술에 대한 특허가 만들어지면 강대국을 대상으로 로열티(Royalty)를 청구할 수 있으므로 우리나라처럼 특별한 자원이 없는 작은 나라에서는 더욱 강력한 무기가 될 수 있다.

생물자원을 확보하기 위해서는 엄청난 용량의 데이터를 보관할 IT 기술이 함께 발달되어야 한다. 마침 그런 면에서 우리나라의 IT 실력은 세계가 인정하는 수준이다. 그리고 생명공학 기사 자격증까지도 이미 등장한 상태이다. 최근에는 "바이오"라는 명칭이 사회 전반에 걸쳐서 사용되고 있다. 심지어 "그린"이라는 영어도

"청정"이라는 뜻으로 함께 사용되고 있는데 생명 그 자체가 부드러움을 주기 때문에 친근한 용어이기도 하다. 결국 생물산업은 그 범위가 매우 넓어서 인간이 접촉하고 있는 모든 분야 또 생활하면서 우리가 필요로 하거나 우리가 영향을 미치는 모든 분야가 그 범위에 속한다고 할 수 있겠다.

OECD에 의하면 바이오기술이란 생물이나 무생물을 변형시키는 과정에서 그 생물체의 특성을 살려 만드는 제품들과 여기에 적용된 과학적 이론 및 기술들, 그리고 연관된 활동들을 모두 포함하는 것이다. 이에 따르면 심지어 전자, 기계, 건축, 환경 등의 분야도 모두 생물산업 범주에 들어간다는 의미이다. 생물산업은 어떤 산물이 만들어지냐에 따라 의약학, 식품, 에너지, 환경, 정보, 화학 공정 등 다양한 분야로 나누어 볼 수도 있다. 예를 들어 의약학 분야라면 항암제나 항생제를 개발하는 분야, 백신을 개발하는 분야, 생리현상을 조절하는 호르몬 제재 개발, 면역억제제와 성장인자 개발, 진단 시약 및 진단 키트 등이 이에 속한다. 심지어는 동물 약품까지도 바이오의약산업에 포함시킬 수 있다. 바이오화학 분야는 생물 농약과 화장품, 효소 제재들에 대한 연구가 해당하며, 식품산업은 사료첨가제라든가 최근 인기가 높은 건강기능식품, 다양한 발효식품과 청과물들에 대한 연구가 이에 속한다. 미생물을 이용한 바이오환경산업 또한 진행 중이다. 환경정화를 위한 미생물제제라든가 혈액 처리를 위한 드라큘라 미생물 개발, 그리고 중금속을 먹어치우는 새로운 미생물 개발도 진행 중인 사업이다. 옥수수를 발효시켜 만들어내는 에너지는 바이오에너지에 해당한다.

바이오산업은 특정한 질환을 빠르게 판단할 수 있는 DNA 칩이라든가 바이오센서 의 개발로 인해 더욱 발전 속도가 빨라지게 되었다. 우리나라에서는 산업자원부에서 이런 일들을 담당하고 있는데 워낙 산업의 구조가 복잡하고 또한 매년 달라지기 때문에 빠르게 발전하는 현실 속에서 정확한 통계처리를 하는 것이 쉽지는 않다. 그럼에도 불구하고 21세기를 주도할 생물산업에 대한 정부 차원의 관심과

지원이 분명히 지속되어야 할 것이다

우리나라의 생물산업

생물산업은 다른 분야와 비교해 볼 때 몇 가지 특징이 있다. 무엇보다도 우리나라가 도전해볼 만한 분야라는 것이다. 과거에는 우리나라의 기술이 많이 뒤졌기 때문에 어려울 수 있었지만 그동안 우리도 산업적인 성장을 많이 이루었고 앞서가는 선진국 대열에 올라섰기 때문이다. 이 말은 우리 기술력이 그만큼 성장하였다는 이야기이고 화학적, 물리적, 수학적 기술이 모두 집약된 다음에야 종합적으로 발전할 수 있는 생물산업이 이제 그 중심에 자리잡았다는 뜻이다. 즉 생물산업은 기술이 집약된 사회에서나 할 수 있는 고부가가치산업형태라는 뜻이다.

여기에 필수적으로 필요한 두 가지는 당연히 연구와 개발이다. 연구를 위해서는 젊은 인력과 다양한 지원이 필요하다. 또 개발을 위해서는 만들어진 제품을 적절하게 평가하고 다른 나라와의 경쟁력을 살리기 위한 공장 설계라든가 절차에 대한 이해가 뒤따라야 한다. 이미 세계 시장에서는 글로벌 제약회사들이 신약을 앞다투어 개발하고 있고 이를 전 세계 시장에 판매하면서 취하는 이익이 엄청나다는 것을 우리는 잘 알고 있다. 신약 개발은 어렵다는 것이 우리 제약계의 통념이다. 오랜 기간에 걸친 투자와 연구가 필요하기 때문에 개발 과정이 험난하기 때문이다. 그러나 이제는 우리도 적절한 신약 개발에 뛰어들 준비가 충분히 되었다고 여겨진다. 21세기 신약은 유전자 치료와 유전자 가위가 주류가 될 것으로 보이는데 여기에 필요한 기반 기술들이 우리나라가 앞서가는 줄기세포와 생명복제, 그리고 유전자재조합이라는 점은 더욱 고무적이다. 생물산업은 연구에 투자되는 시간도 문제지만 사회적 공감대가 형성되어야 한다는 점도 때로 걸림돌이 된다. 경우에 따라서는 생물체의 반응이 느리게 때문에 또 생물체마다 다양하게 반응하기 때문에 어떤 새로운 기술과 제품이 만들어진다 할지라도 그것이 최종적으로 산업화되기 위해서는 예상보다 지루한 검증 시간이 필요할 수도 있다. 때문에 생물산업은 어떤 개인이나 한 회사가 추구하기보다 국가 차원에서의 정책적 지원이 필요하다.

인류가 직면하고 있는 여러 가지 난제들을 극복하기 위해서도 생물산업은 반드시 발전되어야하는 학문적 분야이다. 예를 들어 선천성 질환이나 난치병들, 그리고 불임치료, 식량 공급, 새로운 항생제 개발 등은 단순히 한 나라의 이익을 떠나서 인류 전체가 해결해야 할 문제인 것이다. 생물산업은 그만큼 여러 학문들이 모여서 함께 이루어 가야하는 종합 학문인 동시에 그 자체가 생물체가 직면한 환경 모든 곳에 영향을 미치기 때문에 그 파급 효과가 대단히 클 수밖에 없다.

생물산업과 우리 기술

지금은 생물산업의 주력 시장을 미국이 앞서 이끌어 가는 추세이다. 그 다음이 유럽이고 아시아지역은 아직 뒤따라가는 정도이다. 그러나 생물산업의 기술력과 지식들이 빠르게 교류되는 현대 사회에서는 더 이상 국가 간의 차이가 의미없어 보인다. 우리나라도 세계적인 학자들과 전문가들이 다양한 핵심 기술을 보유하고 있다. 정부 역시 생물산업의 중요성을 인식하여 1980년대 중반에 "생명과학의 해"라는 목표를 세워 투자를 시작하였다. 1994년에는 제 1차 생명공학육성기본계획이, 그리고 2007년부터 제 2차 생명공학육성기본계획이 수립되어 2016년까지 지속되어졌다. 그동안 전문인들이 해외유학을 통해 실력을 갖추고 귀국한 것도 중요하지만 동시에 대학과 연구소 등에서 기반 기술에 대해 꾸준히 교육하고 투자한 것이 결실을 보인다는 점이 중요한 결과이다. 지금도 과학기술부와 보건복지부, 산업자원부 등에서 계속해서 적극적인 생물산업 육성방안을 내어놓고 있으며 관련 분야인 생물학, 미생물학, 생명과학분야의 대학원생 숫자가 20,000여 명 가까이 된다고 추산하고 있다. 논문 발표 건수 역시 계속 증가하고 있으며 국내출원 및 해외출원 건수도 꾸준하게 늘어나고 있다.

이제는 특허 기간이 만료된 의약품에 대한 바이오시밀러 분야도 우리가 뛰어들 만한 시장이다. 이처럼 바이오산업은 연구 기반이 튼튼한 대학과 기업들이 직접 연결 될 수 있다는 점에서 또 좋은 장점을 가지고 있다. 특성상 오랜 기간이 걸려 이루어져야 하는 연구 기술 개발이 대학에서는 언제나 꾸준하게 이루어지고 있고, 어느 정도 성과가 나오게 되면 기업은 이를 빠르게 제품 개발로 이어갈 상호 준비가 필요하다. 이를 위해서 정부의 정책적 지원과 규제 완화 또한 절실한 부분이다. 여기에 IT 기술을 접목시키면 그 효과는 더욱 빨라질 것이다. 벤처회사와 대학이 모여 클러스터를 형성하는 것도 상호 목적을 달성하는데 도움이 되며 아울러 국가의 경쟁력도 올라갈 수 있다. 바이오산업의 최고 자리를 우리나라가 차지할 때까지 젊은 인력들의 관심과 지원을 기대하는 바이다.

함께 생각해 볼 문제

1. "윤리의 기준은 시대를 따라 변한다"는 주장에 찬성하는가? 생명윤리 차원에서 자신의 의견을 자유롭게 말해보시오.

2. 생명과학의 발전 속도를 사회적 규제와 법적 장치가 충분히 앞서 나가고 있다고 생각하는가? 의견을 말해보시오. 그렇게 말하는 이유는?

3. 각 나라별로 생명복제를 어떻게 금하고 있는지 조사해보시오.

4. 생명윤리법의 제정 목적은 무엇인가?

5. Post-genome 시대에 새로 조명받는 윤리적 문제는 무엇이며, 여기에 대한 정답은 무엇일까? 자신의 의견을 자유롭게 말해보시오.

6. 2007년도에 개정된 생명윤리법의 내용을 찾아서 정리해보시오. 이전과 무엇이 어떻게 달라졌는가?

7. 여성을 보호하기 위해 취해진 난자 사용에 대한 제한적 조치는 어떤 것인가?

8. 우리나라에 설치되어있는 생명과학클러스터들에 대해서 조사해보시오.

9. 생물산업의 정도가 국가 경쟁력을 결정한다고들 한다. 관련 자료를 조사하고 이를 토대로 위의 주장을 설명해보시오.

10. 우리나라의 생물산업 발전을 위해 정부가 그동안 취해온 다양한 정책들을 연도별로 정리해보시오.

생물자원의 확보가 21세기의 새로운 이슈로 부상하고 있다. 나라마다 자국이 보유하고 있는 생물자원을 관리하고 정보를 체계적으로 관리하여 경제 부강의 수단으로 활용하려는 움직임이 발빠르다. 나고야의정서 또한 이와 맥락을 같이한다. 빅데이터의 중요성과 함께 IT를 접목시킨 생물정보학은 이럴수록 학문적 가치를 크게 발휘하고 있다. 우량 가축과 우수 종자를 개선하는 등 생물산업의 실용적 가치는 가까운 장래에 국가 기반 산업이 될 것으로 기대된다.

생물자원과 바이오산업

다양한 생물들에 대한 생물학적 정보가 빅데이터(Big Data)화 되면서 이런 정보 자체가 하나의 재산이 될 수 있다는 인식이 강해지고 있다. 또한 생물학적 정보를 더 많이 확보한 국가일수록 강대국이 될 수 있는 21세기 현실을 감안할 때 발빠른 다국적 벤처기업들의 탄생은 당연하다 하겠다. 이런 벤처기업들은 저마다의 특정 기술과 정보를 보유하고 있기 때문에 때로는 서로 간에 합병하거나 통합하면서 몸집을 불려가고 있다. 이렇게 되면 결국에는 거대 생물정보학 회사들이 탄생할 수도 있는 것이다. 이 때문에 처음에는 연구개발을 전략적 기반으로 시작한 벤처회사가 결국에 정보를 사고파는 단순 마케팅 회사로 전락해버릴 것이라는 우려의 목소리도 있다.

살아있는 물체, 즉 생물체에 대한 특허가 처음 인정된 것은 1971년, 미국에서부터이다. 그 후에 점차 형질전환동물이나 개별 유전자들에 대한 특허권이 인정되기 시작했으며 유럽에서도 식물 종자에 대한 특허가 인정되기 시작하였다. 유전체에 대한 특허권이 인정되면서 특정한 종에 대한 정보 자체를 특허화하는 국가 간 경쟁도 치열해졌다. 유전체 정보를 활용하면 식물의 종자를 새롭게 개발할 수도 있고, 개인 또는 인종에 맞는 맞춤형 신약과 치료법을 개발할 수 있으며, 기능성물질들도 생산할 수 있는 등 그 응용 범위가 매우 다양하기 때문이다. 병충해를 이길 수 있는 식물 종자도 개발할 수 있고, 또한 곤충들에 대한 유전정보를 비교, 분석함으로써 해충을 아예 지구상에서 사라지게 만들 수도 있다.

재미있는 것은 동물에서도 일부다처제를 찾아볼 수 있다는 것이다. 크고 힘센 수컷이 암컷들을 여럿 거느리는 것이다. 예를 들면 바다표범이 그렇다. 이들은 보통 몸무게가 200~300kg은 족히 되는데 크면 클수록 다른 수컷들과의 싸움에서 당연히 유리하다. 싸움에서 이긴 수컷은 더 많은 암컷을 거느릴 뿐만 아니라 번식장소도 더 유리한 곳을 선택할 수 있다. 가끔 바다표범들이 무리를 지어 누워있는 바닷가 사진을 보면 다 똑같이 보여도 그렇지가 않다. 힘센 놈이 더 고운 모래 장소에 바람이 적은 곳을 선택할 수 있다. 힘이 센 수컷은 제일 좋은 구역을 정해놓고 그 좋은 환경에 반해 찾아오는 암컷들을 독차지한다. 간혹 수컷 마음에 드는데도 오지 않으려고 하거나 도망을 가는 암컷은 수컷의 커다란 지느러미로 사정없이 얻어맞기도 한다. 그러나 이렇게 부인이 많다보니까 관리가 필요하고 태어난 자식들이 반드시 그 수컷의 자식이 아니라는 것이다. 실제로 잘생긴 암컷들은 그 왕의 옆을 지키기보다 가장자리를 겉돌며 또 다른 수컷을 기다리고 있는 모습을 종종 볼 수 있다. 사실 이런 점은 인간 사회나 바다표범의 사회나 다를 바가 없다. 수컷은 항상 암컷들이 바람을 필까봐 감시를 하지만 유전자 조사에 의하면 태어난 새끼의 1/3은 이 수컷의 자식이 아니라고 한다. 게다가 이렇게 노심초사 암컷을 지킨 임금 수컷의 수명은 15년에 불과하지만 얌체처럼 몰래 와 새끼만 낳게 한 수컷들은 40년의 수명을 누린다는 점이 재미있다. 친자 확인이 이제 모든 동물 세계로까지 확대되어야 할지 모르겠다. 생물자원을 보존하려면 종의 연속성 뿐 아니라 종의 표준 유전정보가 필요한데 어느 가계가 기준인지를 알면 그만큼 그 자원을 보존하는 것이 용이하기 때문이다. 앞으로는 동물의 친자 확인을 위한 벤처사업도 유망할 전망이다. 실제로 우수한 종견이나 종마의 혈통을 유지하기 위한 유전자 검사는 오래전부터 고려되어온 항목이다.

앞으로 필요한 것은 IT 기술과의 접목이다. 계속 쌓여만 가는 유전체 정보를 보관 하기 위해서, 그리고 해석하기 위해서 대용량의 컴퓨터와 지식 기반 분석 기술이 필요한 것이다. 이런 정보의 싸움은 생물산업에서만 볼 수 있는 완전히 새로운 형태의 재산이라 하겠다. 우리나라도 이미 이런 국제적 경쟁에 뛰어들었으며 서로가 숨가쁘게 자국의 이익을 위해 막대한 경제력을 줄 수 있는 특권을 점유하려고 동분서주하는 실정이다.

우리나라는 면적이 작고, 생물종이 다른 나라에 비해 상대적으로 적기 때문에 더욱 전략적인 접근이 필요하다. 즉, 강대국이 필요로 하는 특정한 생물정보에 대한 특허를 보유함으로써 교환 가치가 있는 원천기술을 통해 우리의 지위를 확보하는 것이 필요할 것이다.

생명산업 선진국들에서는 유전체 정보 자체가 이미 국가 경쟁력을 좌우하고 있다. 의학, 식량, 보건, 환경, 우주산업 등 다양한 분야에서 과거보다 더 많은 생물학적 정보를 요구하고 있기 때문에 더 많은 특허와 기술, 그리고 정보를 보유하는 것은 4차 산업의 핵심이다.

나고야 의정서에 따르면 우리가 일본이나 중국의 생물자원을 이용하려면 그에 해당하는 보상을 하는 것이 원칙이다. 이럴수록 생물자원에 대한 정보가 더욱 소중해 지고 있다. 또한 유전자를 분석하는 기술과 유용 자원을 스크리닝(screening)하는 기술, 천연 건강식품의 개발 등 사회 모든 분야에 걸쳐 앞으로도 다양한 특허들이 출원, 등록될 것이다.

이미 특정한 암의 발병 확률을 예측할 수 있는 키트도 3,000달러 정도에 구입할 수 있으며, 혈액 몇 방울만 병원에 보내면 빠르게 진단 결과를 집에서 받아보는 것도 가능해졌다. 이런 의약학 장비 분야에 IBM과 마이크로소프트, 구글 같은 IT 전문회사들도 뛰어들었으며, 환자 특성에 따라 필요한 처방이나 생활 습관들에 대해 맞춤형 교훈을 주는 소프트웨어 개발에도 박차를 가하고 있다. 우리나라에서도 삼성의료원 등에서 이러한 생물정보 서비스 플랫폼을 제공하려고 하고 있으며, 마크로젠 같은 회사에서는 게놈 데이터베이스 구축 사업에 뛰어들었다. 암과 심혈관질환에 대한 헬로 진 서비스나, DNA 칩으로 신생아의 유전자 이상을 간단히 확인하는 스캐닝 서비스 또한 이미 제공되기 시작하였다.

문제는 정부에서 이에 대한 제도적인 안전장치를 마련하는 것이다. 또한 적절한 보험 제도가 적용될 수 있어야 많은 사람들이 이에 대한 혜택을 누릴 수 있을 것이다. 물론 개인의 소중한 유전정보가 정부나 어떤 단체가 빅데이터를 소유하면서 새어나가게 되고, 그것이 오히려 나의 자유를 억압하게 될 경우도 우리는 생각해야만 한다. 그리고 어디까지 정보를 상호 교류할지에 대해 사회적 장치가 마련되어야 할 것이다.

함께 생각해 볼 문제

1. 다양한 생물자원의 확보가 중요한 이유를 설명하시오.

2. 생물산업 분야에 생물자원이 실제로 활용된 예를 3개만 찾아서 말해보시오.

3. 우수 종자 확보를 위해 우리나라는 어떤 노력을 기울이고 있는지 조사해보시오.

4. 우량 가축 확보를 위해 우리나라는 어떤 노력을 기울이고 있는지 조사해보시오.

5. 이미 산업화된 기능성물질에는 어떤 것들이 있는지 조사해보시오.

6. 우리나라처럼 큰 나라들과 경계를 맞닿고 있는 경우에 필요한 전략은 무엇인가? 자신의 의견을 자유롭게 말해보시오.

7. 생물체에 대한 특허를 인정하는 것이 과연 정당한 조치인지 자신의 의견을 자유롭게 말해보시오.

8. 빅데이터로 인해 얻어지는 이점과 반대로 잃을 수도 있는 단점을 말해보시오.

9. 멸종 위기에 놓인 벼메뚜기의 유전자를 확보하여 보존하는 것이 가치가 있는 일일까? 자유롭게 의견을 말해보시오.

10. 우리나라의 생물산업 발전을 위해 가장 시급하면서도 현실적인 노력은 어떤 것일까? 자유롭게 의견을 말해보시오.

부록

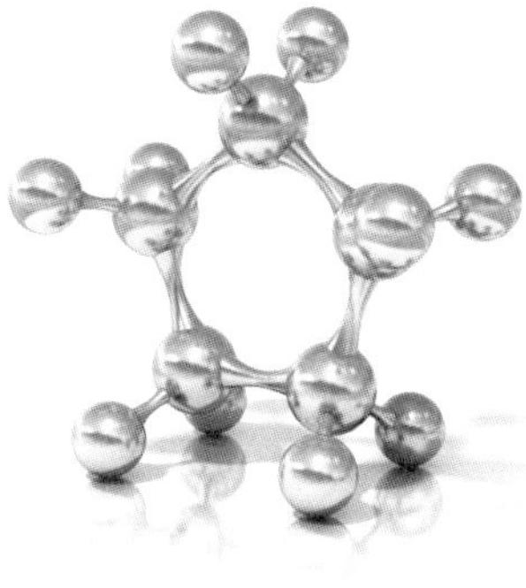

1. 생명윤리 및 안전에 관한 법률(약칭: 생명윤리법)

[시행 2017.7.26.] [법률 제14839호, 2017.7.26., 타법개정]
보건복지부(생명윤리정책과-총괄) 044-202-2942
보건복지부(생명윤리정책과-유전자, 배아) 044-202-2944
보건복지부(생명윤리정책과-인체유래물) 044-202-2947

제1장 총칙

제1조(목적) 이 법은 인간과 인체유래물 등을 연구하거나, 배아나 유전자 등을 취급할 때 인간의 존엄과 가치를 침해하거나 인체에 위해(危害)를 끼치는 것을 방지함으로써 생명윤리 및 안전을 확보하고 국민의 건강과 삶의 질 향상에 이바지함을 목적으로 한다.

제2조(정의) 이 법에서 사용하는 용어의 뜻은 다음과 같다. <개정 2015.12.29.>

1. "인간대상연구"란 사람을 대상으로 물리적으로 개입하거나 의사소통, 대인 접촉 등의 상호작용을 통하여 수행하는 연구 또는 개인을 식별할 수 있는 정보를 이용하는 연구로서 보건복지부령으로 정하는 연구를 말한다.
2. "연구대상자"란 인간대상연구의 대상이 되는 사람을 말한다.
3. "배아"(胚芽)란 인간의 수정란 및 수정된 때부터 발생학적(發生學的)으로 모든 기관(器官)이 형성되기 전까지의 분열된 세포군(細胞群)을 말한다.
4. "잔여배아"란 체외수정(體外受精)으로 생성된 배아 중 임신의 목적으로 이용하고 남은 배아를 말한다.
5. "잔여난자"란 체외수정에 이용하고 남은 인간의 난자를 말한다.
6. "체세포핵이식행위"란 핵이 제거된 인간의 난자에 인간의 체세포 핵을 이식하는 것을 말한다.
7. "단성생식행위"란 인간의 난자가 수정 과정 없이 세포분열하여 발생하도록 하는 것을 말한다.
8. "체세포복제배아"(體細胞複製胚芽)란 체세포핵이식행위에 의하여 생성된 세포군을 말한다.

9. "단성생식배아"(單性生殖胚芽)란 단성생식행위에 의하여 생성된 세포군을 말한다.
10. "배아줄기세포주"(Embryonic stem cell lines)란 배아, 체세포복제배아, 단성생식배아 등으로부터 유래한 것으로서, 배양 가능한 조건에서 지속적으로 증식(增殖)할 수 있고 다양한 세포로 분화(分化)할 수 있는 세포주(細胞株)를 말한다.
11. "인체유래물"(人體由來物)이란 인체로부터 수집하거나 채취한 조직·세포·혈액·체액 등 인체 구성물 또는 이들로부터 분리된 혈청, 혈장, 염색체, DNA(Deoxyribonucleic acid), RNA(Ribonucleic acid), 단백질 등을 말한다.
12. "인체유래물연구"란 인체유래물을 직접 조사·분석하는 연구를 말한다.
13. "인체유래물은행"이란 인체유래물 또는 유전정보와 그에 관련된 역학정보(疫學情報), 임상정보 등을 수집·보존하여 이를 직접 이용하거나 타인에게 제공하는 기관을 말한다.
14. "유전정보"란 인체유래물을 분석하여 얻은 개인의 유전적 특징에 관한 정보를 말한다.
15. "유전자검사"란 인체유래물로부터 유전정보를 얻는 행위로서 개인의 식별 또는 질병의 예방· 진단·치료 등을 위하여 하는 검사를 말한다.
16. "유전자치료"란 질병의 예방 또는 치료를 목적으로 인체 내에서 유전적 변이를 일으키거나, 유전물질 또는 유전물질이 도입된 세포를 인체로 전달하는 일련의 행위를 말한다.
17. "개인식별정보"란 연구대상자와 배아·난자·정자 또는 인체유래물의 기증자(이하 "연구대상자 등"이라 한다)의 성명·주민등록번호 등 개인을 식별할 수 있는 정보를 말한다.
18. "개인정보"란 개인식별정보, 유전정보 또는 건강에 관한 정보 등 개인에 관한 정보를 말한다.
19. "익명화"(匿名化)란 개인식별정보를 영구적으로 삭제하거나, 개인식별정보의 전부 또는 일부를 해당 기관의 고유식별기호로 대체하는 것을 말한다.

제3조(기본 원칙) ① 이 법에서 규율하는 행위들은 인간의 존엄과 가치를 침해하는 방식으로 하여서는 아니 되며, 연구대상자등의 인권과 복지는 우선적으로 고려되어야 한다.

② 연구대상자등의 자율성은 존중되어야 하며, 연구대상자등의 자발적인 동의는 충분한 정보에 근거하여야 한다.

③ 연구대상자등의 사생활은 보호되어야 하며, 사생활을 침해할 수 있는 개인정보는 당사자가 동의하거나 법률에 특별한 규정이 있는 경우를 제외하고는 비밀로서 보호되어야 한다.

④ 연구대상자등의 안전은 충분히 고려되어야 하며, 위험은 최소화되어야 한다.

⑤ 취약한 환경에 있는 개인이나 집단은 특별히 보호되어야 한다.

⑥ 생명윤리와 안전을 확보하기 위하여 필요한 국제 협력을 모색하여야 하고, 보편적인 국제기준을 수용하기 위하여 노력하여야 한다.

제4조(적용 범위) ① 생명윤리 및 안전에 관하여는 다른 법률에 특별한 규정이 있는 경우를 제외하고는 이 법에 따른다.

② 생명윤리 및 안전에 관한 내용을 담은 다른 법률을 제정하거나 개정할 경우에는 이 법에 부합하도록 하여야 한다.

제5조(국가와 지방자치단체의 책무) ① 국가와 지방자치단체는 생명윤리 및 안전에 관한 문제에 효율적으로 대처할 수 있도록 필요한 시책을 마련하여야 한다.

② 국가와 지방자치단체는 생명윤리 및 안전 관련 연구와 활동에 대한 행정적·재정적 지원방안을 마련하여야 한다.

③ 국가와 지방자치단체는 각급 교육기관 등에서 생명윤리 및 안전에 대한 교육을 할 수 있도록 하여야 하고, 교육 프로그램을 개발하는 등 교육 여건이 조성되도록 지원하여야 한다.

제6조(생명윤리정책연구센터의 지정) ① 보건복지부장관은 생명윤리정책에 관한 전문적인 조사, 연구 및 교육 등을 실시하기 위하여 해당 업무를 수행할 능력이 있다고 인정하는 기관·단체 또는 시설을 생명윤리정책연구센터로 지정할 수 있다.1

② 제1항에 따른 생명윤리정책연구센터의 지정 및 운영 등에 필요한 사항은 보건복지부령으로 정한다.

제2장 국가생명윤리심의위원회 및 기관생명윤리위원회 등

제1절 국가생명윤리심의위원회

제7조(국가생명윤리심의위원회의 설치 및 기능) ① 생명윤리 및 안전에 관한 다음 각

호의 사항을 심의하기 위하여 대통령 소속으로 국가생명윤리심의위원회(이하 "국가위원회"라 한다)를 둔다.

1.국가의 생명윤리 및 안전에 관한 기본 정책의 수립에 관한 사항
2. 제12조제1항제3호에 따른 공용기관생명윤리위원회의 업무에 관한 사항
3. 제15조제2항에 따른 인간대상연구의 심의 면제에 관한 사항
4. 제19조제3항에 따른 기록·보관 및 정보 공개에 관한 사항
5. 제29조제1항제3호에 따른 잔여배아를 이용할 수 있는 연구에 관한 사항
6. 제31조제2항에 따른 연구의 종류·대상 및 범위에 관한 사항
7. 제35조제1항제3호에 따른 배아줄기세포주를 이용할 수 있는 연구에 관한 사항
8. 제36조제2항에 따른 인체유래물연구의 심의 면제에 관한 사항
9. 제50조제1항에 따른 유전자검사의 제한에 관한 사항
10. 그 밖에 생명윤리 및 안전에 관하여 사회적으로 심각한 영향을 미칠 수 있다고 판단하여 국가 위원회의 위원장이 회의에 부치는 사항

② 국가위원회의 위원장은 제1항제1호부터 제9호까지의 규정에 해당하는 사항으로서 재적위원 3분의 1 이상의 위원이 발의한 사항에 관하여는 국가위원회의 회의에 부쳐야 한다.

제8조(국가위원회의 구성) ① 국가위원회는 위원장 1명, 부위원장 1명을 포함한 16명 이상 20명 이하의 위원으로 구성한다. <개정 2013.3.23.>

② 위원장은 위원 중에서 대통령이 임명하거나 위촉하고, 부위원장은 위원 중에서 호선(互選)한다.

③ 국가위원회의 위원은 다음 각 호의 사람이 된다. <개정 2013.3.23., 2014.11.19., 2017.7.26.>

1. 교육부장관, 과학기술정보통신부장관, 법무부장관, 산업통상자원부장관, 보건복지부장관, 여성가족부장관
2. 생명과학·의과학(醫科學)·사회과학 등의 연구 분야에 대한 전문지식과 경험이 풍부한 사람 중에서 대통령이 위촉하는 7명 이내의 사람
3. 종교계·윤리학계·법조계·시민단체(「비영리민간단체 지원법」 제2조에 따른 비영리민간단체를 말한다) 또는 여성계를 대표하는 사람 중에서 대통령이 위촉하는 7명 이내의 사람

④ 제3항제2호 및 제3호에 따른 위원의 임기는 3년으로 하되, 연임할 수 있다. 다만, 위원의 자리가 비게 된 경우에 새로 위촉된 위원의 임기는 전임자 임기의 남은 기간으로 한다.

⑤ 국가위원회에 간사위원 2명을 두되, 간사위원은 과학기술정보통신부장관과 보건복지부장관으로 하며, 수석 간사위원은 보건복지부장관으로 한다. <개정 2013.3.23., 2017.7.26.>

⑥ 보건복지부장관은 국가위원회의 사무 처리 등 업무를 지원하기 위하여 보건복지부령으로 정하는 바에 따라 생명윤리 및 안전에 관련한 전문기관 중 하나를 지정하여 그 전문기관으로 하여금 사무국의 기능을 수행하게 할 수 있다. <신설 2014.3.18.>

제9조(국가위원회의 운영) ① 국가위원회의 효율적인 운영을 위하여 국가위원회에 분야별 전문위원회를 둘 수 있다.

② 국가위원회의 사무는 수석 간사위원이 처리한다.

③ 국가위원회의 회의 등 활동은 독립적이어야 하고, 공개를 원칙으로 한다.

④ 국가위원회는 필요한 경우에 관련 당사자의 출석, 의견 진술 및 자료 제출 등을 요구할 수 있다. 이 경우 해당 요구를 받은 자는 타당한 사유가 없으면 요구에 따라야 한다.

⑤ 이 법에서 정한 사항 외에 국가위원회 및 전문위원회의 구성·운영, 그 밖에 필요한 사항은 대통령령으로 정한다.

제2절 기관생명윤리위원회

제10조(기관생명윤리위원회의 설치 및 기능) ① 생명윤리 및 안전을 확보하기 위하여 다음 각 호의 기관은 기관생명윤리위원회(이하 "기관위원회"라 한다)를 설치하여야 한다.

1. 인간대상연구를 수행하는 자(이하 "인간대상연구자"라 한다)가 소속된 교육·연구 기관 또는 병원 등
2. 인체유래물연구를 수행하는 자(이하 "인체유래물연구자"라 한다)가 소속된 교육·연구 기관 또는 병원 등
3. 제22조제1항에 따라 지정된 배아생성의료기관
4. 제29조제2항에 따라 등록한 배아연구기관

5. 제31조제3항에 따라 등록한 체세포복제배아등의 연구기관
6. 제41조제1항에 따라 보건복지부장관의 허가를 받은 인체유래물은행
7. 그 밖에 생명윤리 및 안전에 관하여 사회적으로 심각한 영향을 미칠 수 있는 기관으로서 보건복지부령으로 정하는 기관

② 제1항에도 불구하고 보건복지부령으로 정하는 바에 따라 다른 기관의 기관위원회 또는 제12조제 1항에 따른 공용기관생명윤리위원회와 제3항 및 제11조제4항에서 정한 기관위원회 업무의 수행을 위탁하기로 협약을 맺은 기관은 기관위원회를 설치한 것으로 본다.

③ 기관위원회는 다음 각 호의 업무를 수행한다.

1. 다음 각 목에 해당하는 사항의 심의
   가. 연구계획서의 윤리적·과학적 타당성
   나. 연구대상자등으로부터 적법한 절차에 따라 동의를 받았는지 여부
   다. 연구대상자등의 안전에 관한 사항
   라. 연구대상자등의 개인정보 보호 대책
   마. 그 밖에 기관에서의 생명윤리 및 안전에 관한 사항
2. 해당 기관에서 수행 중인 연구의 진행과정 및 결과에 대한 조사·감독
3. 그 밖에 생명윤리 및 안전을 위한 다음 각 목의 활동
   가. 해당 기관의 연구자 및 종사자 교육
   나. 취약한 연구대상자등의 보호 대책 수립
   다. 연구자를 위한 윤리지침 마련

④ 제1항에 따라 기관위원회를 설치한 기관은 보건복지부장관에게 그 기관위원회를 등록하여야 한다.

⑤ 제3항 및 제4항에 따른 기관위원회의 기능 및 등록 등에 필요한 사항은 보건복지부령으로 정한다.

제11조(기관위원회의 구성 및 운영 등) ① 기관위원회는 위원장 1명을 포함하여 5명 이상의 위원으로 구성하되, 하나의 성(性)으로만 구성할 수 없으며, 사회적·윤리적 타당성을 평가할 수 있는 경험과 지식을 갖춘 사람 1명 이상과 그 기관에 종사하지 아니하는 사람 1명 이상이 포함되어야 한다.

② 기관위원회의 위원은 제10조제1항 각 호의 기관의 장이 위촉하며, 위원장은 위원 중에서 호선 한다.

③ 기관위원회의 심의대상인 연구·개발 또는 이용에 관여하는 위원은 해당 연구·개발 또는 이용과 관련된 심의에 참여하여서는 아니 된다.

④ 제10조제1항 각 호의 기관의 장은 해당 기관에서 수행하는 연구 등에서 생명윤리 또는 안전에 중대한 위해가 발생하거나 발생할 우려가 있는 경우에는 지체 없이 기관위원회를 소집하여 이를 심의하도록 하고, 그 결과를 보건복지부장관에게 보고하여야 한다.

⑤ 제10조제1항 각 호의 기관의 장은 기관위원회가 독립성을 유지할 수 있도록 하여야 하며, 행정 적·재정적 지원을 하여야 한다.

⑥ 제10조제1항에 따라 둘 이상의 기관위원회를 설치한 기관은 보건복지부령으로 정하는 바에 따라 해당 기관위원회를 통합하여 운영할 수 있다.

⑦ 제1항부터 제6항까지에서 규정한 사항 외에 기관위원회의 구성 및 운영에 필요한 사항은 보건복지부령으로 정한다.

제12조(공용기관생명윤리위원회의 지정 및 기관위원회의 공동 운영) ① 보건복지부장관은 다음 각 호의 업무를 하게 하기 위하여 제10조제1항에 따라 설치된 기관위원회 중에서 기관 또는 연구자가 공동으로 이용할 수 있는 공용기관생명윤리위원회(이하 "공용위원회"라 한다)를 지정할 수 있다.

1. 제10조제2항에 따라 공용위원회와 협약을 맺은 기관이 위탁한 업무
2. 교육·연구 기관 또는 병원 등에 소속되지 아니한 인간대상연구자 또는 인체유래물연구자가 신청한 업무
3. 그 밖에 국가위원회의 심의를 거쳐 보건복지부령으로 정하는 업무

② 둘 이상의 기관이 공동으로 수행하는 연구로서 각각의 기관위원회에서 해당 연구를 심의하는 것이 적절하지 아니하는 경우에 수행 기관은 각각의 소관 기관위원회 중 하나의 기관위원회를 선정 하여 해당 연구를 심의하게 할 수 있다.

③ 제1항 및 제2항에 따른 공용위원회의 지정, 기능, 운영 및 기관위원회의 공동 운영 등에 필요한 사항은 보건복지부령으로 정한다.193

제13조(기관위원회의 지원 등) ① 보건복지부장관은 기관위원회의 운영을 적절하게 감독·지원하 기위하여 다음 각 호의 업무를 수행한다.

1. 기관위원회의 조사

2. 기관위원회 위원의 교육

3. 그 밖에 기관위원회의 감독 및 지원에 필요한 업무로서 보건복지부령으로 정하는 업무

② 기관위원회의 조사 및 교육 지원 등에 필요한 사항은 보건복지부령으로 정한다.

제14조(기관위원회의 평가 및 인증) ① 보건복지부장관은 기관위원회의 구성 및 운영 실적 등을 정기적으로 평가하여 인증할 수 있다.

② 보건복지부장관은 제1항에 따라 인증을 받은 기관위원회의 인증 결과를 인터넷 홈페이지 등에 공표할 수 있다.

③ 중앙행정기관의 장은 제1항에 따른 인증 결과에 따라 그 기관에 예산 지원 및 국가 연구비 지원 제한 등의 조치를 할 수 있다.

④ 보건복지부장관은 제1항에 따라 인증을 받은 기관위원회가 다음 각 호의 어느 하나에 해당하면 그 인증을 취소할 수 있다. 다만, 제1호에 해당하는 경우에는 그 인증을 취소하여야 한다.

1. 거짓이나 부정한 방법으로 인증을 받은 경우
2. 기관위원회의 구성 및 운영에 중요한 변동사항이 발생하여 제5항에 따른 인증기준에 맞지 아니하는 경우

⑤ 제1항에 따른 인증의 기준 및 유효기간 등에 관하여 필요한 사항은 대통령령으로 정한다.

제3장 인간대상연구 및 연구대상자 보호

제15조(인간대상연구의 심의) ① 인간대상연구를 하려는 자는 인간대상연구를 하기 전에 연구계획서를 작성하여 기관위원회의 심의를 받아야 한다.

② 제1항에도 불구하고 연구대상자 및 공공에 미치는 위험이 미미한 경우로서 국가위원회의 심의를 거쳐 보건복지부령으로 정한 기준에 맞는 연구는 기관위원회의 심의를 면제할 수 있다.

제16조(인간대상연구의 동의) ① 인간대상연구자는 인간대상연구를 하기 전에 연구대상자로부터 다음 각 호의 사항이 포함된 서면동의(전자문서를 포함한다. 이하 같다)를 받아야 한다.

1. 인간대상연구의 목적
2. 연구대상자의 참여 기간, 절차 및 방법
3. 연구대상자에게 예상되는 위험 및 이득
4. 개인정보 보호에 관한 사항
5. 연구 참여에 따른 손실에 대한 보상
6. 개인정보 제공에 관한 사항
7. 동의의 철회에 관한 사항
8. 그 밖에 기관위원회가 필요하다고 인정하는 사항

② 제1항에도 불구하고 동의 능력이 없거나 불완전한 사람으로서 보건복지부령으로 정하는 연구대상자가 참여하는 연구의 경우에는 다음 각 호에서 정한 대리인의 서면동의를 받아야 한다. 이 경 우 대리인의 동의는 연구대상자의 의사에 어긋나서는 아니 된다.

1. 법정대리인
2. 법정대리인이 없는 경우 배우자, 직계존속, 직계비속의 순으로 하되, 직계존속 또는 직계비속이 여러 사람일 경우 협의하여 정하고, 협의가 되지 아니하면 연장자가 대리인이 된다.

③ 제1항에도 불구하고 다음 각 호의 요건을 모두 갖춘 경우에는 기관위원회의 승인을 받아 연구대상자의 서면동의를 면제할 수 있다. 이 경우 제2항에 따른 대리인의 서면동의는 면제하지 아니한다.

1. 연구대상자의 동의를 받는 것이 연구 진행과정에서 현실적으로 불가능하거나 연구의 타당성에 심각한 영향을 미친다고 판단되는 경우
2. 연구대상자의 동의 거부를 추정할 만한 사유가 없고, 동의를 면제하여도 연구대상자에게 미치는 위험이 극히 낮은 경우

④ 인간대상연구자는 제1항 및 제2항에 따른 서면동의를 받기 전에 동의권자에게 제1항 각 호의 사항에 대하여 충분히 설명하여야 한다.

제17조(연구대상자에 대한 안전대책) ① 인간대상연구자는 사전에 연구 및 연구환경이 연구대상자 에게 미칠 신체적·정신적 영향을 평가하고 안전대책을 마련하여야 하며, 수행 중인 연구가 개인 및 사회에 중대한 해악(害惡)을 초래할 가능성이 있을 때에는 이를 즉시 소속 기관의 장에게 보고 하고 적절한 조치를 하여야 한다.

② 인간대상연구자는 질병의 진단이나 치료, 예방과 관련된 연구에서 연구대상자에게 의학적으로 필요한 치료를 지연하거나 진단 및 예방의 기회를 박탈하여서는 아니 된다.

제18조(개인정보의 제공) ① 인간대상연구자는 제16조제1항에 따라 연구대상자로부터 개인정보를 제공하는 것에 대하여 서면동의를 받은 경우에는 기관위원회의 심의를 거쳐 개인정보를 제3자에게 제공할 수 있다.
② 인간대상연구자가 제1항에 따라 개인정보를 제3자에게 제공하는 경우에는 익명화하여야 한다. 다만, 연구대상자가 개인식별정보를 포함하는 것에 동의한 경우에는 그러하지 아니하다.

제19조(기록의 유지와 정보의 공개) ① 인간대상연구자는 인간대상연구와 관련한 사항을 기록·보 관하여야 한다.
② 연구대상자는 자신에 관한 정보의 공개를 청구할 수 있으며, 그 청구를 받은 인간대상연구자는 특별한 사유가 없으면 정보를 공개하여야 한다.
③ 제1항 및 제2항에 따른 기록·보관 및 정보 공개에 관한 구체적인 사항은 국가위원회의 심의를 거쳐 보건복지부령으로 정한다.

제4장 배아 등의 생성과 연구

제1절 인간 존엄과 정체성 보호

제20조(인간복제의 금지) ① 누구든지 체세포복제배아 및 단성생식배아(이하 "체세포복제배아등" 이라 한다)를 인간 또는 동물의 자궁에 착상시켜서는 아니 되며, 착상된 상태를 유지하거나 출산하여서는 아니 된다.
② 누구든지 제1항에 따른 행위를 유인하거나 알선하여서는 아니 된다.

제21조(이종 간의 착상 등의 금지) ① 누구든지 인간의 배아를 동물의 자궁에 착상시키거나 동물의 배아를 인간의 자궁에 착상시키는 행위를 하여서는 아니 된다.
② 누구든지 다음 각 호의 행위를 하여서는 아니 된다.
1. 인간의 난자를 동물의 정자로 수정시키거나 동물의 난자를 인간의 정자로 수정시키는 행위. 다만, 의학적으로 인간의 정자의 활동성을 시험하기 위한 경우는 제

외한다.

2. 핵이 제거된 인간의 난자에 동물의 체세포 핵을 이식하거나 핵이 제거된 동물의 난자에 인간의 체세포 핵을 이식하는 행위
3. 인간의 배아와 동물의 배아를 융합하는 행위
4. 다른 유전정보를 가진 인간의 배아를 융합하는 행위

③ 누구든지 제2항 각 호의 어느 하나에 해당하는 행위로부터 생성된 것을 인간 또는 동물의 자궁에 착상시키는 행위를 하여서는 아니 된다.

제2절 배아생성의료기관

제22조(배아생성의료기관의 지정 등) ① 체외수정을 위하여 난자 또는 정자를 채취·보존하거나 이를 수정시켜 배아를 생성하려는 의료기관은 보건복지부장관으로부터 배아생성의료기관으로 지정받아야 한다.

② 배아생성의료기관으로 지정받으려는 의료기관은 보건복지부령으로 정하는 시설 및 인력 등을 갖추어야 한다.

③ 배아생성의료기관의 지정 기준 및 절차 등에 관하여 필요한 사항은 보건복지부령으로 정한다.

④ 제1항에 따라 지정을 받은 배아생성의료기관(이하 "배아생성의료기관"이라 한다)이 보건복지부령으로 정하는 중요한 사항을 변경할 경우에는 보건복지부장관에게 그 변경사항을 신고하여야 한다.

⑤ 배아생성의료기관의 장은 휴업하거나 폐업하는 경우에는 보건복지부령으로 정하는 바에 따라 보건복지부장관에게 신고하여야 한다.

⑥ 배아생성의료기관의 장은 휴업하거나 폐업할 때에 보건복지부령으로 정하는 바에 따라 보관 중인 배아, 생식세포 및 관련 서류를 질병관리본부 또는 다른 배아생성의료기관으로 이관하여야 한다.

제23조(배아의 생성에 관한 준수사항) ① 누구든지 임신 외의 목적으로 배아를 생성하여서는 아니 된다.

② 누구든지 배아를 생성할 때 다음 각 호의 어느 하나에 해당하는 행위를 하여서는 아니 된다.

1. 특정의 성을 선택할 목적으로 난자와 정자를 선별하여 수정시키는 행위
2. 사망한 사람의 난자 또는 정자로 수정하는 행위
3. 미성년자의 난자 또는 정자로 수정하는 행위. 다만, 혼인한 미성년자가 그 자녀를 얻기 위하여 수정하는 경우는 제외한다.

③ 누구든지 금전, 재산상의 이익 또는 그 밖의 반대급부(反對給付)를 조건으로 배아나 난자 또는 정자를 제공 또는 이용하거나 이를 유인하거나 알선하여서는 아니 된다.

제24조(배아의 생성 등에 관한 동의) ① 배아생성의료기관은 배아를 생성하기 위하여 난자 또는 정자를 채취할 때에는 다음 각 호의 사항에 대하여 난자 기증자, 정자 기증자, 체외수정 시술대상 자 및 해당 기증자·시술대상자의 배우자가 있는 경우 그 배우자(이하 "동의권자"라 한다)의 서면동의를 받아야 한다. 다만, 장애인의 경우는 그 특성에 맞게 동의를 구하여야 한다.

1. 배아생성의 목적에 관한 사항
2. 배아·난자·정자의 보존기간 및 그 밖에 보존에 관한 사항
3. 배아·난자·정자의 폐기에 관한 사항
4. 잔여배아 및 잔여난자를 연구 목적으로 이용하는 것에 관한 사항
5. 동의의 변경 및 철회에 관한 사항
6. 동의권자의 권리 및 정보 보호, 그 밖에 보건복지부령으로 정하는 사항

② 배아생성의료기관은 제1항에 따른 서면동의를 받기 전에 동의권자에게 제1항 각 호의 사항에 대하여 충분히 설명하여야 한다.

③ 제1항에 따른 서면동의를 위한 동의서의 서식 및 보관 등에 필요한 사항은 보건복지부령으로 정 한다.

제25조(배아의 보존 및 폐기) ① 배아의 보존기간은 5년으로 한다. 다만, 동의권자가 보존기간을 5 년 미만으로 정한 경우에는 이를 보존기간으로 한다.

② 제1항에도 불구하고 항암 치료 등 보건복지부령으로 정하는 경우에는 동의권자가 보존기간을 5 년 이상으로 정할 수 있다.

③ 배아생성의료기관은 제1항 또는 제2항에 따른 보존기간이 끝난 배아 중 제29조에 따른 연구의 목적으로 이용하지 아니할 배아는 폐기하여야 한다.

④ 배아생성의료기관은 배아의 폐기에 관한 사항을 기록·보관하여야 한다.
⑤ 제3항 및 제4항에 따른 배아의 폐기 절차 및 방법, 배아의 폐기에 관한 사항의 기록·보관에 필요한 사항은 보건복지부령으로 정한다.

제26조(잔여배아 및 잔여난자의 제공) ① 배아생성의료기관은 연구에 필요한 잔여배아를 제30조제 1항에 따라 배아연구계획서의 승인을 받은 배아연구기관에 제공하거나 잔여난자를 제31조제4항에 따라 체세포복제배아등 연구계획서의 승인을 받은 체세포복제배아등의 연구기관에 제공하는 경우에는 무상으로 하여야 한다. 다만, 배아생성의료기관은 잔여배아 및 잔여난자의 보존 및 제 공에 든 경비의 경우에는 보건복지부령으로 정하는 바에 따라 제공받는 연구기관에 대하여 경비 지급을 요구할 수 있다.
② 제1항에 따른 잔여배아 및 잔여난자의 제공 절차, 경비의 산출, 그 밖에 필요한 사항은 보건복지 부령으로 정한다.
③ 배아생성의료기관은 잔여배아 및 잔여난자의 보존 및 제공 등에 관한 사항을 보건복지부령으로 정하는 바에 따라 보건복지부장관에게 보고하여야 한다.

제27조(난자 기증자의 보호 등) ① 배아생성의료기관은 보건복지부령으로 정하는 바에 따라 난자를 채취하기 전에 난자 기증자에 대하여 건강검진을 하여야 한다.
② 배아생성의료기관은 보건복지부령으로 정하는 건강 기준에 미치지 못하는 사람으로부터 난자를 채취하여서는 아니 된다.
③ 배아생성의료기관은 동일한 난자 기증자로부터 대통령령으로 정하는 빈도 이상으로 난자를 채취하여서는 아니 된다.
④ 배아생성의료기관은 난자 기증에 필요한 시술 및 회복에 걸리는 시간에 따른 보상금 및 교통비 등 보건복지부령으로 정하는 항목에 관하여 보건복지부령으로 정하는 금액을 난자 기증자에게 지급할 수 있다.

제28조(배아생성의료기관의 준수사항 등) ① 배아생성의료기관은 다음 각 호의 사항을 준수하여야 한다. <개정 2015.12.29.>
1. 제24조에 따른 동의서에 적힌 내용대로 배아·난자 및 정자를 취급할 것
2. 보건복지부령으로 정하는 바에 따라 잔여배아 및 잔여난자의 보존·취급 및 폐기

등의 관리를 철저히 할 것

3. 그 밖에 생명윤리 및 안전의 확보를 위하여 필요하다고 인정하여 보건복지부령으로 정하는 사항

② 보건복지부장관은 배아의 생성 등에 관한 동의 등을 적절하게 관리하기 위하여 배아생성의료기관에 관한 표준운영지침을 정하고 배아생성의료기관에게 그 준수를 권장하여야 한다. <신설 2015.12.29.> [제목개정 2015.12.29.]

제3절 잔여배아 연구 등

제29조(잔여배아 연구) ① 제25조에 따른 배아의 보존기간이 지난 잔여배아는 발생학적으로 원시선(原始線)이 나타나기 전까지만 체외에서 다음 각 호의 연구 목적으로 이용할 수 있다.

1. 난임치료법 및 피임기술의 개발을 위한 연구
2. 근이영양증(筋異營養症), 그 밖에 대통령령으로 정하는 희귀·난치병의 치료를 위한 연구
3. 그 밖에 국가위원회의 심의를 거쳐 대통령령으로 정하는 연구

② 제1항에 따라 잔여배아를 연구하려는 자는 보건복지부령으로 정하는 시설·인력 등을 갖추고 보건복지부장관에게 배아연구기관으로 등록하여야 한다.

③ 제2항에 따라 등록한 배아연구기관(이하 "배아연구기관"이라 한다)이 보건복지부령으로 정하는 중요한 사항을 변경하거나 폐업할 경우에는 보건복지부장관에게 신고하여야 한다.

제30조(배아연구계획서의 승인) ① 배아연구기관은 잔여배아의 연구를 하려면 미리 보건복지부장관에게 배아연구계획서를 제출하여 승인을 받아야 한다. 배아연구계획서의 내용 중 대통령령으로 정하는 중요한 사항을 변경하는 경우에도 또한 같다.

② 제1항에 따른 배아연구계획서에는 기관위원회의 심의 결과에 관한 서류가 첨부되어야 한다.

③ 보건복지부장관은 다른 중앙행정기관의 장이 연구비를 지원하는 배아연구기관으로부터 배아연구계획서를 제출받았을 때에는 승인 여부를 결정하기 전에 그 중앙행정기관의 장과 협의하여야 한다.19

④ 배아연구계획서의 승인 기준 및 절차, 제출서류, 그 밖에 필요한 사항은 보건복

지부령으로 정한다.

제31조(체세포복제배아등의 연구) ① 누구든지 제29조제1항제2호에 따른 희귀·난치병의 치료를 위한 연구 목적 외에는 체세포핵이식행위 또는 단성생식행위를 하여서는 아니 된다.

② 제1항에 따른 연구의 종류·대상 및 범위는 국가위원회의 심의를 거쳐 대통령령으로 정한다.

③ 체세포복제배아등을 생성하거나 연구하려는 자는 보건복지부령으로 정하는 시설 및 인력 등을 갖추고 보건복지부장관에게 등록하여야 한다.

④ 제3항에 따라 등록한 기관(이하 "체세포복제배아등의 연구기관"이라 한다)은 체세포복제배아등을 생성하거나 연구하려면 보건복지부령으로 정하는 바에 따라 미리 보건복지부장관에게 연구계획서(이하 "체세포복제배아등 연구계획서"라 한다)를 제출하여 승인을 받아야 한다.

⑤ 체세포복제배아등 연구계획서의 승인에 관하여는 제30조를 준용한다. 이 경우 "잔여배아"는 "체세포복제배아등"으로, "배아연구계획서"는 "체세포복제배아등 연구계획서"로 각각 본다.

제32조(배아연구기관 등의 준수사항) ① 배아연구기관 및 체세포복제배아등의 연구기관은 해당 기관에서 수행하는 연구로 인하여 생명윤리 또는 안전에 중대한 위해가 발생하거나 발생할 우려가 있는 경우에는 연구 중단 등 적절한 조치를 하여야 한다.

② 배아연구기관 및 체세포복제배아등의 연구기관이 잔여배아 및 잔여난자를 제공받은 후 이를 연구의 목적으로 이용하지 아니하려는 경우에는 제25조제3항부터 제5항까지의 규정을 준용한다. 이 경우 "배아"는 "잔여배아 및 잔여난자"로 본다.

③ 배아연구기관이 잔여배아를 관리하는 경우 및 체세포복제배아등의 연구기관이 잔여난자, 체세포 복제배아등을 관리하는 경우에는 제28조를 준용한다.

제4절 배아줄기세포주

제33조(배아줄기세포주의 등록) ① 배아줄기세포주를 수립하거나 수입한 자는 그 배아줄기세포주를 제34조에 따라 제공하거나 제35조에 따라 이용하기 전에 보건복지부령으로 정하는 바에 따라 그 배아줄기세포주를 보건복지부장관에게 등록하여야

한다.

② 보건복지부장관은 배아줄기세포주의 등록을 신청한 자가 다른 중앙행정기관의 장으로부터 과학적 검증을 받은 경우에는 제1항에 따른 등록을 하는 데에 그 검증 자료를 활용하여야 한다.

③ 보건복지부장관은 제1항에 따라 배아줄기세포주를 등록한 자에게 배아줄기세포주의 검증 등에 든 비용의 전부 또는 일부를 지원할 수 있다.

제34조(배아줄기세포주의 제공) ① 배아줄기세포주를 수립한 자가 그 배아줄기세포주를 타인에게 제공하려면 보건복지부령으로 정하는 바에 따라 기관위원회의 심의를 거쳐야 한다.

② 제1항에 따라 배아줄기세포주를 제공한 자는 보건복지부령으로 정하는 바에 따라 보건복지부장관에게 배아줄기세포주의 제공현황을 보고하여야 한다.

③ 제1항에 따라 배아줄기세포주를 제공하는 경우에는 무상으로 하여야 한다. 다만, 배아줄기세포주를 제공하는 자는 배아줄기세포주의 보존 및 제공에 든 경비의 경우에는 보건복지부령으로 정하는 바에 따라 이를 제공받는 자에 대하여 경비지급을 요구할 수 있다.199

④ 제1항부터 제3항까지의 규정에 따른 배아줄기세포주의 제공 및 보고, 경비의 산출 방법 등에 관하여 필요한 사항은 보건복지부령으로 정한다.

제35조(배아줄기세포주의 이용) ① 제33조제1항에 따라 등록된 배아줄기세포주는 체외에서 다음 각 호의 연구 목적으로만 이용할 수 있다.

1. 질병의 진단·예방 또는 치료를 위한 연구
2. 줄기세포의 특성 및 분화에 관한 기초연구
3. 그 밖에 국가위원회의 심의를 거쳐 대통령령으로 정하는 연구

② 제1항에 따라 배아줄기세포주를 이용하려는 자는 해당 연구계획서에 대하여 보건복지부령으로 정하는 바에 따라 기관위원회의 심의를 거쳐 해당 기관의 장의 승인을 받아야 한다. 승인을 받은 연구계획서의 내용 중 대통령령으로 정하는 중요한 사항을 변경하는 경우에도 또한 같다.

③ 제2항에 따라 승인 또는 변경승인을 받은 자는 보건복지부령으로 정하는 바에 따라 그 사실을 보건복지부장관에게 보고하여야 한다.

④ 제2항에 따라 승인을 받은 자는 배아줄기세포주를 제공한 자에게 제공받은 배아줄기세포주의 이 용계획서를 작성하여 제출하여야 한다.

⑤ 제2항에 따라 연구를 승인한 기관의 장은 연구를 하는 자가 연구계획에 적합하게 연구를 하도록 감독하여야 한다.

제5장 인체유래물연구 및 인체유래물은행

제1절 인체유래물연구

제36조(인체유래물연구의 심의) ① 인체유래물연구를 하려는 자는 인체유래물연구를 하기 전에 연구계획서에 대하여 기관위원회의 심의를 받아야 한다.

② 제1항에도 불구하고 인체유래물 기증자 및 공공에 미치는 위험이 미미한 경우로서 국가위원회의 심의를 거쳐 보건복지부령으로 정한 기준에 맞는 연구는 기관위원회의 심의를 면제할 수 있다.

제37조(인체유래물연구의 동의) ① 인체유래물연구자는 인체유래물연구를 하기 전에 인체유래물 기증자로부터 다음 각 호의 사항이 포함된 서면동의를 받아야 한다.

1. 인체유래물연구의 목적
2. 개인정보의 보호 및 처리에 관한 사항
3. 인체유래물의 보존 및 폐기 등에 관한 사항
4. 인체유래물과 그로부터 얻은 유전정보(이하 "인체유래물등"이라 한다)의 제공에 관한 사항
5. 동의의 철회, 동의 철회 시 인체유래물등의 처리, 인체유래물 기증자의 권리, 연구 목적의 변경, 그 밖에 보건복지부령으로 정하는 사항

② 제1항에도 불구하고 인체유래물연구자가 아닌 인체유래물 채취자로부터 인체유래물을 제공받아 연구를 하는 인체유래물연구자의 경우에 그 인체유래물 채취자가 인체유래물 기증자로부터 제1항 각 호의 사항이 포함된 서면동의를 받았을 때에는 제1항에 따른 서면동의를 받은 것으로 본다.

③ 인체유래물연구의 서면동의 면제에 관하여는 제16조제3항을 준용한다. 이 경우 "연구대상자"는 "인체유래물 기증자"로 본다.

④ 인체유래물연구자는 제1항에 따른 서면동의를 받기 전에 인체유래물 기증자에게 제1항 각 호의 사항에 대하여 충분히 설명하여야 한다.

⑤ 제1항에 따른 서면동의를 위한 동의서의 서식 등에 관하여 필요한 사항은 보건복지부령으로 정한다.

제38조(인체유래물등의 제공) ① 인체유래물연구자는 제37조제1항에 따라 인체유래물 기증자로부터 인체유래물등을 제공하는 것에 대하여 서면동의를 받은 경우에는 기관위원회의 심의를 거쳐 인체유래물등을 인체유래물은행이나 다른 연구자에게 제공할 수 있다.

② 인체유래물연구자가 제1항에 따라 인체유래물등을 다른 연구자에게 제공하는 경우에는 익명화 하여야 한다. 다만, 인체유래물 기증자가 개인식별정보를 포함하는 것에 동의한 경우에는 그러하지 아니하다.

③ 제1항에 따라 인체유래물등을 제공할 경우 무상으로 하여야 한다. 다만, 인체유래물연구자가 소속된 기관은 인체유래물등의 보존 및 제공에 든 경비의 경우에는 보건복지부령으로 정하는 바에 따라 인체유래물등을 제공받아 연구하는 자에게 경비지급을 요구할 수 있다.

④ 인체유래물연구자는 제1항에 따라 인체유래물등을 제공하거나 제공받았을 때에는 보건복지부령으로 정하는 바에 따라 인체유래물등의 제공에 관한 기록을 작성·보관하여야 한다.

⑤ 인체유래물등의 제공 방법 및 절차, 경비의 산출, 그 밖에 필요한 사항은 보건복지부령으로 정한다.

제39조(인체유래물등의 보존 및 폐기) ① 인체유래물연구자는 동의서에 정한 기간이 지난 인체유래물등을 폐기하여야 한다. 다만, 인체유래물등을 보존하는 중에 인체유래물 기증자가 보존기간의 변경이나 폐기를 요청하는 경우에는 요청에 따라야 한다.

② 인체유래물연구자는 제1항에 따른 인체유래물등의 폐기에 관한 사항을 보건복지부령으로 정하는 바에 따라 기록·보관하여야 한다.

③ 인체유래물연구자가 부득이한 사정으로 인하여 인체유래물등을 보존할 수 없는 경우에는 기관위원회의 심의를 거쳐 인체유래물등을 처리하거나 이관하여야 한다.

④ 인체유래물등의 보존, 폐기, 처리 또는 이관 등에 필요한 사항은 보건복지부령으로 정한다.

제40조(인체유래물연구자의 준수사항) 인체유래물연구자의 인체유래물 기증자에 대한 안전대책 및 기록의 유지와 정보 공개에 관하여는 제17조 및 제19조를 각각 준용한다. 이 경우 "인간대상연구"는 "인체유래물연구"로, "연구대상자"는 "인체유래물 기증자"로 각각 본다.

제2절 인체유래물은행

제41조(인체유래물은행의 허가 및 신고) ① 인체유래물은행을 개설하려는 자는 대통령령으로 정하는 바에 따라 보건복지부장관의 허가를 받아야 한다. 다만, 국가기관이 직접 인체유래물은행을 개설하고자 하는 경우는 제외한다.

② 제1항에도 불구하고 다른 법령에 따라 중앙행정기관의 장으로부터 연구비 지원의 승인을 받아 인체유래물은행을 개설하려는 경우에는 그 중앙행정기관의 장으로부터 연구비 지원의 승인을 받은 후 보건복지부장관에게 신고하면 제1항에 따른 허가를 받은 것으로 본다. 이 경우 그 중앙행정기관의 장은 미리 보건복지부장관과 협의하여야 한다.

③ 제1항 및 제2항에 따라 개설된 인체유래물은행이 대통령령으로 정하는 중요한 사항을 변경하거나 휴업 또는 폐업하려는 경우에는 보건복지부장관에게 신고하여야 한다.

④ 인체유래물은행의 시설·장비 기준 및 허가·신고 절차, 그 밖에 필요한 사항은 대통령령으로 정한다.

제42조(인체유래물 채취 시의 동의) ① 인체유래물은행은 인체유래물연구에 쓰일 인체유래물을 직접 채취하거나 채취를 의뢰할 때에는 인체유래물을 채취하기 전에 인체유래물 기증자로부터 다음 각 호의 사항이 포함된 서면동의를 받아야 한다.

1. 인체유래물연구의 목적(인체유래물은행이 인체유래물연구를 직접 수행하는 경우만 해당한다)
2. 개인정보의 보호 및 처리에 관한 사항
3. 인체유래물등이 제공되는 연구자 및 기관의 범위에 관한 사항
4. 인체유래물등의 보존, 관리 및 폐기에 관한 사항
5. 동의의 철회, 동의의 철회 시 인체유래물등의 처리, 인체유래물 기증자의 권리나 그 밖에 보건복지부령으로 정하는 사항

② 인체유래물은행은 제1항에 따른 서면동의를 받기 전에 인체유래물 기증자에게 제1항 각 호의 사항에 대하여 충분히 설명하여야 한다.

③ 제1항에 따른 서면동의를 위한 동의서의 서식 등에 관하여 필요한 사항은 보건복지부령으로 정한다.

제43조(인체유래물등의 제공) ① 인체유래물은행의 장은 인체유래물등을 제공받으려는 자로부터 이용계획서를 제출받아 그 내용을 검토하여 제공 여부를 결정하여야 한다.

② 인체유래물은행의 장은 인체유래물등을 타인에게 제공하는 경우에는 익명화하여야 한다. 다만, 인체유래물 기증자가 개인식별정보를 포함하는 것에 동의한 경우에는 그러하지 아니하다.

③ 인체유래물은행의 장은 인체유래물등을 타인에게 제공하는 경우에는 무상으로 하여야 한다. 다만, 인체유래물등의 보존 및 제공에 든 경비를 보건복지부령으로 정하는 바에 따라 인체유래물등을 제공받는 자에게 요구할 수 있다.

④ 기관위원회는 인체유래물등의 제공에 필요한 지침을 마련하고, 지침에 따라 적정하게 제공되고 있는지 정기적으로 심의하여야 한다.

⑤ 인체유래물등 이용계획서의 기재내용·제출절차, 제공에 필요한 지침, 기관위원회의 심의, 그 밖에 인체유래물등의 제공 및 관리에 필요한 사항은 보건복지부령으로 정한다.

제44조(인체유래물은행의 준수사항) ① 인체유래물은행의 장 또는 그 종사자는 보존 중인 인체유래물등을 타당한 사유 없이 사용, 폐기, 손상하여서는 아니 된다.

② 인체유래물은행이 제38조제1항 및 제53조제1항에 따라 인체유래물등을 제공받은 경우에는 익명화하여야 한다.

③ 인체유래물은행의 인체유래물등의 보존 및 폐기에 관하여는 제39조를 준용한다.

④ 인체유래물은행의 장은 보건복지부령으로 정하는 바에 따라 인체유래물등의 익명화 방안이 포함된 개인정보 보호 지침을 마련하고, 개인정보 관리 및 보안을 담당하는 책임자를 지정하여야 한다.

제45조(인체유래물은행에 대한 지원) 국가나 지방자치단체는 예산의 범위에서 인체유래물은행의 운영에 필요한 비용을 지원할 수 있다.

제6장 유전자치료 및 검사 등

제46조(유전정보에 의한 차별 금지 등) ① 누구든지 유전정보를 이유로 교육·고용·승진·보험 등 사회활동에서 다른 사람을 차별하여서는 아니 된다.

② 다른 법률에 특별한 규정이 있는 경우를 제외하고는 누구든지 타인에게 유전자검사를 받도록 강요하거나 유전자검사의 결과를 제출하도록 강요하여서는 아니 된다.

③ 의료기관은 「의료법」 제21조제3항에 따라 환자 외의 자에게 제공하는 의무기록 및 진료기록 등에 유전정보를 포함시켜서는 아니 된다. 다만, 해당 환자와 동일한 질병의 진단 및 치료를 목적으로 다른 의료기관의 요청이 있고 개인정보 보호에 관한 조치를 한 경우에는 그러하지 아니하다. <개 정 2016.12.20.>

제47조(유전자치료) ① 인체 내에서 유전적 변이를 일으키는 일련의 행위에 해당하는 유전자치료에 관한 연구는 다음 각 호의 모두에 해당하는 경우에만 할 수 있다. <개정 2015.12.29.>

1. 유전질환, 암, 후천성면역결핍증, 그 밖에 생명을 위협하거나 심각한 장애를 불러일으키는 질병의 치료를 위한 연구
2. 현재 이용 가능한 치료법이 없거나 유전자치료의 효과가 다른 치료법과 비교하여 현저히 우수할 것으로 예측되는 치료를 위한 연구

② 유전물질 또는 유전물질이 도입된 세포를 인체로 전달하는 일련의 행위에 해당하는 유전자치료에 관한 연구는 제1항제1호 또는 제2호 중 어느 하나에 해당하는 경우에만 할 수 있다. <신설 2015.12.29.>

③ 유전자치료는 배아, 난자, 정자 및 태아에 대하여 시행하여서는 아니 된다. <개정 2015.12.29.>

제48조(유전자치료기관) ① 유전자치료를 하고자 하는 의료기관은 보건복지부장관에게 신고하여야 한다. 대통령령으로 정하는 중요한 사항을 변경하는 경우에도 또한 같다.

② 제1항에 따라 보건복지부장관에게 신고한 의료기관(이하 "유전자치료기관"이라 한다)은 유전자치료를 하고자 하는 환자에 대하여 다음 각 호의 사항에 관하여 미리 설명한 후 서면동의를 받아야 한다.

1. 치료의 목적

2. 예측되는 치료 결과 및 그 부작용

3. 그 밖에 보건복지부령으로 정하는 사항

③ 유전자치료기관의 신고 요건 및 절차, 동의서의 서식, 그 밖에 필요한 사항은 보건복지부령으로 정한다.2

제49조(유전자검사기관) ① 유전자검사를 하려는 자는 유전자검사항목에 따라 보건복지부령으로 정하는 시설 및 인력 등을 갖추고 보건복지부장관에게 신고하여야 한다. 다만, 국가기관이 유전 자검사를 하는 경우에는 그러하지 아니하다.

② 제1항에 따라 신고한 사항 중 대통령령으로 정하는 중요한 사항을 변경하는 경우에도 신고하여야 한다.

③ 보건복지부장관은 제1항에 따라 신고한 유전자검사기관(이하 "유전자검사기관"이라 한다)으로 하여금 보건복지부령으로 정하는 바에 따라 유전자검사의 정확도 평가를 받게 할 수 있고, 그 결과를 공개할 수 있다.

④ 유전자검사기관은 유전자검사의 업무를 휴업하거나 폐업하려는 경우에는 보건복지부령으로 정하는 바에 따라 보건복지부장관에게 신고하여야 한다.

⑤ 보건복지부장관은 유전자검사기관이 「부가가치세법」 제5조에 따라 관할 세무서장에게 폐업신고를 하거나 관할 세무서장이 사업자등록을 말소한 경우에는 신고사항을 직권으로 말소할 수 있다.

제50조(유전자검사의 제한 등) ① 유전자검사기관은 과학적 증명이 불확실하여 검사대상자를 오도(誤導)할 우려가 있는 신체 외관이나 성격에 관한 유전자검사 또는 그 밖에 국가위원회의 심의를 거쳐 대통령령으로 정하는 유전자검사를 하여서는 아니 된다.

② 유전자검사기관은 근이영양증이나 그 밖에 대통령령으로 정하는 유전질환을 진단하기 위한 목적으로만 배아 또는 태아를 대상으로 유전자검사를 할 수 있다.

③ 의료기관이 아닌 유전자검사기관에서는 다음 각 호를 제외한 경우에는 질병의 예방, 진단 및 치료와 관련한 유전자검사를 할 수 없다. <개정 2015.12.29.>

1. 의료기관의 의뢰를 받은 경우

2. 질병의 예방과 관련된 유전자검사로 보건복지부장관이 필요하다고 인정하는 경우

④ 유전자검사기관은 유전자검사에 관하여 거짓표시 또는 과대광고를 하여서는 아니 된다. 이 경우 거짓표시 또는 과대광고의 판정 기준 및 절차, 그 밖에 필요한 사

항은 보건복지부령으로 정한다.

제51조(유전자검사의 동의) ① 유전자검사기관이 유전자검사에 쓰일 검사대상물을 직접 채취하거 나 채취를 의뢰할 때에는 검사대상물을 채취하기 전에 검사대상자로부터 다음 각 호의 사항에 대하여 서면동의를 받아야 한다. 다만, 장애인의 경우는 그 특성에 맞게 동의를 구하여야 한다.

1. 유전자검사의 목적
2. 검사대상물의 관리에 관한 사항
3. 동의의 철회, 검사대상자의 권리 및 정보보호, 그 밖에 보건복지부령으로 정하는 사항

② 유전자검사기관이 검사대상물을 인체유래물연구자나 인체유래물은행에 제공하기 위하여는 검사 대상자로부터 다음 각 호의 사항이 포함된 서면동의를 제1항에 따른 동의와 별도로 받아야 한다.

1. 개인정보의 보호 및 처리에 대한 사항
2. 검사대상물의 보존, 관리 및 폐기에 관한 사항
3. 검사대상물의 제공에 관한 사항
4. 동의의 철회, 동의 철회 시 검사대상물의 처리, 검사대상자의 권리, 그 밖에 보건복지부령으로 정하는 사항

③ 유전자검사기관 외의 자가 검사대상물을 채취하여 유전자검사기관에 유전자검사를 의뢰하는 경우에는 제1항에 따라 검사대상자로부터 서면동의를 받아 첨부하여야 하며, 보건복지부령으로 정하는 바에 따라 개인정보를 보호하기 위한 조치를 하여야 한다.

④ 검사대상자가 동의 능력이 없거나 불완전한 경우의 대리인 동의에 관하여는 제16조제2항을 준용한다. 이 경우 "연구대상자"는 "검사대상자"로, "연구"는 "검사"로 각각 본다.

⑤ 다음 각 호의 어느 하나에 해당하는 경우에는 동의 없이 유전자검사를 할 수 있다.

1. 시체 또는 의식불명인 사람이 누구인지 식별하여야 할 긴급한 필요가 있거나 특별한 사유가 있는 경우
2. 다른 법률에 규정이 있는 경우

⑥ 제1항부터 제4항까지의 규정에 따라 서면동의를 받고자 하는 자는 미리 검사대상자 또는 법정대리인에게 유전자검사의 목적과 방법, 예측되는 유전자검사의 결과와 의미 등에 대하여 충분히 설명하여야 한다.

⑦ 유전자검사의 동의 방식, 동의 면제 사항, 그 밖에 필요한 사항은 보건복지부령으로 정한다.

제52조(기록 보관 및 정보의 공개) ① 유전자검사기관은 다음 각 호의 서류를 보건복지부령으로 정하는 바에 따라 기록·보관하여야 한다.

1. 제51조에 따른 동의서
2. 유전자검사 결과
3. 제53조제2항에 따른 검사대상물의 제공에 관한 기록

② 유전자검사기관은 검사대상자나 그의 법정대리인이 제1항에 따른 기록의 열람 또는 사본의 발급을 요청하는 경우에는 그 요청에 따라야 한다.

③ 제2항에 따른 기록의 열람 또는 사본의 발급에 관한 신청 절차 및 서식 등에 관하여 필요한 사항은 보건복지부령으로 정한다.

제53조(검사대상물의 제공과 폐기 등) ① 유전자검사기관은 제51조제2항에 따라 검사대상자로부터 검사대상물의 제공에 대한 서면동의를 받은 경우에는 인체유래물연구자나 인체유래물은행에 검사대상물을 제공할 수 있다.

② 제1항에 따른 검사대상물의 제공에 관하여는 제38조제2항부터 제5항까지의 규정을 준용한다. 이 경우 "인체유래물등"은 "검사대상물"로, "인체유래물 기증자"는 "검사대상자"로 각각 본다.

③ 유전자검사기관은 제1항에 따라 검사대상물을 제공하는 경우 외에는 검사대상물을 유전자검사 결과 획득 후 즉시 폐기하여야 한다.

④ 유전자검사기관은 검사대상물의 폐기에 관한 사항을 기록·보관하여야 한다.

⑤ 유전자검사기관은 휴업 또는 폐업이나 그 밖에 부득이한 사정으로 인하여 검사대상물을 보존할 수 없는 경우에는 보건복지부령으로 정하는 바에 따라 검사대상물을 처리하거나 이관하여야 한다.

⑥ 검사대상물의 폐기, 폐기에 관한 기록·보관 및 검사대상물의 처리 또는 이관에 필요한 사항은 보건복지부령으로 정한다.2

제7장 감독

제54조(보고와 조사) ① 보건복지부장관은 생명윤리 및 안전의 확보와 관련하여 필요

하다고 인정할 때에는 제10조제1항 각 호의 기관과 유전자검사기관(이하 "감독대상기관"이라 한다) 및 그 종사자에 대하여 보건복지부령으로 정하는 바에 따라 이 법의 시행에 필요한 보고 또는 자료의 제출을 명할 수 있고, 생명윤리 또는 안전에 중대한 위해가 발생하거나 발생할 우려가 있을 때에는 그 연구 및 연구 성과 이용의 중단을 명하거나 그 밖에 필요한 조치를 할 수 있다.

② 보건복지부장관은 이 법에서 정하고 있는 사항의 이행 또는 위반 여부의 확인을 위하여 필요하다고 인정할 때에는 관계 공무원으로 하여금 감독대상기관 또는 그 사무소 등에 출입하여 그 시설 또는 장비, 관계 장부나 서류, 그 밖의 물건을 검사하게 하거나 관계인에게 질문하게 할 수 있으며, 시험에 필요한 시료(試料)를 최소 분량으로 수거하게 할 수 있다. 이 경우 관계 공무원은 그 권한을 표시하는 증표를 지니고 이를 관계인에게 보여주어야 한다.

③ 감독대상기관 또는 그 종사자는 제1항 및 제2항에 따른 명령·검사·질문 등에 대하여 타당한 사유가 없으면 응하여야 한다.

제55조(폐기 및 개선 명령) ① 보건복지부장관은 감독대상기관 또는 그 종사자와 제33조부터 제35 조까지의 규정에 따라 배아줄기세포주를 등록·제공 또는 이용한 자에게 다음 각 호의 대상물을 폐기할 것을 명할 수 있다. 이 경우 폐기의 절차 및 방법에 관하여는 제25조제5항, 제39조제4항, 제53조제6항을 각각 준용한다.

1. 제22조제1항부터 제3항까지, 제23조, 제24조제1항, 제25조제3항(제32조제2항에서 준용하는 경우를 포함한다), 제26조제1항, 제27조제1항부터 제3항까지, 제29조제1항·제2항, 제30조제 1항부터 제3항까지, 제31조제1항·제3항·제4항, 제33조제1항, 제34조제1항·제3항, 제35조 제2항을 위반하여 채취·생성·보존·연구 또는 제공된 배아·체세포복제배아등·배아줄기 세포주 또는 난자
2. 제39조제1항, 제41조제1항, 제43조제2항, 제49조제1항, 제50조제1항부터 제3항까지, 제51조 제1항·제2항·제4항, 제53조제1항부터 제3항까지의 규정을 위반하여 채취·보존 또는 제공된 검사대상물 및 인체유래물

② 보건복지부장관은 감독대상기관의 시설·인력 등이 제22조제2항, 제29조제2항, 제31조제3항 또는 제41조제4항에서 정하는 기준 등에 맞지 아니하여 연구·채취·보존 또는 배아의 생성 등을 하는 경우에 생명윤리나 안전에 중대한 위해가 발생하거나 발생할 우려가 있다고 인정할 때에는 감독대상기관에 대하여 그 시설의 개선을

명하거나 그 시설의 전부 또는 일부의 사용을 금지할 것을 명할 수 있다.

제56조(등록 등의 취소와 업무의 정지) ① 보건복지부장관은 감독대상기관이 다음 각 호의 어느 하나에 해당할 때에는 그 지정·등록 또는 허가를 취소하거나 1년 이내의 기간을 정하여 그 업무의 전부 또는 일부의 정지를 명할 수 있다.

1. 제10조제1항(같은 항 제1호 및 제2호에 해당하는 기관의 경우는 제외한다), 제20조, 제21조, 제22조제1항부터 제3항까지, 제23조, 제24조제1항·제2항, 제25조제3항·제4항(제32조제2항에서 준용하는 경우를 포함한다), 제26조제1항·제3항, 제27조제1항부터 제3항까지, 제28조(제32조제3항에서 준용하는 경우를 포함한다), 제29조제2항, 제30조제1항, 제31조제1항, 제32 조제1항, 제43조제2항, 제44조제1항, 제48조제1항 후단, 제48조제2항, 제50조, 제51조제1항부터 제4항까지, 제52조제1항·제2항 및 제53조제2항부터 제5항까지의 규정을 위반하였을 때
2. 제54조제1항 및 제55조에 따른 명령을 이행하지 아니하였을 때
3. 제54조제2항에 따른 검사·질문·수거에 응하지 아니하였을 때

② 제1항에 따른 행정처분의 세부 기준은 그 위반행위의 유형과 위반 정도 등을 고려하여 보건복지부령으로 정한다.

제57조(청문) 보건복지부장관은 제56조에 따라 기관의 지정·등록 또는 허가를 취소하려는 경우에는 청문을 하여야 한다.

제58조(과징금) ① 보건복지부장관은 감독대상기관이 다음 각 호의 어느 하나에 해당하여 업무정지처분을 하여야 할 경우로서 그 업무정지가 해당 사업의 이용자에게 심한 불편을 주거나 그 밖에 공익을 해칠 우려가 있을 때에는 대통령령으로 정하는 바에 따라 그 업무정지처분을 갈음하여 2억 원 이하의 과징금을 부과할 수 있다.

1. 제22조제1항부터 제3항까지, 제24조제1항·제2항, 제25조제3항·제4항(제32조제2항에서 준 용하는 경우를 포함한다) 및 제27조제1항부터 제3항까지의 규정을 위반하였을 때
2. 제28조(제32조제3항에서 준용하는 경우를 포함한다) 및 제32조제1항에 따른 준수사항을 위반하였을 때
3. 제54조제1항 및 제55조에 따른 명령을 이행하지 아니하였을 때
4. 제54조제2항에 따른 검사·질문·수거에 응하지 아니하였을 때

② 제1항에 따라 과징금을 부과하는 위반행위의 종류와 위반 정도 등에 따른 과징금의 금액이나 그 밖에 필요한 사항은 보건복지부령으로 정한다.
③ 보건복지부장관은 제1항에 따른 과징금을 내야 할 자가 납부기한까지 내지 아니하였을 때에는 국세 체납처분의 예에 따라 징수한다.

제59조(수수료) 보건복지부장관은 이 법의 규정에 따라 지정·허가·등록·승인을 받으려 하거나 신고를 하는 자 또는 그 내용을 변경하려는 자로 하여금 보건복지부령으로 정하는 바에 따라 수수료를 내게 할 수 있다.

제8장 보칙

제60조(국고 보조) 보건복지부장관은 이 법에 따른 생명윤리 및 안전의 확보에 이바지할 수 있는 연구사업 및 교육을 육성·지원하기 위하여 대통령령으로 정하는 바에 따라 해당 단체·기관 또는 종사자에게 필요한 비용의 전부 또는 일부를 지원할 수 있다.

제61조(위임 및 위탁 등) ① 보건복지부장관은 이 법에 따른 권한의 일부를 대통령령으로 정하는 바에 따라 소속 기관의 장에게 위임할 수 있다.
② 보건복지부장관은 대통령령으로 정하는 바에 따라 다음 각 호의 어느 하나에 해당하는 업무의 일부를 관계 전문기관 또는 단체에 위탁할 수 있다.
1. 제13조제1항제2호에 따른 기관위원회 위원의 교육에 관한 업무
2. 제14조에 따른 기관위원회의 평가·인증에 관한 업무
3. 제49조제3항에 따른 유전자검사의 정확도 평가에 관한 업무
③ 보건복지부장관은 제2항에 따라 관계 전문기관 또는 단체에 업무를 위탁한 경우에는 필요한 예산을 보조할 수 있다.
④ 제2항에 따른 관계 전문기관 또는 단체에 대한 예산 보조, 보조금 환수(還收), 지원 금지 등에 필요한 사항은 대통령령으로 정한다.

제62조(벌칙 적용 시의 공무원 의제) 보건복지부장관이 제61조에 따라 위탁한 업무에 종사하는 기관, 단체의 임직원은 「형법」 제129조부터 제132조까지의 규정을 적용할 때에는 공무원으로 본다.

제63조(비밀 누설 등의 금지) 감독대상기관 또는 그 종사자나 업무에 종사하였던 사람은 직무상 알게 된 개인정보 등의 비밀을 누설하거나 도용하여서는 아니 된다.

제9장 벌칙

제64조(벌칙) ① 제20조제1항을 위반하여 체세포복제배아등을 자궁에 착상시키거나 착상된 상태를 유지하거나 출산한 사람은 10년 이하의 징역에 처한다.

② 제1항의 경우 미수범도 처벌한다.

제65조(벌칙) ① 제21조제1항을 위반하여 인간의 배아를 동물의 자궁에 착상시키거나 동물의 배아를 인간의 자궁에 착상시킨 사람 또는 같은 조 제3항을 위반하여 같은 조 제2항 각 호의 어느 하 나에 해당하는 행위로부터 생성된 것을 인간 또는 동물의 자궁에 착상시킨 사람은 5년 이하의 징역에 처한다.

② 제1항의 경우 미수범도 처벌한다.

제66조(벌칙) ① 다음 각 호의 어느 하나에 해당하는 사람은 3년 이하의 징역에 처한다.

1. 제20조제2항을 위반하여 체세포복제배아등을 자궁에 착상시키거나 착상된 상태를 유지 또는 출산하도록 유인하거나 알선한 사람
2. 제21조제2항 각 호의 어느 하나에 해당하는 행위를 한 사람
3. 제23조제1항을 위반하여 임신 외의 목적으로 배아를 생성한 사람
4. 제23조제3항을 위반하여 금전, 재산상의 이익 또는 그 밖의 반대급부를 조건으로 배아나 난자 또는 정자를 제공 또는 이용하거나 이를 유인하거나 알선한 사람
5. 제31조제1항을 위반하여 희귀·난치병의 치료를 위한 연구 목적 외의 용도로 체세포핵이식행위 또는 단성생식행위를 한 사람
6. 제63조를 위반하여 비밀을 누설하거나 도용한 사람

② 제29조제1항을 위반하여 잔여배아를 이용한 자는 3년 이하의 징역 또는 5천만 원 이하의 벌금에 처한다.

③ 제1항제1호 및 제2호의 경우 미수범도 처벌한다.

제67조(벌칙) ① 다음 각 호의 어느 하나에 해당하는 자는 2년 이하의 징역 또는 3천만 원 이하의 벌금에 처한다. <개정 2015.12.29.>

1. 배아를 생성할 때 제23조제2항 각 호의 어느 하나에 해당하는 행위를 한 자
2. 제24조제1항을 위반하여 서면동의 없이 난자 또는 정자를 채취한 자
3. 제27조제1항을 위반하여 난자 기증자에 대하여 건강검진을 하지 아니한 자 또는 같은 조 제2 항이나 제3항을 위반하여 난자를 채취한 자
4. 제46조제1항부터 제3항까지의 규정을 위반하여 유전정보를 이유로 다른 사람을 차별한 자, 유전자검사를 받도록 강요하거나 유전자검사 결과를 제출하도록 강요한 자 또는 환자 외의 자에게 제공하는 기록 등에 유전정보를 포함시킨 자
5. 제47조제1항부터 제3항까지를 위반하여 유전자치료에 관한 연구를 하거나 유전자치료를 시행한 자
6. 제50조제1항부터 제3항까지의 규정을 위반하여 유전자검사를 한 자
7. 제55조에 따른 폐기명령 또는 개선명령을 이행하지 아니한 자

② 제22조제6항을 위반하여 배아, 생식세포를 이관하지 아니한 자는 2년 이하의 징역 또는 1천만 원 이하의 벌금에 처한다.

제68조(벌칙) 다음 각 호의 어느 하나에 해당하는 자는 1년 이하의 징역 또는 2천만 원 이하의 벌금에 처한다.

1. 제22조제1항부터 제3항까지의 규정을 위반하여 배아생성의료기관으로 지정받지 아니하고 인간의 난자 또는 정자를 채취·보존하거나 이를 수정시켜 배아를 생성한 자
2. 제25조제3항(제32조제2항에서 준용하는 경우를 포함한다)을 위반하여 배아를 폐기하지 아니 한 자
3. 제26조제1항을 위반하여 유상(有償)으로 잔여배아 및 잔여난자를 제공한 자
4. 제26조제3항을 위반하여 보건복지부장관에게 보고하지 아니한 자
5. 제29조제2항을 위반하여 배아연구기관으로 등록하지 아니하고 잔여배아를 연구한 자
6. 제30조제1항을 위반하여(제31조제5항에서 준용하는 경우를 포함한다) 배아연구계획서의 승인을 받지 아니하고 배아연구를 한 자
7. 제31조제3항을 위반하여 보건복지부장관에게 등록하지 아니하고 체세포복제배아 등을 생성하거나 연구한 자
8. 제41조제1항을 위반하여 허가를 받지 아니하고 인체유래물은행을 개설한 자
9. 제42조제1항을 위반하여 서면동의 없이 인체유래물을 직접 채취하거나 채취를

의뢰한 자

10. 제50조제4항을 위반하여 유전자검사에 관하여 거짓표시 또는 과대광고를 한 자
11. 제51조제1항·제2항·제4항을 위반하여 유전자검사에 관한 서면동의를 받지 아니하고 검사대 상물을 채취한 자 또는 같은 조 제3항을 위반하여 서면동의서를 첨부하지 아니하거나 개인정보를 보호하기 위한 조치를 하지 아니하고 유전자검사를 의뢰한 자

제69조(양벌규정) ① 법인의 대표자나 법인 또는 개인의 대리인, 사용인, 그 밖의 종업원이 그 법인 또는 개인의 업무에 관하여 제64조부터 제66조까지의 어느 하나에 해당하는 위반행위를 하면 그 행위자를 벌하는 외에 그 법인 또는 개인을 5천만 원 이하의 벌금에 처한다. 다만, 법인 또는 개인이 그 위반행위를 방지하기 위하여 해당 업무에 관하여 상당한 주의와 감독을 게을리하지 아니 한 경우에는 그러하지 아니하다.

② 법인의 대표자나 법인 또는 개인의 대리인, 사용인, 그 밖의 종업원이 그 법인 또는 개인의 업무에 관하여 제67조 또는 제68조의 위반행위를 하면 그 행위자를 벌하는 외에 그 법인 또는 개인에게도 해당 조문의 벌금형을 과(科)한다. 다만, 법인 또는 개인이 그 위반행위를 방지하기 위하여 해당 업무에 관하여 상당한 주의와 감독을 게을리하지 아니한 경우에는 그러하지 아니하다.

제70조(과태료) ① 다음 각 호의 어느 하나에 해당하는 자에게는 500만 원 이하의 과태료를 부과 한다.

1. 제10조제1항을 위반하여 기관위원회를 설치하지 아니한 자
2. 제33조제1항을 위반하여 등록하지 아니하고 해당 배아줄기세포주를 제공하거나 이용한 자
3. 제35조제1항을 위반하여 배아줄기세포주를 이용한 자
4. 제38조제2항을 위반하여 인체유래물등을 익명화하지 아니하고 다른 연구자에게 제공한 자
5. 제39조제1항 본문 또는 제3항(제44조제3항에서 준용하는 경우를 포함한다)에 따라 인체유래물을 폐기, 처리하거나 이관하지 아니한 자
6. 제41조제2항에 따른 신고를 하지 아니한 자
7. 제44조제4항을 위반하여 인체유래물등의 익명화 방안이 포함된 개인정보 보호지침을 마련하지 아니하거나 개인정보 관리 및 보안을 담당하는 책임자를 두지

아니한 자

8. 제48조제1항을 위반하여 신고하지 아니하고 유전자치료를 한 자

9. 제49조제1항 본문에 따른 신고를 하지 아니한 자

10. 제54조제3항을 위반하여 보건복지부장관의 명령·검사·질문 등에 대하여 타당한 사유 없이 응하지 아니한 감독대상기관 또는 그 종사자

② 다음 각 호의 어느 하나에 해당하는 자에게는 300만 원 이하의 과태료를 부과한다.

1. 제22조제4항 또는 제5항, 제29조제3항을 위반하여 보건복지부장관에게 신고하지 아니한 자

2. 제22조제6항을 위반하여 관련 서류를 이관하지 아니한 자

③ 다음 각 호의 어느 하나에 해당하는 자에게는 200만 원 이하의 과태료를 부과한다.

1. 제10조제4항을 위반하여 보건복지부장관에게 등록하지 아니한 자

2. 제11조제4항을 위반하여 보건복지부장관에게 보고하지 아니한 자

3. 제34조제3항을 위반하여 유상으로 배아줄기세포주를 제공한 자

4. 제38조제3항을 위반하여 유상으로 인체유래물등을 제공한 자

5. 제41조제3항에 따른 신고를 하지 아니한 자

6. 제49조제2항 또는 제4항에 따른 신고를 하지 아니한 자

④ 제1항부터 제3항까지에 따른 과태료는 대통령령으로 정하는 바에 따라 보건복지부장관이 부 과·징수한다.

부칙 〈제14839호, 2017.7.26.〉 (정부조직법)

제1조(시행일) ① 이 법은 공포한 날부터 시행한다. 다만, 부칙 제5조에 따라 개정되는 법률 중 이 법 시행 전에 공포되었으나 시행일이 도래하지 아니한 법률을 개정한 부분은 각각 해당 법률의 시행일부터 시행한다.

제2조부터 제4조까지 생략

제5조(다른 법률의 개정) ①부터 <379>까지 생략

<380> 생명윤리 및 안전에 관한 법률 일부를 다음과 같이 개정한다.

제8조제3항제1호 및 같은 조 제5항 중 "미래창조과학부장관"을 각각 "과학기술정보통신부장관"으로 한다.

<381> 및 <382> 생략

제6조 생략211

2. 배아 또는 태아를 대상으로 유전자검사를 할 수 있는 유전질환(제21조 관련)

1. 수적 이상 염색체이상질환(Numerical chromosome abnormalities)
2. 구조적 이상 염색체이상질환(Structural chromosome rearrangements)
3. 연골무형성증(Achondroplasia)
4. 낭성 섬유증(Cystic fibrosis)
5. 혈우병(Haemophilia)
6. 척수성 근육위축(Spinal muscular atrophy)
7. 디 조지 증후군(Di George's syndrome)
8. 표피 수포증(Epidermolysis bullosa)
9. 고셰병(Gaucher's disease)
10. 레쉬 니한 증후군(Lesch Nyhan syndrome)
11. 마르판 증후군(Marfan's syndrome)
12. 근육긴장성 장애(Myotonic dystrophy)
13. 오르니틴 트랜스카바밀레이즈 결핍(Ornithine transcarbamylase deficiency)
14. 다낭성 신장병(Polycystic kidney disease)
15. 겸상 적혈구빈혈(Sickle cell anemia)
16. 테이삭스병(Tay-Sachs disease)
17. 윌슨병(Wilson's disease)
18. 판코니 빈혈(Fanconi's anemia)
19. 블룸 증후군(Bloom syndorme)
20. 부신백질 영양장애(Adrenoleukodystrophy)
21. 무감마글로불린혈증(Agammaglobulinemia)
22. 알포트 증후군(Alport syndrome)
23. 파브리(-안더슨)병(Fabury's-Anderson disease)
24. 바르트 증후군(Barth syndrome)
25. 샤르코-마리-투스병(Charcot-Marie-Tooth disease)

26. 코핀-로리 증후군(Coffin-Lowry syndrome)
27. 선천성 부신 과형성증(Congenital adrenal hyperplasia)
28. 크루존 증후군(Crouzon syndrome)
29. 가족성 선종성 용종증(Familial adenomatous polyposis coli)
30. 골츠 증후군(Goltz's syndrome)
31. 육아종병(Granulomatous disease)
32. 헌터 증후군(Hunter's syndrome)
33. 헌팅턴병(Huntington's disease)
34. 발한저하성 외배엽이형성증(Hypohydrotic ectodermal dysplasia)
35. 색소 실조증(Incontinentia pigmenti)
36. 케네디병(Kennedy disease)
37. 크라베병(Krabbe disease)
38. 로웨 증후군(Lowe syndrome)
39. 신경섬유종증(Neurofibromatosis)
40. 구안지(입얼굴손가락) 증후군(Orofacial-digital syndrome)
41. 불완전 골형성증(Osteogenesis imperfecta)
42. 펠리제우스-메르츠바하병(Pelizaeus-Merzbacher disease)
43. 피르브산 탈수소효소 결핍(Pyruvate dehydrogenase deficiency)
44. 망막세포변성(Retinitis pigmentosa)
45. 망막아세포증(Retinoblastoma)
46. 망막층간분리(Retinoschisis)
47. 산필립포 증후군(Sanfilippo disease)
48. 척수 소뇌성 운동실조(Spinocerebellar ataxia)
49. 스틱클러 증후군(Stickler syndrome)
50. 결절성 경화증(Tuberous sclerosis)
51. 비타민D 저항성 구루병(Vitamin D resistant rickets)
52. 폰 히펠-린다우 증후군(Von Hippel-Lindau disease)
53. 비스코트-올드리치 증후군(Wiskott-Aldrich syndrome)
54. 니만-피크병(Niemann-Pick Disease)
55. 이염성 백질 이영양증(Metachromatic Leukodystrophy)

56. 후플러 증후군(Hurler syndrome)
57. 프로피온산혈증(Propionic acidemia)
58. 메틸말론산혈증(Methylmalonic acidemia)
59. 페닐케톤뇨증(Phenylketonuria)
60. 티로신혈증(Tyrosinemia)
61. 울프-허쉬호른 증후군(Wolf-Hirschhorn syndrome)
62. 베타-지중해빈혈(β-thalassemia)
63. 그 밖에 질환의 예후(豫後) 등이 제1호부터 제62호까지의 질환과 같은 수준의 유전질환으로서 보건복지부장관이 지정·고시한 유전질환

3. 금지되는 유전자검사(제20조 관련)

1. 다음 각 목의 어느 하나에 해당하는 유전자검사는 금지된다.
   가. 삭제 <2017. 2. 28.>
   나. 삭제 <2017. 2. 28.>
   다. VDR 유전자에 의한 골다공증 관련 유전자검사
   라. Mt16189 유전자에 의한 당뇨병 관련 유전자검사
   마. UCP-1·PPAR-gamma·ADRB3(B3AR) 유전자에 의한 비만 관련 유전자검사
   바. 삭제 <2017. 2. 28.>
   사. 5-HTT 유전자에 의한 우울증 관련 유전자검사
   아. Mt5178A 유전자에 의한 장수 관련 유전자검사
   자. IGF2R 또는 CALL 유전자에 의한 지능 관련 유전자검사
   차. 삭제 <2017. 2. 28.>
   카. ACE 유전자에 의한 체력 관련 유전자검사
   타. CYP1A1 유전자에 의한 폐암 관련 유전자검사
   파. SLC6A4 유전자에 의한 폭력성 관련 유전자검사
   하. DRD2 또는 DRD4 유전자에 의한 호기심 관련 유전자검사
2. HLA-B27 유전자에 의한 강직성척추염 관련 유전자검사는 금지된다. 다만, 진료를 담당하는 의사가 강직성척추염이 의심된다고 판단하는 경우는 제외한다.
3. 삭제 <2017. 2. 28.>
4. 삭제 <2017. 2. 28.>
5. BRCA1 또는 BRCA2 유전자에 의한 유방암 관련 유전자검사는 금지된다. 다만, 진료를 담당하는 의사가 해당 질환의 고위험군에 속한다고 판단하거나 해당 질환에 걸린 것으로 확실하게 진단된 사람을 대상으로 진료를 하는 과정에서 필요하다고 판단하는 경우는 제외한다.
6. Apolipoprotein E 유전자에 의한 치매 관련 유전자검사는 금지된다. 다만, 성인의 경우 진료를 담당하는 의사가 질환이 의심된다고 판단하거나 그 질환의 고위험군에 속한다고 판단하는 경우는 제외한다.
7. 제1호·제2호·제5호 및 제6호에도 불구하고 연구를 목적으로 하는 검사로서 기관위원회에서 필요하다고 판단한 경우에는 유전자검사를 실시할 수 있다.

■ 보건복지부 고시 제2016-98호(2016.6.20 일부개정)

「생명윤리 및 안전에 관한 법률」 제50조 제2항, 「생명윤리 및 안전에 관한 법률 시행령」 제21조 규정 에 의한 「배아 또는 태아를 대상으로 유전자검사를 할 수 있는 유전질환」을 [별첨]과 같이 지정한다.

[별첨]

배아 또는 태아를 대상으로 유전자검사를 할 수 있는 유전질환

1. 시투룰린혈증(Citrullinemia)
2. 크리글러-나자르증후군(Crigler-Najjar syndrome)
3. 갈락토스혈증(Galactosemia)
4. 글루타릭산혈증(Glutaric acidemia)
5. 당원축적병(Glycogen storage disease)
6. 저인산효소증(Hypophosphatasia)
7. 장쇄수산화 acyl-CoA 탈수소효소 결핍증(Long chain 3-hydroxy acyl-CoA dehydrogenase deficiency)
8. 단풍당밀뇨병(Maple syrup urine disease)
9. 멘케스 증후군(Menkes syndrome)
10. 비케톤성 고글리신혈증(Nonketotic hyperglycinemia)
11. 지속성 고인슐린혈증에 의한 영아기 저혈당증(Persistent hyperinsulinemic hypoglycemia of infancy)
12. 중증 복합 면역결핍 장애(Severe combined immunodeficiency disorder)
13. 월만병(Wolman disease)
14. 젤웨거 증후군(Zellweger peroxisome syndrome)
15. 모세혈관확장성 운동실조(Ataxia telangiectasia)
16. 점액다당질증(Mucopolysaccharidosis)
17. 골화석증(Osteopetrosis)
18. 레트 증후군(Rett syndrome)
19. 골연골종증(Osteochondroma)

20. 점상연골 이형성증(Rhizomelic chondrodysplasia punctata)
21. 백색증(Albinism)
22. 알라질 증후군(Alagille syndrome)
23. 유전성 과당불내증(Hereditary fructose intolerance 또는 Aldolase A deficiency)
24. 알파-지중해빈혈(α-thalassemia)
25. 카나반병(Canavan disease)
26. 세로이드 리포푸신증(Ceroid lipofuscinosis 또는 Batten disease)21
27. 선천성 당화부전(Congenital disorder of glycosylation)
28. 주기성 호중구 감소증(Cosman-cyclic neutropenia)
29. 시스틴축적증(Cystinosis)
30. 데니스-드래쉬 증후군(Denys-Drash syndrome)
31. GM1 강글리오사이드증(GM1 gangliosidosis)
32. 할러포르텐-스파츠병(Hallervorden-Spatz disease)
33. 수두증(Hydrocephalus: X-linked L1CAM)
34. 선천성 면역결핍증(Hyper IgM syndrome)
35. 뮤코리피드증 Ⅳ(Mucolipidosis Ⅳ)
36. NEMO 면역결여(NEMO immunodeficiency)
37. 허파고혈압(Pulmonary hypertension)
38. 액틴-네말린 근육병증(Actin-Nemaline myopathy)
39. 알파-1 항트립신 결핍증(Alpha-1 antitrypsin deficiency)
40. 아동기 저수초형성 운동실조(Childhood ataxia with central nervous system hypomyelination)
41. 선천성 핀란드형 신장증(Congenital Finnish nephrosis)
42. 아페르 증후군(Apert syndrome)
43. 맥락막 결손(Choroideremia)
44. 쇄골두개골 형성이상(Cleidocranial dysplasia)
45. 코케인 증후군(Cockayne syndrome)
46. 선천성 조혈기성 포르피린증(Congenital erythropoietic porphyria)
47. 데스민 축적 근육병증(Desmin storage myopathy)
48. 표피박리 각화다과증(Epidermolytic hyperkeratosis)

49. 프리드라이히 운동실조(Friedreich's ataxia)
50. 글리신 뇌병증(Glycine encephalopathy)
51. 유전성 출혈성 모세혈관확장(Hereditary hemmorrhagic telangiectasia)
52. 혈구탐식성 림프조직구증(Hemophagocytic lymphohistiocytosis)
53. 레베르 선천성 흑암시(Leber retinal congenital amaurosis)
54. 베스트병(Best disease 또는 Vitelliform macular dystrophy)
55. 누난 증후군(Noonan syndrome)
56. 노리병(Norrie disease)
57. 눈·코·치아·골격 이형성증(Oculodentodigital dysplasia)
58. 시신경 위축(Optic atrophy 1)
59. 백질 이소증(Periventricular heterotopia)
60. 파이퍼 증후군(Pfeiffer syndrome)
61. 천골무형성증(Sacral agenesis syndrome 또는 Currarino syndrome)
62. 스미스-렘리-오피쯔 증후군(Smith-Lemli-Opitz syndrome)
63. 선천성 척추뼈끝 형성이상(Spindylo-epiphyseal dysplasia congenita)
64. 트레처 콜린스 증후군(Treacher Collins syndrome)
65. 바르덴부르크 증후군(Waardenburg syndrome)
66. 유전성 혈관부종(Hereditary angioedema)
67. 유전성 청각장애(Hereditary deafness)
68. 블랙판-다이아몬드 증후군(Blackfan-Diamond syndrome)
69. 저칼륨성 주기성 마비(Hypokalemic periodic paralysis)
70. X-연관 어린선: 스테로이드 설파타제 결핍증(X-linked ichthyosis: Steroid sulfatase deficiency)
71. 선천성 어린선(Congenital harlequin ichthyosis)
72. 유전성 림프부종(Hereditary lymphedema)
73. 선천성 손발톱 비대증(Pachyonychia congenita)
74. 가성 부갑상샘 기능저하증(Pseudohypoparathyroidism)
75. 밸라-제롤드 증후군(Baller-Gerold syndrome 또는 Saethre-Chotzen syndrome)
76. 웨스트 증후군(West syndrome)
77. 이영양성 형성이상(Diastrophic dysplasia)

78. 폰 빌레브란트병(Von Willebrand disease)
79. 다발성골단 이형성증(Multiple epiphyseal dysplasia)
80. 제1형 진행성 가족성 간내담즙정체증(Progressive familial intrahepatic cholestasis 1)
81. 오르니틴 아미노전환효소 결핍증(Ornithine aminotransferase deficiency)
82. 제1형 자가면역성 다선 증후군(Autoimmune polyendocrine syndrome type1)
83. 아가미-귀-콩팥 스텍트럼 장애(Branchio-oto-renal spectrum disorders)
84. 선천성 중추 저환기 증후군(Congenital central hypoventilation syndrome)
85. 제2형 뮤코지질증(Mucolipidosis Ⅱ)
86. 여린 X 증후군(Fragile X syndrome)
87. 로이디에츠 신드롬(Loeye-Dietz syndrome)
88. 멕켈그루버 증후군(Meckel Gruber syndrome)
89. 연골저형성증(Hypochondroplasia)
90. 가성연골무형성증(Pseudoachondroplasia)
91. Combined oxidative phosphorylation deficiency 14(mCOXPD14)
92. ARC 증후군(ARC syndrome)
93. 좌지 증후군(CHARGE syndrome)
94. 샌드호프병(Sandhoff's disease)
95. 치사성이형성증(Thanatophoric dysplasia)
96. 쉼케면역골이형성이상증(Schimke immunoosseous dysplasia)2
97. 소토스 증후군(Sotos syndrome)
98. 루빈스타인-테이비 증후군(Rubinstein-Taybi syndrome)
99. 홀트-오람 증후군(Holt-Oram syndrome)
100. 폐포모세혈관이형성증(Congenital alveolar dysplasia, Alveolar capillary dysplasia)
101. 유전성 강직성 하반신마비(Hereditary spastic paraplegia)
102. 중심핵병(Central Core Disease)

찾아보기

ㅇ

ㅈ

저자약력

계명대학교 생명과학전공 교수

생물산업

- 포스트게놈과 빅데이터 시대의 전문인을 위한 -

인 쇄 : 2018년 6월 25일
발 행 : 2018년 6월 30일

지은이 : 유민
발행인 : 송준
발행처 : 홍릉과학출판사

주 소 : 서울시 강북구 인수봉로 50길 10
전 화 : 02-999-2274~5 **팩스** : 02-905-6729
e-mail : hongpub@hongpub.co.kr
홈페이지 : www.hongpub.co.kr

ISBN : 979-11-5600-597-1 93470
정 가 : 29,000원

<본 연구는 2015년도 계명대학교 연구기금으로 이루어졌음>